辽宁省教育厅自然科学研究项目(LJKZ0504)
辽宁省自然科学基金计划项目(2022-KF-18-06)
安徽省桥梁结构数据诊断与智慧运维国际联合研究中心开放项目(2022AHGHYB04)
中国地震局工程力学研究所基本科研业务费专项资助项目(2020D28)
大连交通大学学术著作出版基金项目

结构抗震时程分析输入地震波选择方法研究

张 锐 著

中国矿业大学出版社
·徐州·

内容提要

时程分析已广泛应用于结构抗震设计，但输入不同地震波常导致结果离散性过大。目前，已有选波方法仍存在不足。如何选择地震波以实现对结构反应的“准确、有效、一致”估计，是一项重要且具有挑战性的课题。本书基于目标谱匹配法，提出以 Newmark(纽马克)三联谱为目标谱的选波方法，并构建“条件 Newmark 三联谱”；同时，提出能考虑高阶振型影响的双指标多频段方法和加权调幅选波方法，并开展算术与对数坐标下谱匹配的影响研究。

本书通过与传统方法的对比分析，探讨所提方法的可行性，旨在为时程分析地震波选择提供有效的解决途径，并推动该项研究的进一步深入，可供土木工程类相关专业的研究人员参考使用。

图书在版编目(CIP)数据

结构抗震时程分析输入地震波选择方法研究 / 张锐著. —徐州：中国矿业大学出版社，2022.8

ISBN 978 - 7 - 5646 - 5534 - 1

Ⅰ. ①结… Ⅱ. ①张… Ⅲ. ①抗震结构—研究 Ⅳ. ①TU352.11

中国版本图书馆 CIP 数据核字(2022)第 154517 号

书　　名　结构抗震时程分析输入地震波选择方法研究
著　　者　张　锐
责任编辑　陈红梅
出版发行　中国矿业大学出版社有限责任公司
　　　　　　（江苏省徐州市解放南路　邮编 221008）
营销热线　(0516)83884103　83885105
出版服务　(0516)83995789　83884920
网　　址　http://www.cumtp.com　**E-mail**：cumtpvip@cumtp.com
印　　刷　徐州中矿大印发科技有限公司
开　　本　787 mm×1092 mm　1/16　**印张** 9.5　**字数** 237 千字
版次印次　2022 年 8 月第 1 版　2022 年 8 月第 1 次印刷
定　　价　48.00 元

序

时程分析技术已越来越广泛地应用于结构抗震性态评价工作,既包括依据规范的地震反应计算,也包括发展基于性能设计及下一代可恢复设计的地震易损性分析。输入地震波选择是时程分析的重要环节,在基于性能全概率抗震设计理论框架下,相关研究具有重要的科学意义。

地震动输入通常由各类反应谱描述,如设计规范谱、一致概率谱(UHS)、条件均值谱(CMS)和条件谱(CS)等,皆反映了地震动的统计特征。其可基于强震记录数据通过地震危险性分析的衰减关系等获得,被称为目标谱,它与地震危险水平相一致。与之对应的是,结构反应也是具有统计特征的需求参数,如抗震设计通常采用多条(一般规定7条)地震波反应的平均值。当进行易损性分析时需要考虑结果的离散性(方差),它们与结构抗震性态相对应。时程分析则是将地震波逐条输入结构进行反应计算,这个过程可以看作一个抽样过程,而地震波选择工作架起了地震动输入与结构反应统计关系的桥梁。选择地震波的目的就是希望所选地震波(组)能够具备地震动的统计特征及对应的地震危险水平,并且选用较少数量的地震波就能准确和有效地估计结构性态,或者以确定性结果予以表述或者以易损性曲线予以表述。

20世纪70年代,时程分析技术在地震工程领域被提出。因真实强震记录较少,时程分析输入仅限于几条典型的地震波(如El-Centro波、Taft波等)。20世纪80年代发展了基于谐波叠加的人工地震波生成技术。至21世纪初,世界范围内获得的强震记录已经超过万条,基于互联网共享,比较知名的是美国PEER的NGA数据库。此时,性能地震工程已经深入人心,时程分析方法作为分析及评估工程结构抗震性态的主要工具日益受到重视,并且越来越多地倾向于采用真实地震波,而不是人工波作为输入。此后,关于结构抗震时程分析输入地震波选择研究工作逐渐增多。2008年第十四届世界地震工程大会(14WCEE)有6篇文章讨论该问题,而2012年的第十五届世界地震工程大会(15WCEE)则将输入地震波选择纳入了最大分会场的主题报告。更重要的是,著名的*Journal of Structural Engineering*和*ASCE*均于2011年发表了关于输入地震波选择的专刊。

张锐副教授自2012年起跟随我(在职)攻读博士学位,将结构时程分析输入地震波作为主攻方向,在承担繁重教学任务及家庭责任的情况下,对"以结构反应均值为目标的抗震时程分析输入地震波选择”做了系统性的研究。她提出的能够考虑高阶振型对结构反应不同贡献的加权调幅选波方法，相较于通常采用的等权调幅方法在降低结构反应离散性方面更有优势，且这种优势不会受到结构动力特性、非线性程度以及地震波数量的影响。特别是她利用高维向量给出了在线性坐标下考虑加权系数必要性的理论解释，并且结合“谱匹配”的最小二乘法，揭示了算术坐标下目标谱选波的物理含义，还给出了对数坐标下计算调幅系数的数学解释。这些都丰富和提升了我们对反应谱和“谱匹配”内涵上的认知。

本书是张锐副教授研究成果的智慧结晶，也是对她辛勤科研的回报。书中提供了较多的工程结构抗震时程分析案例，在保证充分的理论性的同时更具实用性。张锐副教授希望我为她的新著作序，我欣然同意以表祝贺，希望她再接再厉，在结构抗震及地震工程领域取得更多、更好的成果。

李宏男

2021 年 11 月于大连理工大学

前　言

目前，许多国家的抗震规范已将时程分析方法作为静力设计方法的必要补充，现有规范中过于笼统的规定以及地震动自身极强的不确定性，往往使得结构时程分析结果产生过大的离散性。如何选择合适的地震动输入，是结构工程师及研究人员面临的重要课题。目前已有的地震动选择方法仍存在不足，选波方法的相关研究对发展基于性能的结构抗震设计，乃至韧性设计都具有重要的科学意义。

本书围绕结构抗震时程分析地震动输入选择方法开展研究，分别针对目标谱选择和谱匹配先后提出了多种选波方法，并经过了深入的理论探讨和充分的案例论证，较好地弥补了现有方法对于长周期结构选波存在的不足，尤其在降低结构反应离散性方面具有较为突出的优势。

本书共分为7章：第1章阐述国内外关于地震记录选择研究的现状，并对其发展动态做详细分析。第2章考虑到Newmark三联谱对短、中、长周期结构地震反应均具有良好的相关性，提出了将Newmark三联谱作为目标谱的选波方法（即NM方法）。在估计结构反应均值方面，该方法较传统以加速度反应谱为目标谱的方法，具有相同的准确性，但在降低结构反应离散性方面更有优势，更适于分析长周期结构。第3章考虑高阶振型对结构反应的不同贡献，在反应谱平台段和结构基本周期附近误差双控指标中，引入了由归一化振型参与系数确定的前几阶振型的权重系数，提出了双指标多频段工程经验选波方法。双指标多频段方法对高层钢筋混凝土结构和高层抗弯钢框架结构的地震反应均值估计，均具有较高的准确性，对于弹性和弹塑性时程分析均适用，对于远断层地震动及近断层地震动输入也均适用。第4章提出了较双指标多频段选波方法理论更加完备、匹配周期范围更为广泛的加权调幅选波方法（即WSM方法），其在较宽的匹配周期范围内计算匹配误差指标和地震波幅值调幅系数时，采用了加权形式的最小二乘法。加权调幅选波方法在估计结构反应均值方面与通常的等权方法具有相同的准确性，其主要优势是可以有效降低非线性时程反应分析结果的离散性，这一优势不会受到结构动力特性、非线性程度、排序方案以及地震波数量的影响。在与国内学者、人工波方法以及NGA-West2强震数据库选波模块方法的比较研究表明，加权调幅选波方法在估计结构反应均值方面具有可靠的准确性，并进一步明确了其优势在于可明显降低结构反应的离散性，这种优势也不会受到目标谱选择的影响。此外，加权调幅法对于减隔震结构也同样具有可行性。第 5 章针对采用不同的坐标体系会给地震波调幅以及时程分析结果造成的差异性影响展开研究，基于高维向量理论揭示了算术坐标下目标谱选波的物理含义，并给出了对数坐标下谱匹配所得调幅系数的数学解释。研究表明，算术坐标下谱匹配方法更适于分析短周期结构，对数坐标下谱匹配可更有效降低结构反应离散性，更适于分析长周期结构。第 6 章构建了“基于放大系数的条件 Newmark 三联谱(CNM-AF)”和“基于衰减关系的条件 Newmark 三联谱(CNM-GMPE)”以作为时程分析选波的目标谱，“条件分布”的引入也使条件 Newmark 三联谱能够与主流的概率地震危险性分析理论(PSHA)相结合。第 7 章是对时程分析选波研究的总结与展望。

本书内容主要出自笔者在大连理工大学攻读博士期间的研究成果，以及后续与导师及同门共同开展的扩展性研究。诚挚感谢两位博士生导师李宏男教授和王东升教授，是他们的倾力指导才有了这本专著的面世。同时感谢师兄岳茂光和师弟吴浩为双指标多频段方法提供了充分的结构实例，感谢师妹蔡丽桢共同进行加权调幅法可行性的深入探究。感谢美国斯坦福大学 J. B. Baker 在其个人网站上分享的论文和程序，感谢美国太平洋地震工程中心(PEER)提供的 NGA 强震数据和衰减关系模型。最后，感谢辽宁省教育厅自然科学研究项目(LJKZ0504)、辽宁省自然科学基金计划项目(2022-KF-18-06)、安徽省桥梁结构数据诊断与智慧运维国际联合研究中心开放项目(2022AHGHYB04)、中国地震局工程力学研究所基本科研业务费专项资助项目(2020D28)和大连交通大学学术著作出版基金项目的资助。

本书仅是对于结构抗震时程分析选波这一研究领域开展的非常初步的研究，仍有大量的、深入的研究工作需待开展，笔者也会在此领域继续开展探索性研究。本书限于自身的认知，若有不当之处，恳请读者批评指正！

著　者

2021 年 11 月

主要符号表

符号	代表意义	单位
M_W	震级	
dR_{up}	震中距	km
PGA	地面峰值加速度	g
PGV	地面峰值速度	cm/s
PGD	地面峰值位移	cm
S_a	加速度反应谱	g
PS_a	拟加速度反应谱	g
PS_v	拟速度反应谱	cm/s
S_d	位移反应谱	cm
ξ	阻尼比	%
SF	调幅系数	
SSE	匹配误差	
PIDR	层间位移角峰值	
MIDR	最大层间位移角	
Δ	相对误差	%
COV	变异系数	
50/50、10/50、2/50	50 年超越概率 50%、10%、2%	
G、$\bar{G}$(AG、A$\bar{G}$、BG、B$\bar{G}$)	分组名称,各章具有不同的含义	
UHS	一致概率谱	
CMS	条件均值谱	
NM	以 Newmark 三联谱为目标谱的等权调幅选波方法	

表(续)

符号	代表意义	单位
SM	以加速度反应谱为目标谱的等权调幅选波方法	
WSM	以加速度反应谱为目标谱的加权调幅选波方法	
WNM	以 Newmark 三联谱为目标谱的加权调幅选波方法	
ASM	算术坐标下的等权调幅选波方法	
LSM	对数坐标下的等权调幅选波方法	
CNM-GMPE	基于衰减关系的条件 Newmark 三联谱	
CNM-AF	基于放大系数的条件 Newmark 三联谱	

目　录

1 绪　论

1.1 选题背景和研究意义

时程分析方法已广泛应用于结构抗震设计及性能评估，国内外多个结构抗震规范均将弹塑性（含弹性）时程分析作为反应谱（拟静力设计）方法的必要补充，并对高层、大跨度等特殊结构以及重要工程强制执行[1]。时程分析结果受到诸多因素的影响，例如结构材料特性、场地条件、分析模型假定以及单元特性等。在诸多因素中，地震动输入是导致结构分析结果不确定性的最重要的影响因素。输入地震波不同，将导致时程分析所得结构反应相差数倍甚至数十倍[2-3]，过大的离散性往往使工程设计人员无所适从。

虽然不同地震中获得的地震波存在天然的离散性，但在抗震累积认知基础上通过合理的选择和调整，可以实现对结构反应的“准确、有效、一致”估计[4]，既能够保证与结构真实反应具有较小偏差，又能够使结构反应结果的离散性在合理的范围之内。目前，应用最为广泛的方法是以震级、震中距、场地条件等地震信息作为第一评判指标进行初选，再以反应谱与目标谱的匹配程度作为第二评判指标进一步选波[5]。目前，所用的目标谱有规范设计谱、一致概率谱（UHS）[6-7]、条件均值谱（CMS）[8]和条件分布谱[9]以及位移谱[10-11]等，目标谱选取的不同，会使选波过程及结果有所差异[10]。除了目标谱的确定外，如何实现所选波反应谱与目标谱的匹配，也是一个非常重要的问题。目前的匹配方法优势各异，也会影响到选波的效果。

以往由于实震记录匮乏，时程分析仅限于几条典型记录及人工波，如 EL-Centro 波、Taft 波等。而目前国内及世界范围内可获取的实震记录数据量已相当庞大，常见的数据库如美国的 PEER（Pacific Earthquake Engineering Research）、COSMOS（Consortium of Organizations for Strong Motion Observations System）和 SMDB（Southern California Strong Motion Database），日本的 K-NET 和 KiK-NET，欧洲和中东的 ISESD（European Strong-Motion Database），我国的 EQDBMS（北京地区强震观测台网）等，都为选波工作提供了基础数据。

随着全世界范围内地震波的逐步增加，以真实强震记录作为输入地震波已成为时程分析工作的必然趋势[1]。然而，实际工程场地千差万别，找到与设定环境完全相同的地震记录绝非易事。如何有效利用这些数据、选择何种目标谱，如何调整地震波以保证所选波反应谱与目标谱良好的“谱一致”（谱匹配），并选取合适数量的地震波作为结构分析输入，这些问题都有待我们进一步探讨，相关研究对发展基于性能的结构抗震设计，乃至韧性设计都具有重要的科学意义。

1.2 结构抗震时程分析输入地震波选择研究进展

关于地震动记录选取的研究可以追溯到 20 世纪末，Nau 等[12]研究发现，相对于地震动峰值（加速度、速度、位移），经反应谱值标准化后所得结构反应的离散性明显降低。如今，随着结构分析的对象由结构反应均值，逐渐发展到结构反应概率分布，地震波选择及调幅方法也得到了相应发展。选波研究主要是围绕两个问题：一是确定选波的评判指标（包括选择及调整方法）；二是确定样本容量[3]，它们的确定会受到诸多因素的影响，如结构分析的目标（结构反应均值或分布）、结构反应性能指标（如结构反应峰值、结构损伤耗能等）以及结构自身特点（如受高阶振型影响显著、不规则、双向刚度差异大）等。选波的评判指标从地震信息发展到目标反应谱，也包括考虑各种定义的地震动强度指标。地震波调幅的方法，从依据目标谱单点和多点调幅，发展到考虑反应谱形的频段调幅。样本容量及分组方法的研究也不尽相同。

1.2.1 基于地震信息的选波研究

12.1.1 震级和震中距

学术界对震级和震中距对于选波的重要性认知不一。Shome 等[13]研究认为，除了受高阶振型影响较大的高层结构外，一般只要以结构基本周期处弹性反应谱值为匹配标准来选波及调幅，就能保证较好的结构反应估算精度，是否考虑震级和震中距并不重要。Iervolino 等[14]研究了不同周期和延性系数的单自由度体系和多自由度钢筋混凝土抗弯钢框架结构的地震反应，并利用假设检验证明，满足一定条件下（震级在 6.4～7.4，调幅系数小于 4，延性系数小于 6）选波时，无须考虑震级和震中距影响。Stewart 等[15]则认为，震级对于地震动的频率和持时都有重要影响，必须保证选波的震级范围在 $\pm 0.25M_W$（M_W 为震级）内；Bommer 等[1]更是建议这一范围应控制在 $\pm 0.2M_W$ 内。对于震中距的研究，Bommer 等[1]采用 4 种衰减关系对比了在相同震级（$M_W=7$）下，震中距在 5～50 km 范围内，加速度反应谱形的变化。研究发现，震中距对谱形并不敏感，选波时过于限制震中距往往会使得选出的地震波数量不足。因此，在严格限制震级的前提下可适当放宽对于震中距的限制。

1.2.1.2 场地

场地条件对强震动记录及反应谱的影响较为显著。目前，国际上常以 30 m 覆盖层厚度范围内土层剪切波速 V_{S30} 作为场地类别划分指标，各国规范划分种类不尽相同。Bommer 等[16]认为，除震级和震中距外，增加场地类别这一限制，将明显地减少可选地震波数量。因此，可适当放宽对于场地类别的限制，比如采用相邻类别场地的记录，虽然这样做并不合理，但不失为一种较为实用的方法。

1.2.1.3 持时

目前，对于持时的定义已超过 30 种[17-18]，但其对于结构反应的影响程度并不明确。Bommer 等[19]统计了 33 个抗震设计规范，仅有两个规范（法国和土耳其）对其有明确的限制要求。ASCE[20]（美国土木工程师协会）和 EPPO（希腊抗震规范）[21]也考虑了持时的要求。Hancock 等[22]总结了百余篇关于持时与结构损伤的关系文献，认为当研究结构损伤是以能量的累积耗散为指标时，持时的影响显著；若以结构的峰值反应为损伤指标，则与持时无明确的关联。国内学者的研究也与此认知相同[23-24]。

1.2.1.4 断层机制

虽然没有证据证明地震动与断层方向有何显著性联系，但垂直断层方向的地震动会产生较大的速度脉冲效应及幅值变化，这一观点已得到广泛认可。目前，断层机制对结构反应的影响研究还不成熟，考虑断层机制会大大减少可选波数量，相比于震级、震中距、场地等影响显著而明确的地震信息，因此一般不将断层类型作为选波的限制条件。

总而言之，震级、震中距、场地条件是国内外学者及规范最为认可的3项限制选波的地震信息，但它们目前一般不单独考虑，而是常与目标反应谱或其他地震动强度指标共同作为选波的评判指标。例如，王亚勇等[24]提出了标定设计反应谱，这种按一定权重分组选波的方法主要依据近远震、场地类别、反应谱特征周期等信息，虽然对反应均值的估计误差较大，但结构反应离散性较小。文献[25]也是将震级、震中距、场地类别、地面峰值加速度(PGA)、地面峰值速度(PGV)等参数加以限制，所选地震波数量较多，结构反应的均值估计较好，但离散性较大。虽然 Baker 等[26]和 Goulet 等[27]将反应谱形参数作为地震信息限定之外的附加条件，也未能明显降低结构反应的离散性。因此，目前的研究以及各国的规范和标准[21,28-32]，大多是将震级、震中距及场地条件作为选波的初始条件。

1.2.2 基于目标谱的选波研究

以特定含义下的反应谱作为目标谱，选取反应谱与目标谱"一致"的实际强震记录的方法，即"谱匹配法"或"目标谱法"。该方法已成为目前最常采用的地震波选取方法。目标谱法常与地震信息选波相结合，即以地震信息作为第一评判指标，以目标谱作为第二评判指标[5]。

目标谱的定义不同，最为广泛使用的是设计加速度目标谱(即规范标准谱)，之后随着概率地震危险性分析(PSHA，probabilistic seismic hazard analysis)的发展与应用，又发展出一致概率谱(UHS)、条件均值谱(CMS，conditional mean spectrum)和条件分布谱(CS，conditional spectrum)、位移谱等。地震动记录从匹配具有确定性含义的均值反应谱，发展为匹配含有概率分布的目标谱均值与方差。

1.2.2.1 目标谱的确定

(1) 设计加速度目标谱(规范标准谱)

基于设计加速度目标谱(即规范标准谱或设计谱)的地震波选取方法，是直接将地震波反应谱与设计反应谱进行比较，选用二者较为接近的地震波，由此来控制所选地震波的频谱特性，是国内外规范及学者最常采用的选波方法。

无论是我国《建筑设计抗震规范(附条文说明)(2016年版)》(GB 50011—2010)[33]中的设计谱，还是其他国家的设计谱，均是将反应谱简化为几段直线或曲线的公式表示的反应谱函数[34]。事实上，规范设计谱的谱形是经较多地震波反应谱统计平均(平台段抽象化)及适当人为修正(长周期)基础上确定的，其幅值满足一定的概率水准，如 GB 50011—2010 的中震，符合50年超越概率10%。因此，规范设计谱的本质是经验公式抽象化的一致概率谱。

(2) 一致概率谱(UHS)

一致概率谱(uniform hazard spectrum，UHS)是由地震危险性概率分析[35]得出的地震动反应谱。首先，对工程场地进行概率性地震危险性分析(probabilistic seismic hazard analysis，PSHA)；然后，根据结构重要性确定目标超越概率，对于任意周期的谱值对应的超越概率是一致的;最后,将这些谱值绘制在对应的周期点上,即 UHS。

UHS 实质上是一种包络反应谱,并非源于某个实际地震。在不同的周期段,由不同的地震事件决定,认为高频段由小震、近震决定,低频段由大震、远震决定。众所周知,大地震出现概率低,小地震出现概率高,但大地震的地震动中长周期成分丰富,而小地震的地震动短周期成分丰富,这些有可能导致 UHS 过高地估计了设计地震动的中长周期成分[6],进而造成根据 UHS 计算得到的结构反应偏于保守,不利于准确地评估结构的抗震性能[7-8]。

UHS 最本质的局限在于各个周期点反应具有相同的超越概率,而这并不符合一次地震事件中结构反应的概率分布特征。为了能够考虑不同周期点谱值间关系,弥补各周期点超越概率一致的缺陷,又能够利用既有规范谱进行设计,如 ICC[36] (International Code Council)。Malhotra[7] 提出了一种精确运用 UHS 进行结构非线性分析的方法,他以美国规范反应谱为基准,考虑具有相同重现期的 0.2 s 和 1.0 s 处谱值的相关性,利用蒙特卡洛模拟和大量地震波统计结果,建构了一种概率反应谱。这种概率反应谱可以近似描述一次地震中不同周期点反应谱值间的相关性。

(3) 条件均值谱(CMS)和条件分布谱(CS)

通过概率地震危险性分析(PSHA)可以得到符合一致概率的反应谱均值和反应谱方差,但在指定的震级和震中距以及超越概率条件下,一次地震动反应谱值会与统计所得的均值反应有一定的差距,即残差 ε 参数[37]。

$$\varepsilon(T^*) = \frac{\ln S_a(T^*) - \mu_{\ln S_a}(M,R,T^*)}{\sigma_{\ln S_a}(T^*)} \tag{1-1}$$

式中,$\ln S_a(T^*)$为指定周期点 T^* 加速度反应谱对数值;$\mu_{\ln S_a}(M,R,T^*)$和 $\sigma_{\ln S_a}(T^*)$分别为一定震级和震中距下衰减关系给出的指定周期点 T^* 处的对数谱均值和对数残差标准差。

对于某一结构进行抗震设计时,结构基本周期对应的加速度反应谱值及其超越概率对结构反应的贡献往往大于其他周期点处。结构基本周期点的反应谱值采用其对应的 UHS 值是合理的,但在其他周期点处不应采用具有相同超越概率的 UHS 值[8]。为了反映不同周期点处谱值的差异与联系,贝克(Baker)基于特定周期点 T^*(一般取结构基本周期点 T_1)的参数 $\varepsilon(T^*)$,并利用任意两个周期点处 ε 参数的相关系数 $\rho(T_i, T^*)$(地震动的固有特性)[37-38] 来计算其他周期点 T_i 处的 $\varepsilon(T_i)$[8],从而确定其他周期点处反应谱值,即为条件均值谱(CMS)[8]。若同时考虑方差分布,即条件分布谱(CS)[9],则有:

$$\varepsilon(T_i) = \rho(T_i, T^*) \cdot \varepsilon(T^*) \tag{1-2}$$

$$\mu[\ln S_a(T_i) \mid \ln S_a(T^*)] = \mu_{\ln S_a}(M,R,T_i) + \varepsilon(T_i) \cdot \sigma_{\ln S_a}(T_i) \tag{1-3}$$

$$\sigma[\ln S_a(T_i) \mid \ln S_a(T^*)] = \sigma_{\ln S_a}(T_i)\sqrt{1-\rho^2(T_i, T^*)} \tag{1-4}$$

式中,$\mu[\ln S_a(T_i) \mid \ln S_a(T^*)]$和 $\sigma[\ln S_a(T_i) \mid \ln S_a(T^*)]$表示在条件 $\varepsilon(T^*)$下反应谱在周期点 T_i 处的均值和方差;$\mu_{\ln S_a}(M,R,T_i)$和 $\sigma_{\ln S_a}(T_i)$表示在无条件 $\varepsilon(T^*)$或 $\varepsilon=0$ 时的均值和方差,由衰减关系确定。

CMS 中 ε 参数除了可以定量地表达指定反应谱与一定震级和震中距下衰减关系得到的谱均值之间的差别,还对 CMS 的谱形有重要影响[37]:当 ε 为正值时,其他周期点谱值均小于 T^* 点谱值,CMS 会在 T^* 点处出现"尖峰";若为负值时,则情况相反,CMS 会在 T^* 点处出现"低谷"。因此,常称 ε 为谱形系数(图 1-1,ε 均调幅至相同 $S_a(T_1)$,$T_1=1$ s)[33]。

正是由于 Baker 采用的 ε 参数能够体现反应谱形,且 ε 参数与结构反应具有良好的相

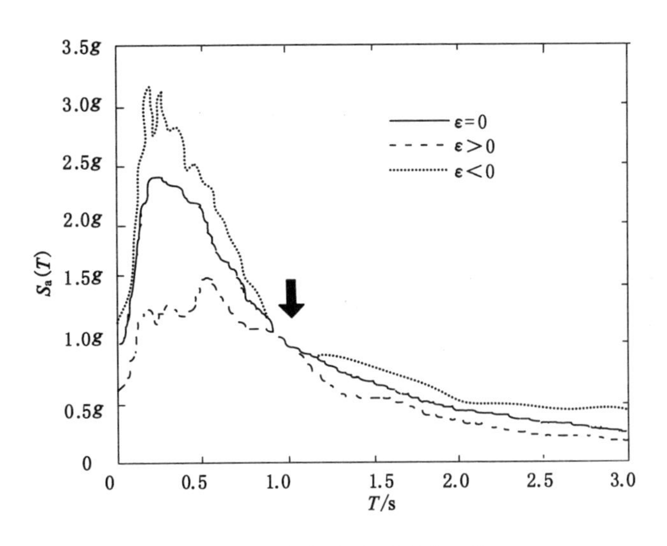

图 1-1　ε 参数对谱形的影响[8]

关性,从而使以 CMS 为目标谱的选波方法能够准确地估计多自由度体系的地震反应[39]。文献[39]中对比了 14 种地震动选择和调整方法,分析了 4 种钢筋混凝土框架和剪力墙结构。通过结构层间位移角的对比分析可见,CMS 及其改进方法,对于结构反应均值和方差的估计,在准确性和可靠性上都远胜于其他方法。

目前,CMS 在国外已得到广泛的关注和应用[29,40],同时基于 CMS 也已研发了多个应用软件,如 DGML[41]、OPENSIGNAL[42]、QuakeManager[43]等。也有学者对 CMS 进行了扩展性研究,Shantz[44]将基于 CMS 建立的弹性位移反应谱乘以由函数 $C_R(R,T,\varepsilon)$确定的放大系数,便可得到基于 CMS 建立的非弹性位移表面 IDS 谱。这里,$C_R(R,T,\varepsilon)$是指理想弹塑性单自由度体系的塑性位移反应与弹性位移反应之比。该 IDS 是以周期 T 为 X 坐标,以位移延性系数 μ 为 Y 坐标,以最大位移反应为 Z 坐标的三维曲面谱。将 IDS 作为目标位移面,并考虑 1 阶和 2 阶振型影响,可使结构反应均值的估计非常准确,但离散性较大。Shantz 方法适用于一阶振型为主的结构,且依赖于工程师的主观判断以及确定目标位移面的形状和位置[44]。

为了更好地预测非线性结构反应,Mousavi 等[45]在确定 ε 参数时,不仅考虑加速度反应谱 S_a,还加入了 PGV 的影响,称为 η 参数,记为 E-CMS 法。

$$\eta = \varepsilon_{S_a} - b\varepsilon_{PGV} \tag{1-5}$$

式中,ε_{S_a} 和 ε_{PGV} 为 S_a 和 PGV 的 ε 参数;b 为权重系数。

Mousavi 等[45]采用 ε 与 η 两种参数,通过对结构非线性反应中周期与延性的相关性研究,认为采用 η 参数可使它们的相关性更显著。从样本容量对比可见,CMS 法对样本容量非常敏感,样本容量减小则估计的结构反应精度会明显降低;而 E-CMS 法即使取用较少量的地震波,其反应谱也可与目标谱实现较好匹配。对于长周期结构,两种方法相差不大;但对于中短周期结构,CMS 法会出现低估结构反应的情况。

CMS 的局限性还体现在,对于应考虑高阶振型影响的长周期结构,其无法同时兼顾多个周期点反应谱具有一致的地震危险性水平。Kwong 等[46]基于向量理论,采用多周期

CMS 谱包络的方法来解决该问题，保证在多个对结构反应有重要影响的振型周期处，目标谱值具有相同的超越概率。此外，CMS 受制于衰减关系，对于长周期结构(基本周期大于 2.0 s)，目前还未有基于概率地震危险性分析的较为成熟且操作性较强的设定地震解耦方法，即由 USGS 网站无法获取大于 2.0 s 设定周期的目标谱对应的设定地震环境的平均震级和距离。因此，CMS 对于长周期结构选波的可行性还有待后续深入研究。

目前，国内学者对于 CMS 的关注和研究尚处于起步阶段。吕大刚等[47]以 UHS、设定谱、CMS 作为目标谱，对比分析了各种目标谱及调幅方法对结构反应的影响。陈波[48]在建筑结构非线性分析中采用此方法与 UHS 法以及仅考虑谱形系数 ε 的方法做对比，再次说明 CMS 方法的优越性。李琳等[33]将 CMS 作为目标谱用于地震安全性评价。韩建平等[49]以 CMS 为目标谱，在 5 层和 11 层钢筋混凝土框架时程分析中也得到了良好的效果。胡进军等[50]在核电厂安全壳设计中，选取地震动时也采用了以 CMS 为目标谱的谱匹配法。朱瑞广[51]依据主震 ε 和余震 ε 的相关性，将条件均值谱的概念拓展到了余震领域，提出了余震的条件均值谱。温瑞智等[52]将 CMS 用于结构需求概率危险性分析中，计算流程充分考虑了当地的地震概率危险性，利用区域解耦以及衰减关系建立了与结构自振周期相关的条件均值谱。尹建华等[53]也考虑了 CMS 无法兼顾多个周期点具有相同超越概率的弊端，并参考文献[46]建立了包络 CMS 目标谱，用于结构倒塌易损性分析。

CMS 的建立受衰减关系、震级 M、距离 R 及各周期谱值间相关性(相关系数 ρ)等因素的影响。我国规范在地震动参数区划图制定中已建立了衰减关系，但与 PSHA 相关的地震危险性分析信息尚未提供(无法获得不同震源地震风险贡献率)，将 CMS 与我国规范相结合用于选波工作，仍有多处细节需进一步深入研究。目前，Ji 等[54]已经做了初步的尝试。

(4) 位移目标谱

上述目标谱均为加速度反应谱，主要是反映 PGA 或 S_a 的地震衰减或统计特征，与长周期结构反应的相关性不够密切。对于长周期结构，其一阶自振周期处于反应谱的位移敏感区，用位移反应谱作目标谱则更有优势。Smerzini 等[55]通过概率危险性分析，并利用加速度、速度及位移反应谱间的转换关系，建立了基于意大利规范及相关研究项目成果的位移目标谱(设计位移谱)，并且研发了选波软件 REXEL-DISP。该目标谱的适用频段范围广泛，既适用于短周期高频段，也适用于长周期低频段选波。

尽管上述目标谱均依据弹性反应谱建立，但在某些情况下，如近断层地震动，采用弹性反应谱方法则准确性很难保证。Luco 等[56]、Tothorg 等[11]均采用依据一阶振型所得的非弹性位移反应谱 S_{dI} 以及二阶振型所得的弹性位移反应谱 S_{de} 组合而成的地震动强度指标 $IM_{1I\&2E}$ 来选波。评判与目标谱的匹配程度时，采用分权重的方法，即核心区权重大、边缘区权重小。虽然该种方法比较准确，但是必须给出指定地震动的非弹性位移与地震灾害平均发生概率间的衰减关系，未与目前主流的 PSHA 相关联，其发展受到较大的限制[57]。

Kalkan 等[58]提出了一种将非弹性位移谱与 Pushover(推覆分析)结合的选波方法，即 MPS(modal pushover-based scaling)方法。MPS 法考虑近断层地震动作用，将由 21 条近断层地震动位移反应谱的平均谱乘以非弹性位移比系数 C_R 获得非弹性位移目标谱。结构反应按如下步骤进行计算：首先初设调幅系数(如初设最小调幅系数 SF＝1)；然后按结构 Pushover 得出的底部剪力与各层位移关系等效为非弹性单自由度体系的力-位移关系，输入单自由度运动方程，即可得出位移反应时程及反应峰值，所选地震波调幅系数 SF 需保证位移反应与目标位移值之差在允许范围内；最后将调幅后加速度记录输入结构做时程分析。具体计算流程如图 1-2 所示。Kalkan 等[58]将该法与 ASCE 7-05[20]方法做对比，其计算准确度明显更高。

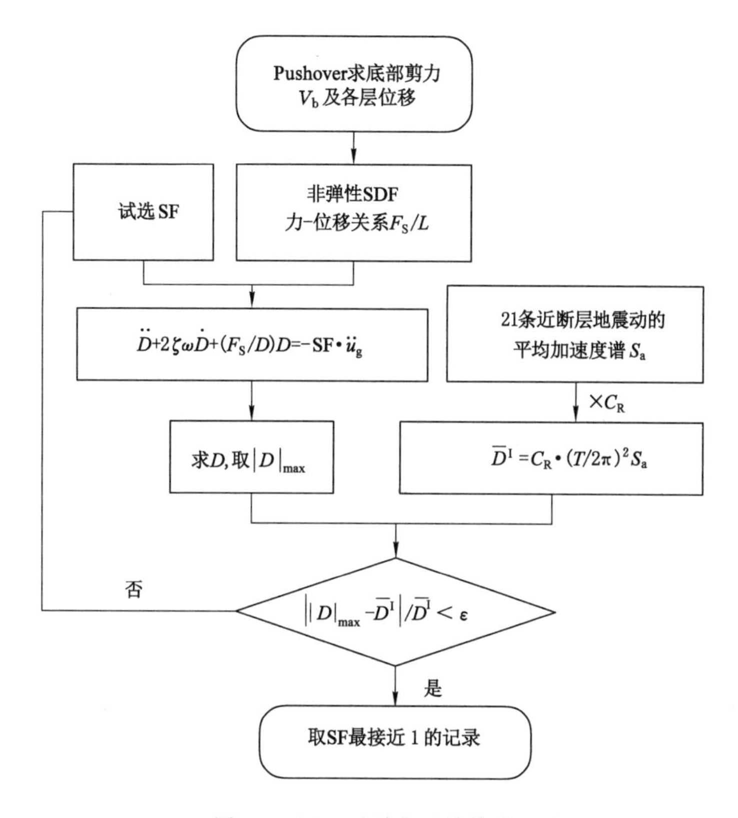

图 1-2 MPS 选波方法计算流程

文献[39]对比的 14 种选波方法中，非弹性位移反应谱法具有很小的离散性，但对结构反应均值的估计偏大。这可能是因为参考的"真实反应"是依据加速度弹性目标谱进行选波并输入结构进行时程分析得出的，而非弹性位移反应谱法依据的"目标谱"是非弹性位移谱。参考的标准不同，使多位学者研究得出的"非弹性位移反应谱法对结构均值反应高估"结论不够可靠[57]。关于非弹性位移反应谱法的可靠度研究还有待今后深入开展。

1.2.2.2 目标谱均值匹配法及记录调幅方法

目前的选波研究主要是以目标谱均值作为匹配目标，即目标谱均值匹配法。所选波的调幅系数常以保证反应谱与目标谱具有良好匹配为原则进行计算。虽然小波技术等频率调整方法能使反应谱在很宽的周期范围内与目标谱实现良好匹配，但所得结构反应却小于将真实记录线性调幅的结果[1,59]，同时对于有脉冲波形的近断层地震动也不适用。本书的研究强调采用真实地震波作为结构抗震时程分析输入，全部采用线性调幅方法。

目标谱法均是要求选取的地震波反应谱能实现良好的谱匹配，只是计算匹配误差的方法及匹配的周期范围有所不同，有的仅在一个或多个周期点保证反应谱与目标谱的匹配（单点匹配、多点匹配方法），有的是要保证在一个、两个或多个周期段内具有良好谱匹配（单频段、双频段、多频段方法等)，现分述如下：

(1) 单点匹配

单点匹配即是选取结构特征周期点(一般取结构一阶自振周期 T_1)对应反应谱值与设计谱值相差不超过一定范围的地震波。Martinez-Rueda[60]、Kappos 等[61]以及 Shome 等[62]研究发现，以自振周期 T_1 对应的反应谱值来调整地震动记录能够减小结构反应的离散性。目前多国规范(如 ATC-58，ATC-63)及学者[10,13]均将 $S_a^t(T_1)/S_a(T_1)$ 作为调幅系数，其中 $S_a(T_1)$ 和 $S_a^t(T_1)$ 分别为所选记录和目标谱在 T_1 处的加速度反应谱值。

但考虑到结构进入非线性阶段时基本周期 T_1 会延长，Catalán 等[63]认为，将 T_1 延长至 $1.1T_1$ 是较为合理的，并通过两个 4 层和 8 层框架在不同超越概率下的地震反应统计分析得到了验证。Marasco 等[42]则建议，对于受高阶振型影响显著的结构，应将 T_1 替换为 T_{ref}。

$$T_{ref}=\frac{\sum_{i=1}^{N}T_i\cdot|g_i|}{\sum_{i=1}^{N}|g_i|} \tag{1-6}$$

式中，T_i 和 g_i 表示第 i 阶自振周期及其对应的振型质量参与系数；N 为须考虑的前几阶自振周期数。

单点匹配方法虽操作简单，但仅片面地强调某一周期点处的谱值匹配，无法反映其他周期点处的匹配程度。

(2) 多点匹配

为兼顾多个周期点处反应谱与目标谱有较好地匹配，在计算匹配误差时也常采用多个周期点处匹配误差的统计值。我国工程人员在进行选波工作时，常采用的方法是控制结构前几阶自振周期点对应的反应谱值与设计谱值间误差之和在一定范围内，如 20%。

在计算匹配误差时，往往认为各周期点对匹配误差的贡献相同。然而，各阶振型对结构反应的贡献往往差别较大，一般一阶振型贡献最大。那么在计算匹配误差时，就应该考虑它们的不同贡献。Shome 等[62]在对 20 层结构进行非线性时程反应分析中发现，对于输入的多条地震波，以结构前二阶周期点处加权平均加速度谱值相等作为调幅控制条件(依据振型质量参与系数确定权重系数)，相比于仅依据一阶周期点处加速度谱值相等进行调幅，结构时程反应的离散性会降低 50%。周颖等[64]也采用了加权平均的选波方法，将结构前几阶振型周期点对应的反应谱与设计谱值偏差，按各周期所对应的振型质量参与系数做加权平均，通过控制加权平均偏差值即可选取出满足要求的工程地震动。

此外，对于减隔震结构，由于其隔震体系在强震中常发生非线性反应，因此时程分析往往被强制执行以评估其抗震性能。以往的选波研究多针对基础固定的结构，关于减隔震结构的选波研究仍非常有限。Huang[65]在对基础隔震核电站的抗震性能评估中，提出了带有权重系数的匹配误差计算公式，但对于权重系数的具体取值并未给出明确建议。Ozdemir 等[66-67]以及 Pant 等[68]采用此方法，为几个长周期点分配了较大的权重。Pant 等[69-70]分析了各种选波方法对于承受双向荷载的减隔震结构反应的影响，考虑的因素有地震波数量、地震波类型(近断层、远断层、近断层和远断层混合)和调幅方法(加权调幅、谱匹配)，并考虑了减隔震体系的非线性。分析结果认为，加权调幅法中加权周期点以及权重系数的选择，对结构的位移反应并无明显的影响。值得一提的是，这些加权方法都仅是将权重系数加于一些离散的周期点上，并不是一定范围的周期段。在日本，减隔震技术已经非常成熟[71-72]。通常的做法是选择3条标准地震波或人工波。所选地震波须依据 PGV 调幅至 0.25 m/s 和 0.5 m/s，这与通常采用的以 PGA 为调幅依据的做法有所不同。本书主要是针对基础固定结构进行地震波选择研究，关于减隔震结构的选波研究并未开展详细讨论。

在多个周期点处考虑反应谱间的匹配程度的方法，虽然较单点匹配更能反映多个周期点处的贡献，但仍不能较大范围地考虑反应谱形的匹配。

(3) 单频段匹配

单频段匹配是保证在指定的一个周期段内，反应谱与目标谱有较好的匹配，即单频段均值匹配。匹配程度常是控制频段内多个离散周期点(周期点一般间隔较密)对应反应谱值与目标谱值间的误差，即单频段多点匹配。

单频段匹配方法中匹配误差及调幅系数的确定方法有很多种。例如，高学奎等[73]在近场地震动选波研究中控制加速度反应谱值在[0.1，T_g](T_g 为设计谱特征周期)平台段的均值误差，还另外引入了近场地震特征参数 PGV/PGA，可减小计算结果的离散性且能够反映近场地震动的特性。Kalkan 等[58]以及 Katsanos 等[74]利用最小二乘法，采用经过调幅的反应谱与目标谱之差的平方和 λ 计算匹配误差，取 $\mathrm{d}\lambda/\mathrm{d}(\mathrm{SF})\cong 0$ 得出能使得 λ 最小的调幅系数 SF。

$$\lambda = \sum_{i=1}^{N} [\bar{A}_i - (\mathrm{SF} \cdot A_i)]^2 \tag{1-7}$$

$$\mathrm{SF} = \frac{\sum_{i=1}^{N} (\bar{A}_i \cdot A_i)}{\sum_{i=1}^{N} (A_i \cdot A_i)} \tag{1-8}$$

式中，N 为匹配周期段范围内一定间隔的周期点总数；A_i 和 $\bar{A}_i$ 为备选记录在 T_i 周期点的加速度反应谱值(未调幅)和目标谱值。

同样，Baker[8]也利用最小二乘法来计算匹配误差，但采用了反应谱的对数值。

$$\mathrm{SSE} = \sum_{j=1}^{n} [\ln S_{\mathrm{a}}(T_j) - \ln S_{\mathrm{a,CMS}}(T_j)]^2 \tag{1-9}$$

式中，$S_{\mathrm{a}}(T_j)$ 和 $S_{\mathrm{a,CMS}}(T_j)$ 分别为备选记录在 T_j 周期点的加速度反应谱值(已调幅)和 CMS 目标谱值；n 为保证在整个匹配周期段内周期点数大于 50 个所确定的总的周期点数。

Ambraseys 等[75]通过欧洲强震数据库提出匹配误差参数 D_{rms}，即：

$$D_{\mathrm{rms}} = \frac{1}{N}\sqrt{\sum_{i=1}^{N}\left[\frac{S_{\mathrm{a0}}(T_i)}{\mathrm{PGA}_0} - \frac{S_{\mathrm{as}}(T_i)}{\mathrm{PGA}_{\mathrm{s}}}\right]^2} \tag{1-10}$$

式中，$S_{\mathrm{a0}}(T_i)$ 和 $S_{\mathrm{as}}(T_i)$ 分别为记录在周期点 T_i 处的加速度反应谱值和目标谱值；PGA_0 和 $\mathrm{PGA}_{\mathrm{s}}$ 分别为备选波及确定目标谱所用地震波的峰值加速度；N 为需考虑的结构振型数。

Iervolino 等[76]采用如下的匹配误差参数 δ，即：

$$\delta = \sqrt{\frac{1}{N}\sum_{i=1}^{N}\left[\frac{S_{\mathrm{a}}(T_i) - S_{\mathrm{a,REF}}(T_i)}{S_{\mathrm{a,REF}}(T_i)}\right]^2} \tag{1-11}$$

式中，$S_{\mathrm{a}}(T_i)$ 和 $S_{\mathrm{a,REF}}(T_i)$ 分别是周期点 T_i 的加速度反应谱值和目标谱值。

式(1-10)和式(1-11)确定的误差参数，关注的是 T_1 到 T_N 频段的谱形匹配，或者说是关

注结构前 N 阶振型的影响。进一步考虑，此频段的范围也可根据结构关注的频段或振型范围进行调整，当关注结构第 j 到第 k 阶振型影响时，可采用式(1-12)或标准化的式(1-13)来计算匹配误差[77]。

$$D_{\mathrm{rms}}=\sqrt{\frac{1}{k-j+1}\sum_{i=j}^{k}[\alpha\cdot S_{\mathrm{aR}}(T_i)-S_{\mathrm{aT}}(T_i)]^2} \tag{1-12}$$

$$D_{\mathrm{rms}}=\sqrt{\frac{1}{k-j+1}\sum_{i=j}^{k}\left[\frac{\alpha\cdot S_{\mathrm{aR}}(T_i)-S_{\mathrm{aT}}(T_i)}{S_{\mathrm{aT}}(T_i)}\right]^2} \tag{1-13}$$

式中，$S_{\mathrm{aR}}(T_i)$和 $S_{\mathrm{aT}}(T_i)$分别为反应谱与目标谱在 T_i 处的谱值；α 为备选波的调幅系数。

Reyes 等[4]则是在 $0.2T_1\sim1.5T_1$ 范围内，令调幅后反应谱与目标谱对数值之差的欧氏范数最小，来确定调幅系数 SF。

$$\|\log\hat{A}_i-\mathrm{SF}\cdot\log A_i\|=\sqrt{\sum_{i=1}^{N}(\log\hat{A}_i-\mathrm{SF}\cdot\log A_i)^2} \tag{1-14}$$

式中，$\|\cdot\|$ 为欧氏范数；N 为从 $0.2T_1\sim1.5T_1$ 范围内所取周期点数；$\hat{A}_i$ 和 A_i 分别为记录在 i 周期点处的加速度目标谱值和反应谱值。

Naeim 等[78]将遗传算法用于选波研究，以设计谱为目标谱，将选波与调幅两部分工作同时进行，从备选记录中选取误差参数 Z 最小的一组(7 条)地震波。

$$Z=\min\left\{\sum_{T=T_0}^{T_N}\left[\sqrt{\frac{\sum_{i=1}^{7}[S_i\cdot SA_i(T)]^2}{\sum_{i=1}^{7}S_i^2}}-F_T(T)\right]^2\right\} \tag{1-15}$$

式中，T 为结构基本周期，其取值从 T_1 到 T_N；S_i 为第 i 条波的调幅系数；$A_i(T)$和 $F_T(T)$分别表示第 i 条波在周期 T 处的反应谱值和目标谱值。

单频段匹配方法的精度与设定的匹配周期范围有关。国外规范常由结构的基本周期 T_1 确定匹配周期。美国国家标准技术研究院 2011 年发布的计划建议，抗弯框架结构可取 $0.2T_1\sim3T_1$，框架剪力墙及剪力墙结构可取 $0.2T_1\sim2T_1$[77]。Eurocode 8[28]中规定此范围为 $0.2T_1\sim2T_1$，ASCE/SEI 7-10[79]则规定在 $0.2T_1\sim1.5T_1$ 范围内，所选记录反应谱要大于设计谱。单频段起始点也可由结构的多个自振周期控制。Beyer 等[80]建议 Eurocode 8[28]中的频段范围应改为$[T_m,\sqrt{\mu_\Delta}T_1]$，其中 m 为保证振型参与质量总和达 90%需要考虑的最高阶振型数，μ_Δ 为结构的位移设计值。ASCE 7-16[29]中匹配周期范围的下限也采用 T_m 和 $0.2T_1$ 中的较小值。匹配周期范围若设定得较窄，即仅关注 T_1 周围频段，则受高阶振型影响的结构的第二、第三阶周期无法落入频段内，不利于高柔结构反应评估。因此，建议选择较宽的匹配周期范围，其不仅可考虑到结构高阶振型的影响，还能够考虑到结构非线性反应可能产生的周期延长。

需要注意的是，当匹配周期范围较宽时，有必要在计算匹配误差时考虑各阶振型的不同贡献而匹配不同的权重，这一点与前面介绍的多点匹配时采用的加权匹配方法具有相同的思路。Lombardi 等[81]在基于三维结构模型进行选波的研究中，采用式(1-16)计算匹配误差，其中为 i 阶振周期 T_i 分配的权重系数 P_i 由水平 UX 和 UY 方向以及 XY 平面扭转 RZ 方向的振型质量参与系数的均方根来计算，见式(1-17)。

$$I_{eq} = \sqrt{\frac{\sum_{i=1}^{n_p} \{P_i [S_a(T_i) - S_{a,target}(T_i)]^2\}}{\sum_{i=1}^{n_p} P_i}} \tag{1-16}$$

$$P_i = \sqrt{MP_{UX,i}^2 + MP_{UY,i}^2 + MP_{RZ,i}^2} \tag{1-17}$$

我国学者冀昆等[82]则是在[0.1 s,6.0 s]这样几乎是设计谱的全周期段范围内,通过权重匹配目标谱,达到了较好的选波效果。这种方法仅为抗震设计规范服务,旨在提出一种不考虑结构动力特性影响的适合于各种结构的选波方法,目标谱仅局限于规范谱。

(4) 双频段匹配

双频段控制方法由杨溥等[83]提出,并且得到较为广泛的关注和应用。它是在地震动记录数据库中直接挑选那些经调幅后其拟加速度反应谱在短周期段(如[0.1 s,T_g])和结构一阶自振周期附近([$T_1-\Delta T_1$,$T_1+\Delta T_2$])的反应谱均值与设计反应谱相差不超过10%的地震动记录,而不考虑震级、震中距、场地条件等地震信息限制的选波方法。其中,T_g为场地特征周期;ΔT_1与ΔT_2为周期控制范围。考虑到结构遭受地震损伤后周期会延长,一般$\Delta T_2>\Delta T_1$,建议取$\Delta T_1=0.2$ s,$\Delta T_2=0.5$ s。双频段选波可保证所选波的反应谱与目标谱能达到较好的一致性,并考虑了结构基本周期的影响,从而使得时程分析结果较为准确。杨溥等[83]将该方法与基于场地、特征周期T_g以及反应谱T_g前后的面积选波方法进行了比较,证明双频段选波能够满足我国抗震规范对于底部剪力大于振型分解反应谱法80%的要求,且离散性远小于其他方法。

由于双频段匹配方法未能考虑持时和能量分布的影响,肖明葵等[23]将双频段选波方法进行了改进,建议将地震动弹性总输入能反应作为补充指标,先按双频段选波,然后选择总输入能量反应相差10倍左右的两条波,这样能保证至少选到一条长持时或中等持时地震波,可以考虑地震动持时对结构累积损伤的影响。刘良林等[84]以一个12层钢筋混凝土框架为例,再次证明此方法的有效性。

此外,目前较多的超高层建筑、大跨度桥梁等的基本周期可以达到5 s及以上,对结构地震反应影响较大的第二、第三阶等振型周期并不一定会落入双频段中的平台段,那么它们对结构反应的影响将无法得到充分地体现。可见,对于长周期结构有必要考虑较为宽泛的匹配周期范围。

(5) 多频段匹配

王东升等[85]在高墩桥梁的抗震设计中,在双频段匹配方法的基础上对第二频段误差指标进行了改进,引入归一化振型参与系数作为误差匹配权重系数,匹配范围由各个周期点扩展为各个周期点周围一定范围的多个频段,并在匹配之初依据震级、震中距、场地条件等确定备选数据库,以小样本实现了时程分析结果与设计谱结果在统计意义上相符的抗震设计要求,但他们仅进行了高墩桥梁的线弹性时程分析和弹性反应谱的验证工作。叶献国等[86]也认为,可以在多个频段内考虑反应谱与目标谱的匹配,并在Iervolino等[76]研究的基础上,在误差参数δ计算时引入了权重系数w_i,即:

$$\delta = \sqrt{\sum_{i=1}^{k} w_i \frac{1}{N_i} \sum_{j=1}^{N_i} \left[\frac{S_{as}(T_{ij}) - S_{ad}(T_{ij})}{S_{ad}(T_{ij})}\right]^2} \tag{1-18}$$

式中，k 为控制周期段数；w_i 为第 i 个周期控制段的权重系数，可根据控制段的重要性确定；N_i 为第 i 个控制周期范围内离散周期点数；$S_{as}(T_{ij})$ 和 $S_{ad}(T_{ij})$ 分别为第 i 个控制周期范围内第 j 个周期点 T_{ij} 处实际地震动记录反应谱值和目标谱值。

对于一些特殊情况，如两水平方向地震反应相差较大的结构（如大跨度桥梁、不规则建筑等）进行选波时，目标谱和备选波反应谱都应反映两水平方向地震动的共同作用，其表达方式有多种，如采用两水平方向反应谱的几何均值、算术均值以及 SRSS 谱等[80]。

上述各种匹配方法中，无论采用哪种形式的匹配误差，其值越小，反应谱与目标谱的一致性越好，结构时程分析的结果越可靠。因此，匹配误差常被作为地震波优选排序的依据。一般情况下，匹配误差大小取决于地震记录数据库的大小及选波数量[8]，同时也依赖于指定谱匹配的周期范围。

此外，虽然记录通过调幅能够达到减小结构反应离散性的目的，但过大的调幅会使得反应谱失真，进而使结构反应失真。因此，建议尽量选用调幅系数接近 1 的记录[15]。Krinitzsky 等[87]提出调幅系数不能大于 4，对于液化场地，调幅系数更应限制在 2 以内[88]。而 Luco 等[89]强调了反应谱形的重要性，认为除非所选记录的谱形与目标谱存在严重差异，否则大调幅不会对结构非线性反应产生影响。Watson-Lamprey 等[10]也认为，只要选择的地震动合适，调幅系数即使达到 20，仍可获得较好的结构反应预估。目前，受记录数据量所限，并没有对调幅系数做严格的限制，对其研究还没有形成统一的认识，一般情况下建议调幅系数不超过 6 或 7[90]。

1.2.2.3 目标谱分布匹配法

目标谱法除了匹配确定性的均值谱，还有匹配由目标谱均值和方差表示的具有概率含义的目标谱分布匹配法。2011 年美国国家标准与技术研究院（NIST）专门设立了项目，用于解决基于性能的结构非线性抗震分析中的地震波选择与调幅问题，并提出在进行选波工作前必须要明确结构非线性研究的目的[77]。大多数研究只关心结构的均值反应，但随着基于性能的抗震设计理念的深入以及地震危险性概率方法的逐渐完善，结构反应的概率分布也成为设计者们需要预测的反应指标。因此，很多研究在匹配目标谱均值的同时也兼顾目标谱的方差匹配。

Kottke 等[91]提出的半自动选波方法，即先匹配目标谱均值再调幅地震波以实现方差的匹配。但该方法不适于选波数量较大的情况，而且所选波必须经过调幅。Baker 等[9]的研究则突破了这些限制，运用蒙特卡洛模拟算法，依据目标谱（条件谱 CS）的均值和方差，模拟出多条符合这些统计特征的反应谱作为目标谱组，打破了一条目标均值谱的局限。模拟的目标谱组的反应谱数量越多，匹配越准确。此时，评判所选波反应谱与目标谱的匹配程度，除了考虑均值外，还增加了方差的比较，并按照需要分配一定权重[由式(1-19)中的 w 权重系数体现]。误差参数 SSE_S 按以下公式计算：

$$SSE_S = \sum_{j=1}^{p} \{ [\hat{m}_{\ln S_a(T_j)} - \mu^{(t)}_{\ln S_a(T_j)}]^2 - w[\hat{s}_{\ln S_a(T_j)} - \sigma^{(t)}_{\ln S_a(T_j)}]^2 \} \tag{1-19}$$

$$\hat{m}_{\ln S_a(T_j)} = \frac{1}{n}\sum_{i=1}^{p} \ln S_{a,i}(T_j) \tag{1-20}$$

$$\hat{s}_{\ln S_a(T_j)} = \sqrt{\frac{1}{n-1}\sum_{i=1}^{n} [\ln S_a(T_j) - \hat{m}_{\ln S_a(T_j)}]^2} \tag{1-21}$$

式中，n 表示每组记录数；$S_a(T_j)$为备选记录在周期点 T_j 对应的强震动记录谱值；$\mu^{(t)}_{\ln S_a(T_j)}$ 和 $\sigma^{(t)}_{\ln S_a(T_j)}$ 为周期点 T_j 对应的目标谱均值和方差。

Wang[92] 基于 CMS 建立多个目标谱组成的目标谱组时，引入了误差指标 R_{target}，同时考虑了均值和方差的匹配程度，并且通过误差指标选取最优的目标谱组。当目标谱组的误差较小时，选波的误差也能得到较好的控制。

$$R_{\text{target}} = R_1 + R_2 \tag{1-22}$$

$$R_1 = \sum_{i=1}^{n} w(T_i)\left[\mu_{\ln S_a^{\text{target}}(T_i)} - \mu_{\ln S_a(T_i)}\right]^2 \Big/ \sum_{i=1}^{n} w(T_i) \tag{1-23}$$

$$R_2 = \sum_{i=1}^{n} w(T_i)\left[\sigma_{\ln S_a^{\text{target}}(T_i)} - \sigma_{\ln S_a(T_i)}\right]^2 \Big/ \sum_{i=1}^{n} w(T_i) \tag{1-24}$$

式中，R_1 和 R_2 分别为均值和方差的加权误差；$\mu_{\ln S_a^{\text{target}}(T_i)}$ 和 $\mu_{\ln S_a(T_i)}$ 分别为 T_i 处目标谱和反应谱的对数均值；$\sigma_{\ln S_a^{\text{target}}(T_i)}$ 和 $\sigma_{\ln S_a(T_i)}$ 分别为 T_i 处目标谱和反应谱的对数标准差；$w(T_i)$为 T_i 的权重。

由式(1-23)和式(1-24)可知，在计算匹配误差时，为不同周期点的误差或方差的平方和分配了权重系数 $w(T_i)$。权重系数的采用可使匹配误差的计算更为灵活，但在实际研究中，为了操作方便，$w(T_i)$仅采用了统一的数值，不同权重系数会对选波结构造成何种影响并未做深入研究。

Katsanos 等[74]在匹配误差计算中引入了由振型质量参与系数确定的权重系数，并且与 Wang[93]的研究类似，不仅考虑了反应谱均值匹配误差，还将分组内反应谱值的离散性也纳入了匹配误差指标之中。但该选波方法仅依据一个 4 层钢筋混凝土结构的弹性时程反应做了可行性分析，对于较高、较柔的长周期结构以及结构非线性时程分析的可行性并未做深入讨论。

在应用方面，目前已有多个选波软件，如 DGML[41]、OPENSIGNAL[42]、QuakeManager[43]等，均可方便地实现均值和方差的匹配，而且其目标谱设定也非常灵活，可以是设计反应谱，也可以是用户自定义的反应谱。

反应谱分布匹配法所需地震波数量要远高于目标谱均值匹配法，因此适用于大数据处理的统计方法尤为适用。鉴于遗传算法在大数据处理中的优势，有学者将遗传原理用于反应谱分布的匹配，并且将选波与调幅过程同时进行，如 Alimoradi 等[93]开发的 GAGMS 软件。有时为达到更为理想的调幅效果，还会采用一些优化方法：Baker 等[9]采用了贪婪算法使所选记录反应谱与目标谱更为吻合；叶献国等[86]通过式(1-18)选出地震波后，利用遗传算法确定参数，再利用贪婪算法对遗传算法确定的个体编码串进行修复，可限制反应谱与目标谱之间的误差在很小的范围内。

与仅匹配目标谱均值相比较，考虑目标谱方差匹配不会影响到结构反应均值的估计，但会影响结构反应的方差及概率分布[90,92,94]。结构反应非线性程度越大，结构反应的离散性会越强，在选波中考虑这种概率计算需求，就显得更为必要了。

1.2.3 基于地震动强度指标的选波研究

多年来，国内外地震学者也一直在努力寻求与结构地震反应紧密相关的地震动强度指标。选用合理的地震动强度指标进行地震波标准化，是降低结构反应离散性的有效途径。

Luco 等[56]提出地震动强度指标的选择既要考虑其充分性，也要考虑其有效性，充分性要求的目的是减少或消除动力分析对所选地震动强度指标未能反映的其他地震动特性的依赖，而有效性要求的目的是降低地震波不同产生结构反应的离散性[95]。PGA 是最早采用的地震动强度指标，而后发展出 Housner 谱强度[96]、Arias 强度[97]等以地震动峰值和地震动谱峰值为依据衍生的复合强度指标。叶献国[98]针对 20 世纪七八十年代提出的 8 种典型的地震动强度指标，探讨了结构地震破损与地震动强度指标的相关性。智利学者 Riddell 等[99]总结了 20 世纪七八十年代发展的 14 种地震动强度指标与单自由度体系的滞回耗能之间的相关性，认为无法采用单一地震动强度指标在 3 个反应谱敏感区与结构反应之间均具有同样良好的相关性。

进入 21 世纪后，各种复合强度指标相继提出。发展至今，地震动强度指标已有四五十种，在体现地震动幅值、频谱和持时三要素的同时，更关注与结构反应的相关性。李英民等[100]分析了结构弹性和弹塑性反应(加速度、速度和位移)与 6 种定义幅值[PGA、PGV、有效峰值加速度(EPA)、有效峰值速度(EPV)、Arias 强度(IA)和谱强度(SI，阻尼比取 0.02)]间的相关系数谱，并认为除了 PGV 外，其他 5 种幅值均与结构反应具有良好的相关性。然而，Kurama 等[101]以 7 种调幅方法[即 PGA、EPA、A_{95}、EPV、MIV、$S_a(T_1)$、$S_a(T_1 \to T_\mu)$，其中最大增值速度 MIV 是指两个连续零加速度周期点之间的加速度时程曲线包含的面积的最大值]对比分析了单自由度和多自由度体系在不同场地、震中距、屈服强度、结构周期、滞回规则条件下，结构峰值位移反应的离散性。研究表明，与 PGV 相关的 MIV 参数调幅方法，尤其对于近场地震动、软土场地、结构非线性程度较高等特殊情况下，其优越性要明显高于以反应谱强度为依据的调幅方法。韩建平等[102]基于汶川地震记录的研究表明，速度谱强度、Housner 谱烈度与 SDOF 体系最大响应的相关性较好。卢啸等[103]对超高层结构反应的研究也认为，PGV 与超高层结构的层间位移角响应具有较好的相关性。苏宁粉等[104]以普通框架、规则和不规则超高层结构的最大层间位移角为工程需求参数，对比分析了 9 种地震动强度指标，认为反应谱参数的有效性均优于 PGA；对超高层结构，PGV 的有效性最好；并认为周颖等[105]提出的考虑高阶振型影响的地震动强度参数，当考虑振型数越多时，该参数有效性越高。Zhang 等[106]以两座超高层建筑为例(分别为 61 层和 118 层)，对比总结了 19 个地震动强度指标与结构反应的相关关系。研究表明，其所提出的基于速度反应谱建立的地震动强度指标与结构反应具有良好的相关关系，并发现将地面峰值加速度(PGA)、地面峰值速度(PGV)、地面峰值位移(PGD)以及反应谱综合考虑的方法可降低结构反应的离散性。陈波[48]总结了 44 种地震动强度指标，按与 PGA、PGV、PGD 的相关性归为 3 类，认为与 PGA 有关的地震动强度指标与短周期结构反应相关性最好；与 PGV、PGD 有关的地震动强度指标与中长周期结构反应的相关性最好，这一结论与 Riddell 等[99]以及叶列平等[95]的研究基本一致。

针对受高阶振型影响的高层结构，研究者提出的地震动强度指标中通常能够反映多个振型的影响。Tan 等[107]提出了地震动强度指标 S_{90}，可分权重考虑对结构反应起主要作用的前几阶振型的贡献。

$$S_{90} = [S_a(T_1,\xi)]^\alpha \times [S_a(T_2,\xi)]^\beta \times \cdots \times [S_a(T_n,\xi)]^\theta$$

式中，$S_a(T_1,\xi)$，…，$S_a(T_n,\xi)$分别为 T_1 到 T_n 周期点加速度反应谱值(阻尼比为 ξ)；α，β，…，θ 表示各阶周期点谱值的权重。

Luco 等[56]提出了 6 个体现结构信息的强度指标 IM_S，其中 4 个涉及弹性、非弹性、等效和有效的一阶模态振动特性，其余 2 个考虑了一阶和二阶模态的共同作用效应，并以美国联合钢结构计划提出的 3 层、9 层和 20 层抗弯钢框架结构[108]的非线性动力分析结果进行参数线性回归分析，以量化强度研究指标的有效性。Tothong 等[11]在抗震概率需求分析(PSDA)中提出了选波所用的地震动强度指标，可不必通过震级、震中距及 ε 参数进行初选，并指出对于近场地震动以及受高阶振型影响显著的结构，采用弹性加速度反应谱，甚至非弹性位移谱都不合适而应采用综合性的地震动强度指标。

除了以结构位移反应为地震反应参数外，若以结构损伤、刚度退化以及滞回耗能为研究目的，选择与持时和地震动能量累积有关的地震动强度指标（如 70%能量持时、I_e、Arias 强度、Housner 强度、Riddell 指标、Park-Ang 指标）则更为合理。Masi 等[109]通过研究 3 种不同填充墙形式的框架结构地震反应发现，Housner 强度与结构反应的相关性优于 PGA、PGV、S_a、S_d 等地震动强度指标。Marasco 等[43]将反应谱划分成很小的频段，通过傅里叶变换求出每个频段的幅值，再平方和求能量项，以此能量项作为评判指标，对结构反应实现了较为准确的评估。Bradley[110]认为，CMS 方法仅能反映加速度反应谱特征，而对地震动特性中的持时和能量等特性考虑不够。他基于概率地震危险性分析(PSHA)，以地震波的经验分布与理论分布间的拟合优度为误差参数，提出了一种综合性的选波方法(GCIM, generalized conditional intensity measure)，该方法可用于以任意种类及数量的地震动强度指标为评价指标的选波工作。我国学者谢礼立等[111]也提出了一种基于潜在破坏势的综合评价方法。地震动潜在破坏势是综合考虑地震动本身、结构弹性及非弹性反应、破坏准则等因素经过适当的推导得出的，能全面反映地震动三要素及结构动力特性。该方法旨在选取能使结构的地震反应或结构的地震性态趋于最危险或最不利状态的地震动。曲哲等[112]将该法与基于地震信息和设计谱两种方法进行了比较。

目前常用的以地震动强度指标为评价指标的选波研究，与目标谱选波法类似，仍多以地震信息（震级、震中距、场地等）为初选条件，再辅以一个或多个地震动强度指标为评价准则。地震动强度指标的选择主要依据结构反应参数指标及评估结构反应的目的来确定。地震波的调幅多依据所选地震波的强度指标与目标参数相等为原则进行，也可与之前介绍的调幅方法综合使用。如 Marasco 等[42]首先保证所选地震波反应谱在周期点 T_{ref} 处与目标谱值相等为原则确定调幅系数，再要求在 $0.2T_{ref} \sim 2T_{ref}$ 范围内 Housner 谱强度与目标谱相等，进一步修正调幅系数。

事实上，基于目标谱选波法与基于地震动强度指标选波法往往是相辅相成、互相补充的：当所用地震动强度指标仅源于弹性反应谱（相关谱）时，显然谱匹配方法包含了地震动强度指标的全部内容；但当地震动强度指标的建立融入了更多因素，如地震动持时、结构损伤和非弹性反应等，则基于地震动强度指标选波又会与谱匹配法有所差别，但若目标谱建立也包括或逐步考虑这些因素时，二者又会趋于一致。

此外，限于选波研究试验量大、试件损耗大等客观条件限制，目前的选波研究多基于数值模拟结果。然而，开展基于试验手段的选波方法的可行性论证，是一项非常有必要的研究工作。O'Donnel 等[113]在易于出现塑性铰的框架结构梁柱节点处设计反映结构损伤的摩擦阻尼连接件，能够使试验结构模型在非线性变形后具有自复位能力，进而开展了选波方法的试验研究。他们通过 4 种小缩尺比的钢框架结构 720 次的振动台试验，对比包括前述 MIV

方法在内的 4 种选波方法,即 ASCE7-10、$Sa(T_1)$、MIV、MPS,以试验再次证明了 MIV 方法的优越性。研究认为,MIV 方法之所以优于其他选波方法,主要源于其不受结构特性的影响,当结构进入非线性阶段时基本周期会延长,而其他选波方法均依赖于难以准确估计的结构周期等特性。研究还表明"以 $S_a(T_1)$来调幅地震波能够减小结构反应的离散性"的结论在阻尼比较小(如 5%)时是不成立的,只有当阻尼比较大(如 10%~20%)时,这种优势才能显现出来,这与以往的经典结论有些不同。由此可见,选波方法很有必要通过试验方式进一步论证。

1.2.4 选波研究中的其他问题

选取多少条记录来进行结构时程分析,也就是样本容量的确定,是地震波选取研究中另一个主要考虑的问题。样本容量的确定要考虑诸多因素,如预测结构反应的目标(均值或分布)及精度、结构倒塌概率、结构非线性程度等[94]。理想的样本容量,应该能够使结构分析准确性与计算成本之间达到一种相对的平衡,尤其对于复杂结构的时程分析,样本容量对计算成本的消耗影响很大。

Shome 等[13]早在 1998 年就研究发现,以结构 T_1 处反应谱值与目标谱相等为原则对地震波进行调幅,对比于未经调幅的地震波,产生结构反应的离散性更小,所需的地震波数量更少,此后相关研究相继展开。Carballo[114]也发现,对结构反应均值进行估计时,采用匹配目标谱的方法,可以减少所需地震波数量。Stewart 等[15]认为,如果采用 3 条地震波,则需调整反应谱的波峰波谷使其与设计谱实现较好的匹配,这样可使得结构反应不会受限于某一条地震波。Bommer 等[1]在 2004 年的研究中指出,7 条是比较理想的选波数量,结构反应可取用 7 条结果的平均值,但是也不必拘泥于 7 条的结论;2008 年,在其与 Hancock 等[94]的共同研究中,更为系统全面地分析了结构非线性动力分析所需的地震波数量,认为地震波数量与结构非线性反应可靠度以及所需估计的结构反应参数相关。比如,当限制结构反应均值估计的误差不超过 5%时所需的地震波数量,就是误差限制在 10%以内所需地震波数量的 4 倍。他们还分析了结构反应估计的偏差,认为偏差主要来自于选择和匹配方法的不同,且与结构反应指标的选取有关,如结构峰值反应估计所需的样本容量就少于结构损伤及能量消耗估计所需样本容量。他们认为,调幅系数对偏差没有影响,甚至可以取到 10。

除伊朗抗震规范规定可用 2 条真实记录,国际标准委员会制定的 ISO/DIS 19901-2[115]要求至少 4 条地震波外,多数国家的抗震设计规范,如 Eurocode 8[116]、UBC 997、IBC 2000/2006、CBC 2007、ASCE/SEI 7-10[79](ASCE,2005,2010)以及我国抗震规范[33],均规定至少选用 3 条记录,若少于 7 条,取用时程分析所得结构反应的最大值,若大于或等于 7 条,则用时程分析所得结构反应的平均值。Reyes 等[4]将与结构反应真值对比的"准确性、有效性、一致性"作为评判样本容量是否足够的标准,将 480 组地震波按照从 3~10 条不等的样本容量分组,对 16 种单自由度体系(4 种基本周期、4 种屈服强度系数)进行了时程分析的统计工作。研究表明,ASCE 7-05[20]中对于"小于 7 条要取最大值"的规定过于保守;样本容量若小于 7 条,计算准确度难以保证;大于或等于 7 条(如取 7~10 条)时,计算精度并未随着样本容量增大有明显提高。因此,建议 7 条为最合理的样本容量。但是该研究仅是基于单自由度体系,且地震波的调幅是基于弹性反应谱,对于多自由度结构体系非线性反应分析,该研究还有局限。美国在最新抗震规范 ASCE/SEI 7-16[29]中,为了进一步提高估算结果的可靠性，更是将建议的地震波数量增大到了11条，但此数量的确定并不是基于详细的统计分析。因此，本书在后续选波方法的研究中也对样本容量的选择问题进行了探讨，对比分析了不同地震波数量对结构均值反应的影响。

上述样本容量的确定主要是对结构反应均值的估计，若以结构反应概率分布为评估目标，则需更大的样本容量。Catalán等[63]认为，符合正态及对数正态分布的结构反应可采用30条记录；若要求结构倒塌评估准确率达到90%，则需60条。Du等[90]以及Wang等[92]也认为，30或60条地震波可以实现稳定性较好的结构反应方差估计。陈波[49]基于可靠度理论给出在不同置信水平和误差范围内建议取用的样本容量，并对比了几类地震波调幅方法需取用的地震波数量。研究发现，选择合理的地震动调幅方法，对于缩小样本容量、降低结构反应的离散性有着积极的作用，这也正与Hancock等[94]的研究结论相吻合。

1.3 本书研究目的与内容

如前所述，时程分析通常采用具有统计特征的参数（如结构反应的均值、离散性、倒塌概率等）来描述结构的需求特征（反应值）。当将所选的地震波逐条输入结构进行时程分析时，这是一项统计工作。由地震波数据库中选取某条地震波作为输入的过程，相当于统计的抽样。那么，抽取的样本（即选取的地震波）应该尽量与描述地震动的参数具备统计一致性。从工程地震学角度来讲，地震动输入通常由各类“谱”来描述，如一致概率谱（UHS）[6-7]、条件均值谱（CMS）[8]和条件分布谱[9]等，皆反映了地震动的统计特征。这些统计特征可基于大量的地震波，通过衰减关系获得。对于上述工作，作为抽样环节的地震波选取，就架起了地震动输入与结构反应二者统计特征的桥梁（图1-3）。

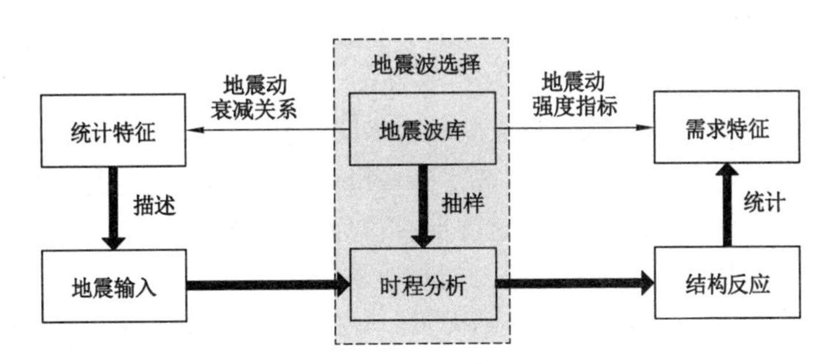

图1-3 地震波选择：联系地震动输入和结构反应的桥梁

选择地震波的目的就是希望所选地震波能够具备地震动的统计特征，并且选用较少数量的地震波就能估计结构的需求特征。所选的地震波应该能够“准确、有效、一致”地估计结构的“真实反应”[4]。所谓“准确”，就是要求所选地震波预估的结构反应（均值）与真实反应相差不大；所谓“有效”，是指各条地震波所得结构反应间的离散性要比较合理；所谓“一致”，是指不同组地震波估计结构反应的差别应在一定范围内。本书在上述认知框架内，采用目前主流的目标谱匹配法，针对结构抗震时程分析中的地震波选择及调整方法展开研究。

首先，考虑到目前常用目标谱多局限于加速度反应谱，更多地反映PGA或S_a的地震衰减或统计特征的现状，其对于短周期或中短周期结构具有较好的反应相关性。而对于长周期结构，采用位移谱反应相关性会更强。由此提出Newmark三联谱作为时程分析选择地震波的目标谱，它是基于 PGA、PGV、PGD 建立的放大系数谱，其与短、中、长周期结构反应均具有良好相关性。本书还将 Newmark 三联谱与 CMS 谱结合，提出了条件 Newmark 三联谱。

其次，针对以加速度谱为目标谱的选波方法的谱匹配过程中，对"高阶振型对结构反应贡献不同"这一问题考虑不足，以及采用加权系数考虑前述问题依据不足的缺陷，引入由归一化振型(质量)参与系数确定的结构前几阶振型的权重系数，先后提出了双指标多频段工程经验选波方法以及理论更加完备的加权调幅选波方法。

最后，鉴于工程师们和地震工程研究者在目标谱和谱匹配计算中，算术坐标和对数坐标被同时采用的事实，探讨基于最小二乘法的谱匹配中，采用不同的坐标值，对地震波调幅以及结构时程分析结果造成的差异性影响。指出算术坐标下和对数坐标下目标谱选波的物理含义，进而进一步明确前述 Newmark 三联谱作为目标谱和加权调幅选波方法研究的必要性及创新性。

本书共分 6 章，主要内容划分如下：

第 1 章阐述国内外关于地震记录选择研究的现状，并对其发展动态做详细分析。以目标谱法为主要展开，详细对比各目标谱的特点以及计算反应谱与目标谱匹配误差和地震波调幅系数的方法，对国内外地震波选择研究进行总体性的归纳。

第 2 章提出以 Newmark 三联谱为目标谱的选波方法。以"美国联合钢结构计划"["美国联合钢结构计划"是由美国联邦应急管理署(FEMA，Federal Emergency Management Agency)在1994 年 1 月 17 日提出的，该计划致力于分析解决加州洛杉矶地区由于地震作用导致的当地焊接钢框架结构的脆性破坏问题。针对"美国联合钢结构计划"提出的确定上述目标谱的 3 组地震波，其均值反应谱可与概率地震危险性分析所得 UHS 谱相容，能够匹配 NEHRP1994[30]设计谱，可代表不同超越概率水准或地震危险性水平，用于钢结构的抗震时程分析与评估]提出的代表 50 年超越概率 50%、10% 和 2% 的 3 组地震波平滑化的 Newmark 三联谱的均值反应谱作为目标谱，以"美国联合钢结构计划"提出的代表洛杉矶地区低、中、高层建筑结构的 3 层、9 层和 20 层 Benchmark 抗弯钢框架为实例，将以 Newmark 三联谱作为目标谱的方法，与传统以加速度反应谱为目标谱的方法所得结构时程反应进行对比，分析以 Newmark 三联谱为目标谱的选波方法的可行性。

第 3 章为考虑高阶振型对结构反应不同贡献，在反应谱平台段和结构基本周期附近误差双控指标中，引入由归一化振型参与系数确定的前几阶振型的权重系数，提出双指标多频段工程经验选波方法。本章以"美国联合钢结构计划"中 9 层和 20 层抗弯钢框架为例，考虑远断层和近断层地震动输入，以加速度反应谱(设计谱)为目标谱，将双指标多频段方法与美国规范 ASCE7-05 方法进行对比；又以一栋 25 层和一栋 30 层的钢筋混凝土框架-剪力墙为实例，以规范设计谱为目标谱，进行远断层地震动作用下弹塑性时程反应分析以及增量动力分析，以论证双指标多频段方法的可行性。

第 4 章在匹配误差指标和地震波调幅系数计算中采用加权形式的最小二乘法，提出比双指标多频段工程经验方法理论更加完备的加权调幅选波方法。同样由归一化振型(质量)参与系数确定权重系数，以加速度反应谱为目标谱，采用加权优先和等权优先的两种排序方案，对比采用加权调幅选波方法与未考虑不同权重的选波方法(等权方法)所得的结构反应，分析采用加权调幅选波方法的可行性和必要性。此外，就目标谱影响、天然波与人工波选择、备选波数据库容量、选取地震动数量以及减隔震结构适用性等方面开展深入探讨。

第5章针对目前在谱匹配研究中鲜有涉及的、采用不同的坐标体系会给地震波调幅以及时程分析结果造成的差异性影响问题展开研究，以“美国联合钢结构计划”中的3层、9层和20层钢框架结构作为实例，对比谱匹配中反应谱与目标谱采用算术值和对数值所得地震波的调幅系数、所优选的地震波以及产生的结构非线性时程反应结果，对两种方法的差异性进行分析。

第6章将条件均值谱(CMS)的“条件分布”理念引入Newmark三联谱，提出两种条件Newmark三联谱，即基于衰减关系的条件Newmark三联谱(CNM-GMPE)和基于放大系数的条件Newmark三联谱(CNM-AF)。以此两种条件Newmark三联谱作为目标谱进行地震波选择，并与以CMS为目标谱的选波方法进行对比分析。本章还将给出CMS的阻尼修正方法。

第7章对本书提出的结构抗震时程分析地震波选择及调幅方法做全面总结，为结构非线性时程分析选波工作提出合理化建议。

2 Newmark 三联谱目标谱选波方法

2.1 引　言

本书采用谱匹配法进行选波，目前常用的目标谱，诸如规范设计谱、UHS 和 CMS 各有优缺点。这些目标谱均是加速度反应谱，更多地反映了 PGA 或 S_a 的地震衰减或统计特征，其对于短周期或中短周期结构具有较好的反应相关性。而对于中长周期或长周期结构，速度谱、位移谱或由 PGV、PGD 发展而来的其他地震动强度指标，则更有优势。由此，本章提出将 Newmark 三联谱作为时程分析选择地震波的目标谱。Newmark 三联谱是基于 PGA、PGV、PGD 建立的放大系数谱，其与短、中、长周期结构反应均具有良好相关性。目前 Newmark三联谱的确定已经具备了技术可实现性[117-118]。因此，将 Newmark 三联谱作为目标谱，可为结构时程分析选波提供新的解决途径。

本章以“美国联合钢结构计划”提出的代表 3 种超越概率(50 年超越概率 50%、10%和 2%)的各组地震波平均 Newmark 三联谱作为目标谱，以该计划提出的代表低、中、高层结构的 3 层、9 层和 20 层抗弯钢框架为分析模型，以简单地震信息初选的小型地震波数据库(共 40 条波)作为备选波。以 Newmark 三联谱为目标谱方法进行结构时程分析，将结构反应与传统加速度目标谱方法所得结果进行比较，深入讨论该方法的可行性及必要性。

2.2 Newmark 三联谱目标谱选波方法简介

2.2.1 Newmark 三联谱简介

早在 20 世纪 60 年代末，Newmark 等[119]就研究发现，单自由度系统(SDOF)反应谱的谱值在高频、中频和低频段分别与 PGA、PGV 和 PGD 相关性较强，即对应于我们通常所说的等加速度准则、等能量(速度)准则和等位移准则。设计谱可以用各区段的放大系数分别乘以相应的地震动幅值 PGA、PGV 和 PGD 来表示，于是提出了三联坐标系下直线分段式谱模型，即 Newmark 三联谱(图 2-1)[120]。

Newmark 三联谱的理论基础源于拟加速度反应谱 $PS_a(T)$、拟速度反应谱 $PS_v(T)$和位移谱 $S_d(T)$满足 $PS_a=\omega PS_v=\omega^2 S_d$ 的关系，其计算出发点是位移谱 $S_d(T)$，而不是通常采用的加速度谱 $S_a(T)$。因此，Newmark 三联谱一般先确定 $S_d(T)$，进而确定 $PS_a(T)$和 $PS_v(T)$。应该指出的是，在小阻尼比假定条件下(绝对)加速度反应谱 $S_a(T)$与拟加速度反应谱 $PS_a(T)$近似相等，但当以加速度强震记录作为反应谱计算输入时，若加速度强震记录与对应的位移强震记录二者不满足微分(积分)的相容关系(与强震记录处理方式有关)，

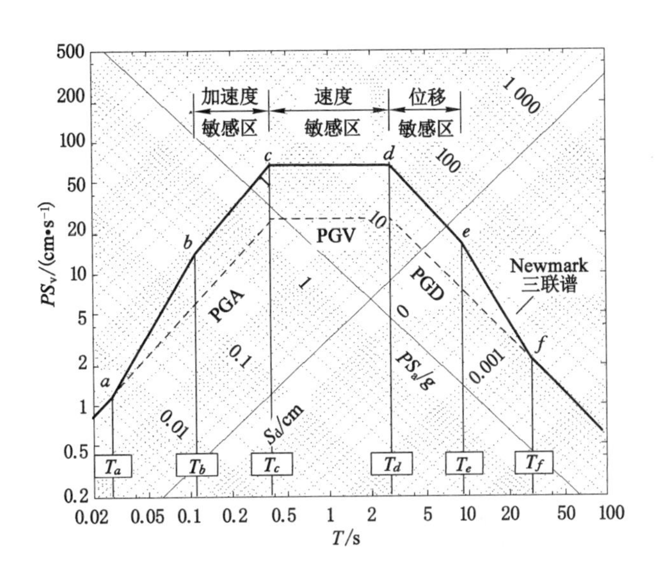

图 2-1 Newmark 三联谱

$S_a(T)$与 $PS_a(T)$会在较长周期处产生很大的差异，这是因为 $S_d(T)$要满足 $T\to\infty$时 $S_d(T)=$ PGD[121]，这也是 Newmark 三联谱的一个重要特点，即“长周期处满足结构反应的物理条件”。

自 Newmark 三联谱被提出以来，美国原子能委员会(AEC)参考该方法推出了专门应用于核电抗震设计的 RG 1.60 设计谱[122]，该设计谱后来成为许多国家和机构核电设计谱的蓝本，且至今仍被延用(如《核电厂抗震设计标准》(GB 50267—2019)[123]、ASCE 7-16[29]等)。虽然 Newmark 三联谱可以全面、简洁地表达反应谱的 3 个敏感区段，但受当时强震记录及处理的影响，很难获取准确的 PGD，这也限制了 Newmark 三联谱的广泛应用[124]。目前，随着数字强震记录的大量获取及处理技术的不断改进，甚至直接引入 GPS(全球定位系统)测量，地震动位移峰值 PGD 的确定已经具备了技术可实现性，同时美国“下一代地震动衰减研究计划(NGA)”也提供了 PGD 和位移谱 S_d 的衰减关系(如 CB08 模型[117])，这些都为 Newmark 三联谱的重新修正及应用奠定了良好的研究基础。近年来，关于 Newmark 三联谱的重新认知和研究工作也日渐增多[118,121,125]。

2.2.2 以 Newmark 三联谱确定目标谱

如前所述，与 PGA 有关的地震动强度指标与短周期结构反应相关性最好；与 PGV 有关的指标与中等周期结构反应相关性最好；与 PGD 有关的指标与长周期结构反应相关性最好[48,95,99]。因此，Newmark 三联谱与不同周期结构反应具有良好的相关性，将其作为目标谱可为结构(尤其是长周期结构)的选波提供新的解决途径。

本章将以 Newmark 三联谱作为目标谱，探讨其在时程分析选波中的可行性。由于本书采用了“美国联合钢结构计划”中提出的 3 层、9 层和 20 层抗弯钢框架结构为实例(见 2.3 节)并建立了目标反应，所以当以 Newmark 三联谱为目标谱时，仍采用美国“联合钢结构计划”中提出的代表 3 种超越概率水准(即 50 年超越概率 50%、10%以及 2%)的 3 组地震波的均值 Newmark 三联谱作为目标谱(图 2-2)，阻尼比与结构模型一致，取 2%。每组包括

10个台站的双向水平记录，即20条地震波分量(附录A中的表A-1～表A-3)。由于编号为LA30的地震波会使20层结构产生过大变形，故在50年超越概率2%时，20层结构的目标谱应采用剩余19条地震波的反应谱均值。由于19条的结果与20条非常接近，图2-2中仅给出了20条地震波的均值Newmark三联谱。本书第5章结合美国NGA的PGA、PGV、PGD的衰减关系(CB08模型[117])，将进一步给出具有一般意义的可用作目标谱的Newmark三联谱的统计值(即均值和方差)。

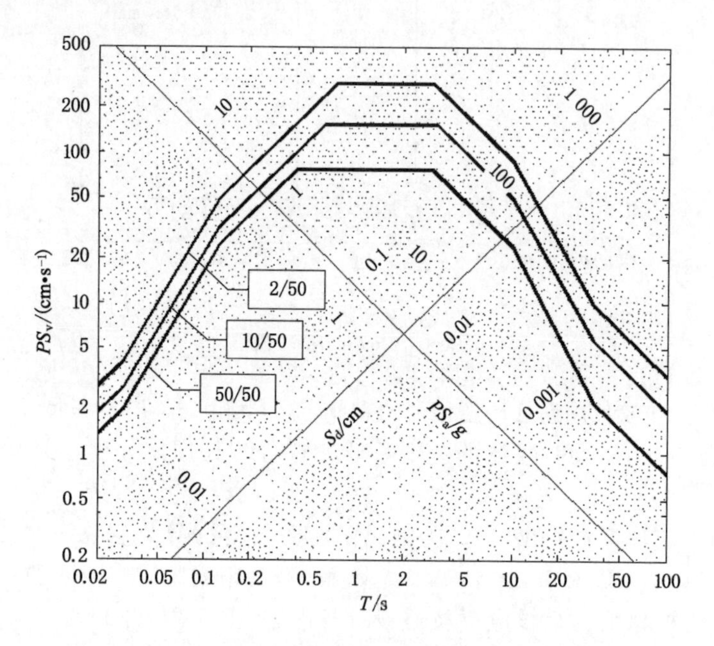

图2-2　Newmark三联谱确定的目标谱(阻尼比为2%)

目标谱的建构是基于3组各20条地震波的均值Newmark三联谱，现将单条地震波标定为Newmark三联谱的具体做法简要介绍：首先，将每条地震波对应的PGA、PGV、PGD(附录A中的表A-1～表A-3)，依据平行三联坐标轴原则，绘制3段折线于三联坐标下；然后，绘制地震波的拟速度反应谱；再次，依据平行并放大PGA、PGV、PGD的原则确定3个敏感区的反应谱(图2-3中的线段bc、cd、de)，对于不同地震波T_c和T_d的取值不固定，确定线段bc、cd、de的原则是“保证拟速度谱在平滑后三联谱折线(线段bc、cd、de)的线上和线下的面积之和相等”(图2-3)，而其他拐点可参考文献[126]取$T_a=1/33$ s，$T_b=1/8$ s，$T_e=10$ s，$T_f=33$ s；最后，绘制小于T_b和大于T_e的周期段的Newmark三联谱，在周期小于T_a处$PS_a(T)=\text{PGA}$，在周期大于T_f处$S_d(T)=\text{PGD}$。

作为对比，将3组各20条SAC波的算术平均加速度反应谱也作为代表各超越概率下的目标谱，如图2-4所示。

2.2.3　匹配误差及调幅系数

本书均采用线性调幅方法，文献[58]采用最小二乘法，在一定的匹配周期范围内计算反应谱与目标谱的匹配误差。当目标谱为Newmark三联谱时，考虑结构的前几阶周期有可能会落入反应谱的不同敏感区，对于不同的敏感区应该采用不同的反应谱(即拟加速度反应

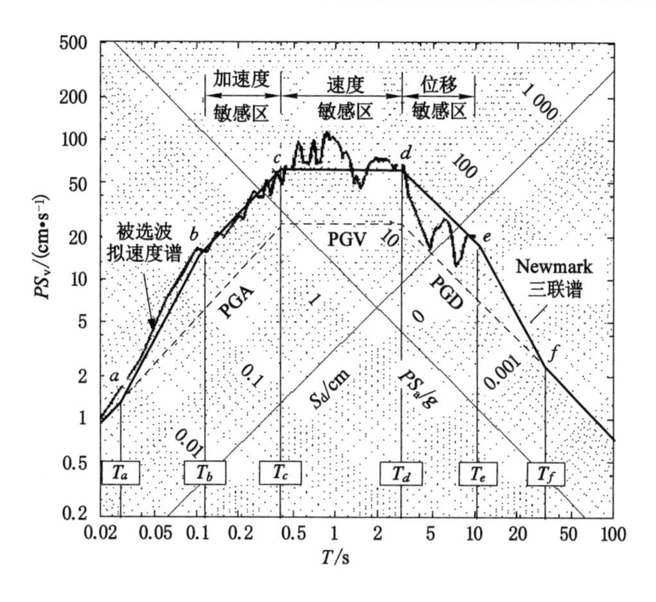

图 2-3 Newmark 三联谱平滑示意图
（以 EL-Centro 波为例，$\xi=2\%$）

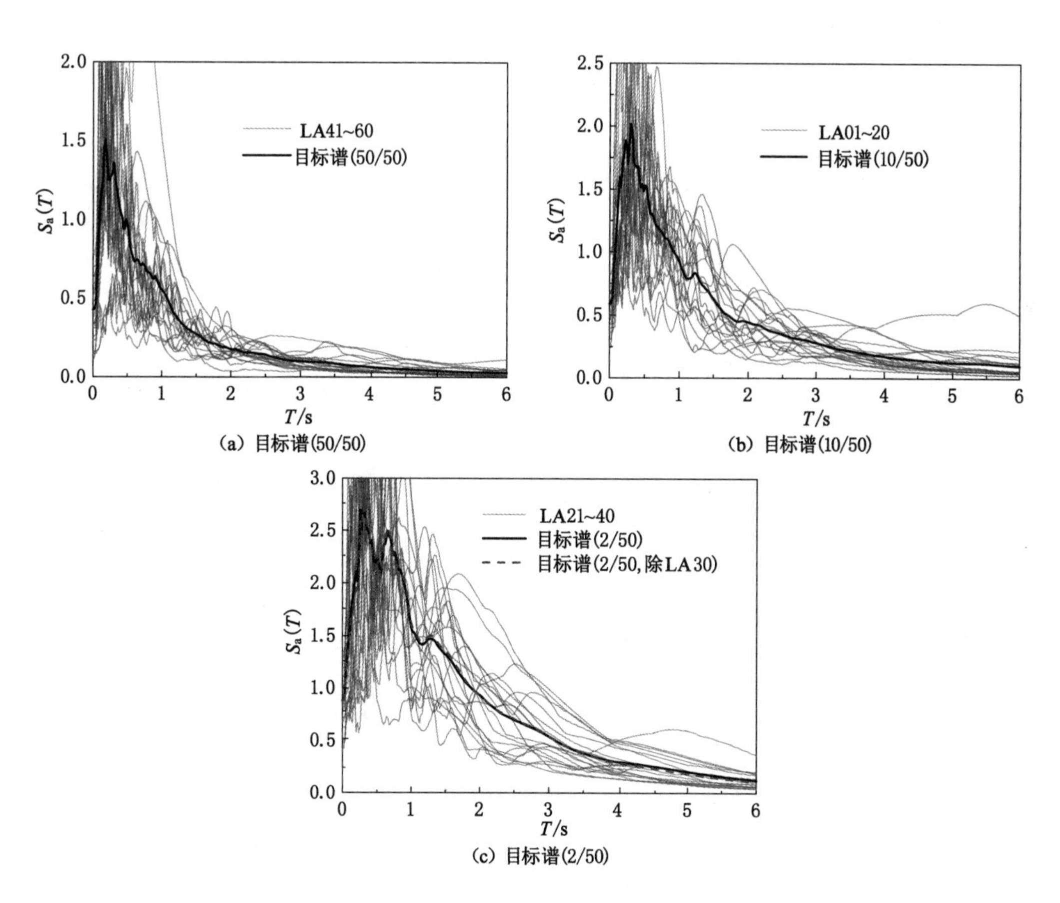

(a) 目标谱(50/50)

(b) 目标谱(10/50)

(c) 目标谱(2/50)

图 2-4 加速度目标谱（阻尼比为 2%）

谱、拟速度反应谱和位移反应谱)来计算匹配误差 SSE_N。考虑与三轴坐标一致,计算 SSE_N 的公式采用对数坐标:

$$SSE_N = \sum_{T_i=T_m}^{T_c} \{\ln[SF \cdot PS_a(T_i)] - \ln PS_a^t(T_i)\}^2 + \sum_{T_i=T_c}^{T_d} \{\ln[SF \cdot PS_v(T_i)] - \ln PS_v^t(T_i)\}^2 + \sum_{T_i=T_d}^{1.5T_1} \{\ln[SF \cdot S_d(T_i)] - \ln S_d^t(T_i)\}^2 \tag{2-1}$$

式中,SF 为调幅系数;$PS_a(T_i)$、$PS_v(T_i)$和 $S_d(T_i)$分别表示所选地震波在周期 T_i 处的拟加速度反应谱、拟速度反应谱和位移反应谱;$PS_a^t(T_i)$、$PS_v^t(T_i)$和 $S_d^t(T_i)$分别表示周期 T_i 处的拟加速度目标谱、拟速度目标谱和位移目标谱;T_c 和 T_d 分别为 Newmark 三联谱的拐点周期(图 2-3)。由于 T_c 和 T_d 对于每条地震波都不是定值,因此很难直接采用式(2-1)来计算 SSE_N。

由于 $PS_a(T_i)$、$PS_v(T_i)$和 $S_d(T_i)$具有式(2-2)的相关关系,可将式(2-2)代入式(2-1),则 SSE_N 可简化成式(2-3)的形式,即匹配误差均统一成拟速度谱形式,匹配周期范围也归并成一段,这使得 SSE_N 的计算更加简单。

$$PS_a(T) = \frac{2\pi}{T} PS_v(T) = \left(\frac{2\pi}{T}\right)^2 S_d(T) \tag{2-2}$$

$$SSE_N = \sum_{i=1}^{n} \{\ln[SF \cdot PS_v(T_i)] - \ln PS_v^t(T_i)\}^2 \tag{2-3}$$

式中,$PS_v(T_i)$和 $PS_v^t(T_i)$均是经平滑标定后的 Newmark 三联谱中的拟速度谱;n 为保证在整个匹配周期段内周期点数大于 50 个所确定的总的周期点数[8],在此周期间隔取 0.02 s;匹配周期范围采用$[T_m, 1.5T_1]$。匹配周期段下限 T_m 中 m 为保证累积振型参与质量不小于结构总质量的 90%须考虑的振型数[33,74,80]。最新规范 ASCE7/SEI 7-16[29] 建议匹配周期上限为 $2T_1$,但考虑到当结构基本周期较长时(如本书的 20 层模型结构,$T_1=4.11$ s),若以 $2T_1$ 为上限,则要求备选地震波的高通滤波截止频率要非常低,这必将大大减少可从已有数据库(如 PEER)中初筛备选地震波的数量。因此,本书匹配周期段上限参考 ASCE/SEI 7-10[79] 取为 $1.5T_1$。

取 $d(SSE_N)/d(SF) \cong 0$ 可得到使匹配误差 SSE_N 最小的调幅系数 SF。

$$\ln SF = \frac{1}{n} \sum_{i=1}^{n} [\ln PS_v^t(T_i) - \ln PS_v(T_i)] \tag{2-4}$$

用以对比的以加速度反应谱为目标谱的方法,可采用式(2-5)和式(2-6)分别计算匹配误差 SSE_S 及调幅系数 SF,该计算在算术坐标下进行。

$$SSE_S = \sum_{i=1}^{n} \{[SF \cdot S_a(T_i) - S_a^t(T_i)]^2\} \tag{2-5}$$

$$SF = \frac{\sum_{i=1}^{n} [S_a^t(T_i) \cdot S_a(T_i)]}{\sum_{i=1}^{n} \{[S_a(T_i)]^2\}} \tag{2-6}$$

式中,$S_a(T_i)$为备选波反应谱在 T_i 周期点对应的谱值;$S_a^t(T_i)$为目标谱在 T_i 周期点对应的谱值(图 2-4)。二者均为加速度反应谱形式。

为简化表述，将以 Newmark 三联谱为目标谱的方法称为 NM(method using Newmark tripartite spectra as target spectra)，将以加速度反应谱为目标谱的方法称为 SM(method using spectral acceleration as target spectra)。

2.3 抗弯钢框架结构分析模型的建立

2.3.1 SAC 抗弯钢框架结构参数

本书以“美国联合钢结构计划”中设计提出的 3 层、9 层和 20 层的抗弯钢框架模型结构为实例。该结构虽并未真正建成，但完全按照规范进行设计，具有洛杉矶地区典型的低、中、高层建筑结构特点，已被多位学者作为研究用 Benchmark 模型，具有很好的典型性和代表性[127-129]。其平立面结构布置及材料强度等信息见附录 B(图 B-1)[128]。

2.3.2 有限元分析模型

本书基于 ABAQUS 6.12[130]建立了抗弯钢框架结构有限元模型，考虑了 P-Δ 效应及梁柱节点域的(非线性)剪切变形[127]。详细参数及建模过程如下：

2.3.2.1 材料本构

模型为全钢结构，构件为弹塑性材料，采用双线性模型，塑性阶段材料刚度为弹性阶段弹性模量的 0.01 倍。结构阻尼比为 2%，采用瑞雷阻尼，可通过第一和第二阶频率计算瑞雷阻尼参数。

2.3.2.2 单元选用及划分

结构模型中梁和柱均选用 B22 单元。B22 单元是可以考虑剪切变形的 Timoshenko(铁梓柯)梁单元，既适于模拟剪切变形起主要作用的深梁，又适于剪切变形不太重要的细长梁，其具有两个积分点，输出结果较精确[130]。

考虑到塑性变形主要集中在梁端区域，因此有必要在梁端划分较小的单元网格，同时兼顾计算效率，采用如下划分网格原则：每根梁构件仅划分为 3 个单元，梁的两个端部各划分一个单元，中间部分为一个单元。端部单元的长度取梁构件截面高度，近似于塑性铰形成的范围。由于底层是整个结构塑性变形比较集中的部位，因此底层柱以 1 m 为单元长度进行较为细致的网格划分。而对于其他层柱，则简单地将每层的每个柱构件划分成一个单元。

2.3.2.3 节点域

考虑到梁柱相交的节点域在强震作用下可能会产生剪切变形，本书参考文献[127]的做法，采用如图 2-5 所示的简化模型来模拟节点域，即由 4 个刚性梁单元围成矩形，其尺寸与实际的梁柱节点区域一致。该矩形的 4 个角点处，各刚性梁单元用铰接点相连，使整个节点域可以发生剪切变形。右上角的节点另外设置了一个转动弹簧，控制节点域的转动刚度。该转动弹簧的转角-扭矩本构关系采用三线型模型(图 2-6)。

第 1 段：

$$K_{1,e} = 0.95 d_b d_c t_p G \tag{2-7}$$

$$\gamma_1 = \frac{F_y}{\sqrt{3}G} = \gamma_y \tag{2-8}$$

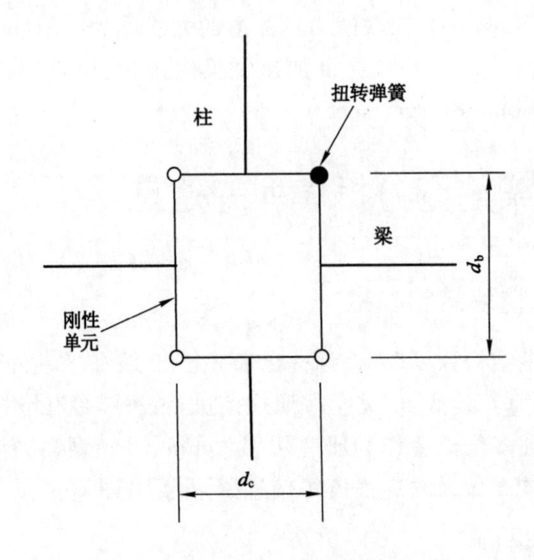

图 2-5　节点域分析模型

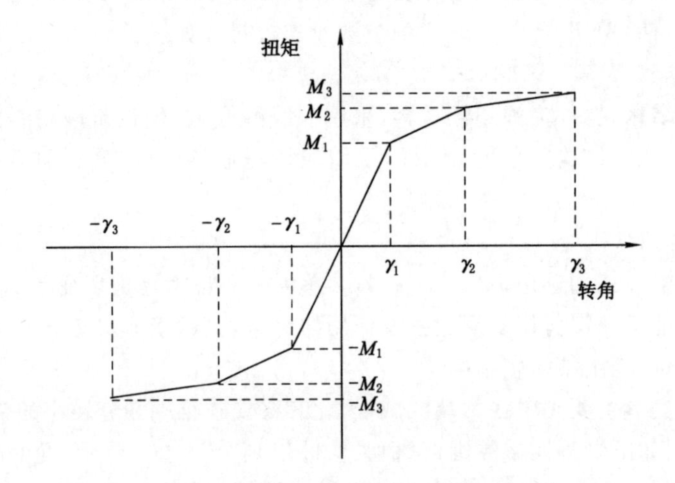

图 2-6　节点域扭转弹簧的转角-扭矩关系

$$M_1 = \gamma_1 K_{1,e} \tag{2-9}$$

第 2 段：

$$K_2 = K_{1,e}\left(\frac{b_c t_{cf}^2}{d_b d_c t_p}\right) \tag{2-10}$$

$$\gamma_2 = 4\gamma_y \tag{2-11}$$

$$M_2 = M_1 + (\gamma_2 - \gamma_1)K_2 \tag{2-12}$$

第 3 段：

$$K_3 = \alpha K_{1,e} \tag{2-13}$$

$$\gamma_3 = 100\gamma_y \tag{2-14}$$

$$M_3 = M_2 + (\gamma_3 - \gamma_2)K_3 \tag{2-15}$$

式中，$K_{1,e}$、K_2 和 K_3 分别为图 2-6 中 3 段折线的斜率；F_y 为钢材的屈服强度；G 为钢材的剪切模量；d_b 为梁的高度；d_c 为柱的宽度；t_p 为节点域的厚度；t_{cf}为柱翼缘板厚度；b_c 为柱翼缘宽度；α 为强化系数，取 3%；γ_1、γ_2、γ_3 和 M_1、M_2、M_3 分别为 3 个阶段节点域的转角和扭矩；γ_y 表示节点域屈服对应的转角。

为了解考虑节点域的剪切变形对结构反应的影响，从而确定考虑节点域剪切变形的必要性。本节以 9 层结构为例，对比分析了两种模型的结构反应。一种模型是直接将梁柱构件单元刚接在一起，未考虑节点域剪切变形的简化模型；另一种模型则按图 2-5 构建节点域，考虑节点域的剪切变形。

首先，对比两结构模型的自振周期。简化模型前三阶自振周期分别为：T_1＝2.15 s，T_2＝0.86 s，T_3＝0.42 s；考虑节点域剪切变形的结构模型为：T_1＝2.15 s，T_2＝0.84 s，T_3＝0.45 s。因为两结构模型的前三阶自振周期非常相近，所以是否考虑节点域剪切变形对结构自振周期影响很小。

其次，将两个模型同时输入加速度峰值为 0.4g 的 EL-Centro 波（I-ELC180 分量）进行时程分析。两结构模型均在 2 层处产生最大层间位移角，将 2 层处层间位移角时程列于图 2-7 中。由图可知，两模型的层间位移角在整个时间历程中，变化的趋势基本一致。在 5.6 s 处，两模型的层间位移角同时达到最大值，且数值相差不大，简化模型的峰值为－0.013 4，考虑节点域剪切变形的模型峰值为－0.014 2。经过最大峰值点后，对比后续的各个小峰值点，考虑节点域剪切变形的结构模型均较简化模型的层间位移角更大，且二者的差距随时间增加而变得更为明显。

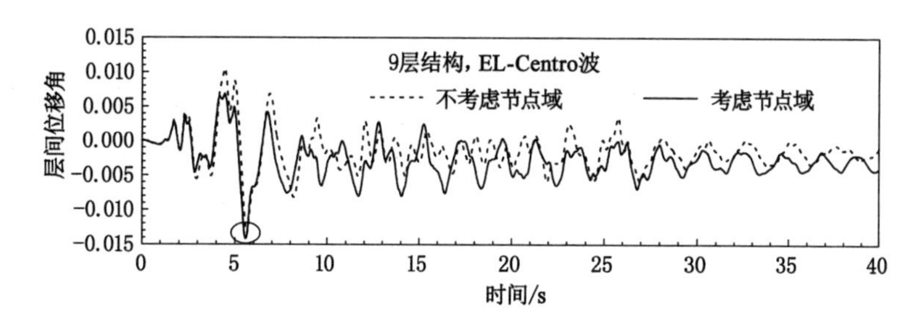

图 2-7　2 层的层间位移角时程对比（以 9 层结构为例）

图 2-8 为层间位移角峰值沿楼层的分布情况。所谓层间位移角峰值，是指各层的层间位移角时程的绝对最大值，在后续的结构反应分析中也称为层间位移角（PIDR，peak inter-story drift ratio）。由图可知，考虑节点域剪切变形的模型在各层处的层间位移角峰值均大于简化模型，若依据简化模型进行结构设计将偏于危险。因此，有必要在模型中考虑节点域的剪切变形。

2.3.3 有限元模型校核

2.3.3.1 自振周期对比

有限元模型计算所得 3 层、9 层和 20 层结构的前三、四阶自振周期，与文献[128]结果的相对误差见表 2-1。3 个结构的相对误差基本在 12%以内，其主要原因是本书模型考虑了梁柱节点域的剪切变形，而文献[128]并未考虑。当结构周期较长时（如 20 层结构），是否考虑节点域剪切变形对结构的刚度（结构一阶周期）影响较大，因而会出现较为明显的结构基

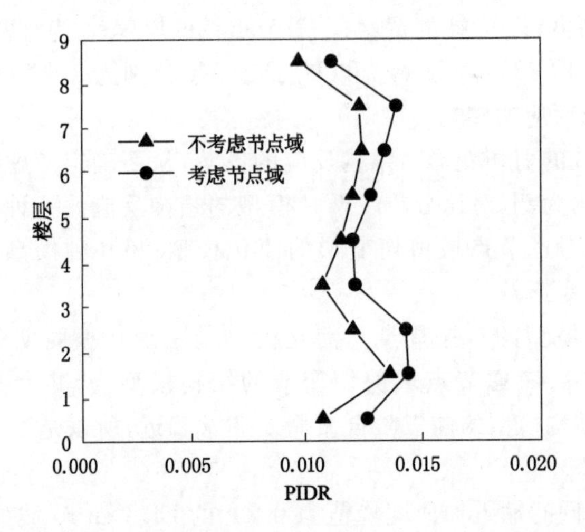

图 2-8　两种模型所得层间位移角对比(以 9 层结构为例)

本周期的差异。还要考虑另外一种情况,即文献[131]将节点区直接简化为理想的无尺寸节点,从而增加梁柱长度而提升构件的柔性,这是由不同建模方式导致的。而采用不同建模方式时,仅弹性物理参数起作用。表 2-1 还提供了累积振型质量参与系数,用于确定匹配周期下限。为保证累积振型质量参与系数不小于 90%,3 层、9 层和 20 层结构须分别考虑前二阶、前四阶和前三阶振型。

表 2-1　3 层、9 层和 20 层结构模型的自振周期

模型	振型(阶)	本书周期/s	文献周期[131]/s	相对误差/%	振型质量参与系数	累积振型质量参与系数
3 层	1	1	1.01	1	0.828	0.828
	2	0.31	0.33	6.1	0.135	0.963
	3	0.16	0.17	5.9	—	—
9 层	1	2.15	2.27	5.3	0.731	0.731
	2	0.81	0.85	4.7	0.109	0.84
	3	0.45	0.49	8.2	0.044	0.884
	4	0.29	—	—	0.019	0.903
20 层	1	4.11	3.85	6.8	0.755	0.755
	2	1.47	1.33	10.5	0.115	0.87
	3	0.86	0.77	11.7	0.038	0.908

2.3.3.2　层间位移角对比

将“美国联合钢结构计划”中的 3 组地震波(附录 A 中的表 A-1～表 A-3)输入本书模型进行时程分析。每组 20 条地震波产生的结构层间位移角(PIDR)的中值(median)沿楼层的分布曲线以及文献[127]的结果均列于图 2-9 中。文献[127]的模型与本书模型非常相似,仅个别构件采用不同的截面形式，但文献[127]所用分析软件与本书不同。对于 50/50 和 10/50 组，3 个结构的层间位移角与文献[127]的结果均无明显差别。但是，当 50 年超越概率 2%时（即 2/50 组），20 层结构在第 15～17 层处的层间位移角与文献[127]结果有较明显差别。总的来说，本书模型与文献[127]模型的层间位移角基本是一致的。

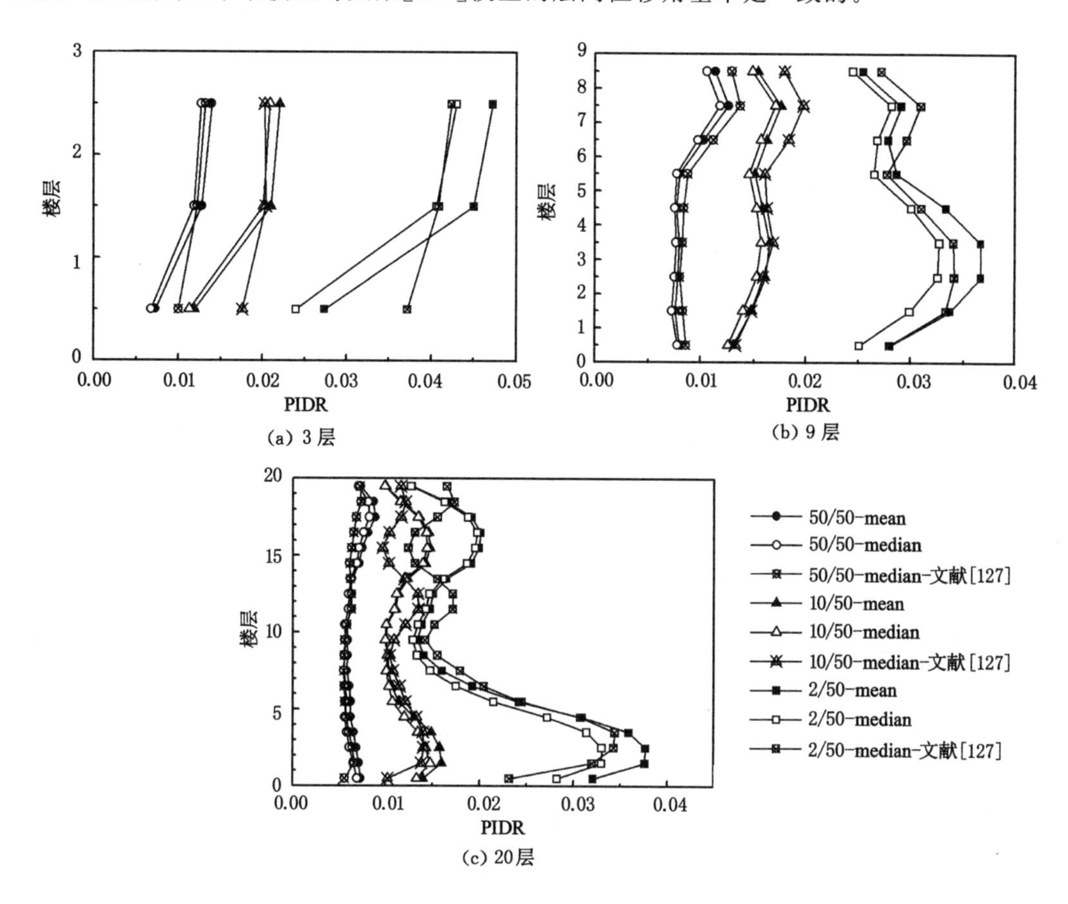

图 2-9 模型结构的层间位移角与文献[127]对比

此外，为便于工程计算，抗震规范（如 Eurocode 8[116]、ASCE 7-16[29]）多以算术均值作为结构反应均值。图 2-9 中还给出了每组 20 条地震波产生的层间位移角的算术均值（mean）。由于确定目标谱所用的 3 种超越概率下各组的 20 条 SAC 地震波（附录 A 中表 A-1～表 A-3）可代表不同的超越概率或地震危险性水平，因此本书以它们所得结构反应的算术均值作为后续时程反应对比分析中结构的真实反应（目标反应）。由图可知，median 会比 mean 略小一些，依据 median 可能预估的结构反应会稍微偏大，但这并不会对整体结论造成影响。此外，除特殊说明外，本书研究中的各组反应谱以及结构反应统计所用均值均为算术平均值。

总之，由于以上自振周期以及层间位移角与已有研究结果基本一致，表明了本书结构分析模型建立的合理性及有效性。

2.4 不同目标谱选波的结构时程反应对比分析

2.4.1 备选波数据库

目前国际上已有大量的真实地震波,选用真实地震波进行结构时程反应分析已成为一种趋势[1]。因此,本书的备选波均采用真实地震波,取用由美国太平洋地震工程中心的强震记录数据库(PEER/NGA)中的20个台站的双向水平记录,即40条地震波分量组成的小型数据库(附录A中表A-4)。初步选择的原则[131]如下:

① 地震震级在6级以上。

② 震中距或断层距在20～40 km。

③ 场地条件为NEHRP1994中的B类和C类,30 m土层平均剪切波速V_{S30}=180～750 m/s(相当于我国规范的Ⅰ$_1$、Ⅱ和Ⅲ类场地)。

④ 加速度峰值在0.15g以上。

⑤ 高通滤波截止频率在0.2 Hz以下。

附录A中表A-4的40条地震波分量,除常用波El-Centro波(I-ELC180和I-ELC270)和Taft波(TAF021和TAF111)外,均与建立目标谱的SAC地震波(附录A中表A-1～表A-3)不同。

2.4.2 地震波调幅及分组

2.4.2.1 地震波调幅

3层、9层和20层结构在3种超越概率下,40条备选地震波分量采用NM和SM两种目标谱方法所得的SF见图2-10～图2-12。图中横坐标表示各地震波编号,对应分量名称可参考附录A中表A-4。由图可知,对于3层和9层结构,在3种超越概率下,采用NM方法所得SF一般都大于SM方法的,9层结构的这种趋势更为明显;但对于20层结构,除2条地震波分量(即25号和26号)外,NM方法所得各地震波的SF与SM方法均比较相近。

为进一步比较,图2-13给出了NM方法相对于SM方法所得SF的相对误差。由图可知,对于同一结构,各超越概率下的相对误差相差不大,说明SF的相对误差受地震危险性水平影响有限。在40条备选波中,3层和9层结构的相对误差基本为正值,这也再次说明NM方法所得SF大于SM方法的;20层结构有近一半的地震波分量的相对误差为负值。也就是说,在相同超越概率下,3层和9层结构的相对误差大于20层结构。其原因如下:SM方法所得的SF主要由谱值较大的短周期和中短周期段控制;而NM方法所得的SF主要由长周期段的反应谱值控制。由于20层结构的匹配周期(即[0.86 s,6.17 s])均处于长周期段,因此两方法的差异并不明显。关于这一点,将在本书第5章做详细阐述。

此外,由图2-10～图2-12可知,个别地震波(如25号和26号)的SF明显大于其他地震波的,如20层结构在50年超越概率2%时,26号地震波的SF甚至达到25.83。为排除调幅过大导致的失真问题,在后续选择地震波时,将这些地震波分量排除在外。

2.4.2.2 地震波排序及分组

地震波数量即样本容量的确定,也会影响到结构均值反应估计的结果。如前所述,目前

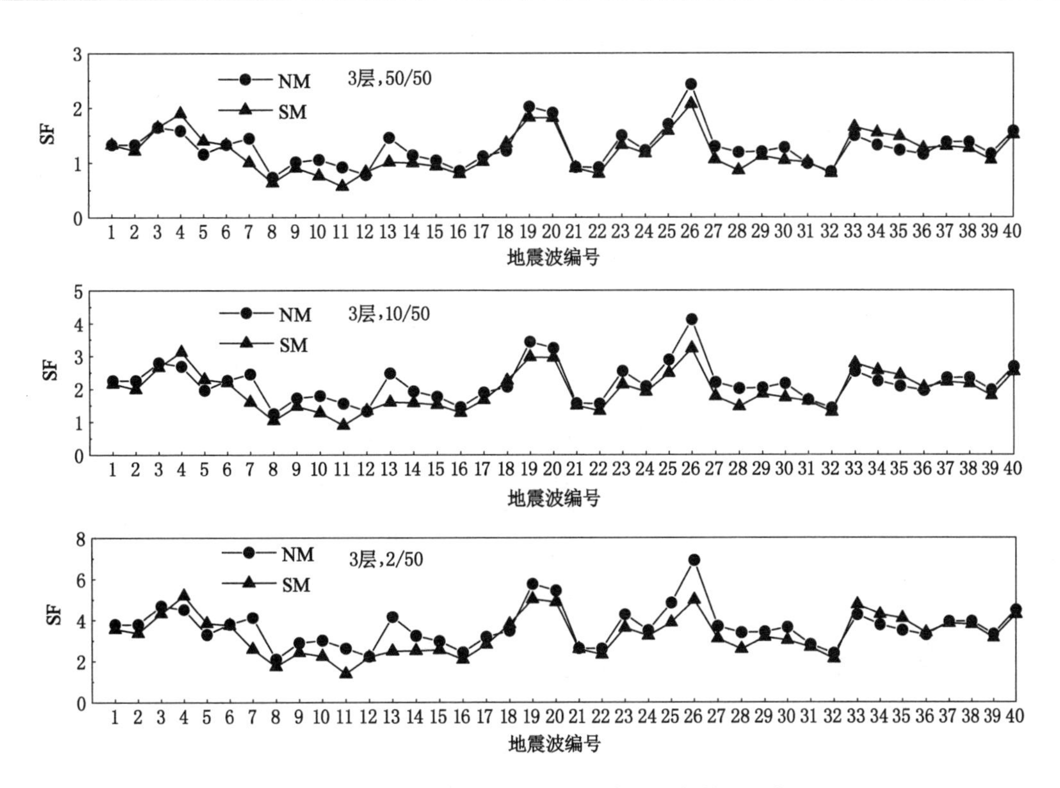

图 2-10 3 层结构 NM 方法和 SM 方法所得的 SF 对比

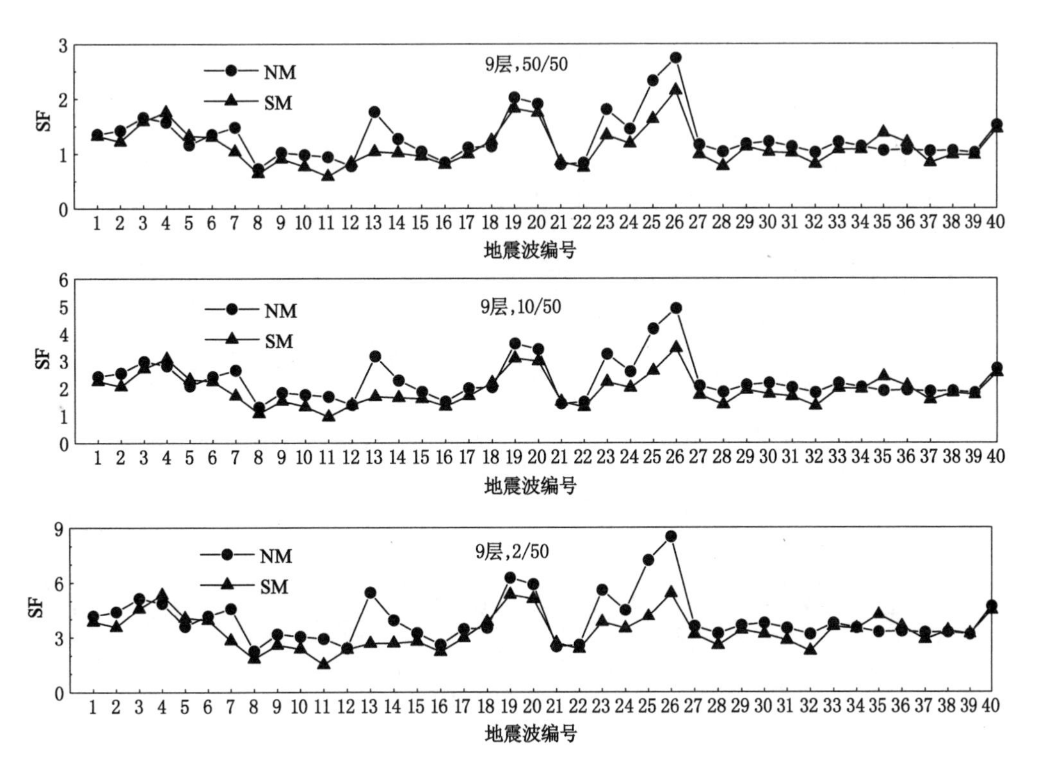

图 2-11 9 层结构 NM 方法和 SM 方法所得的 SF 对比

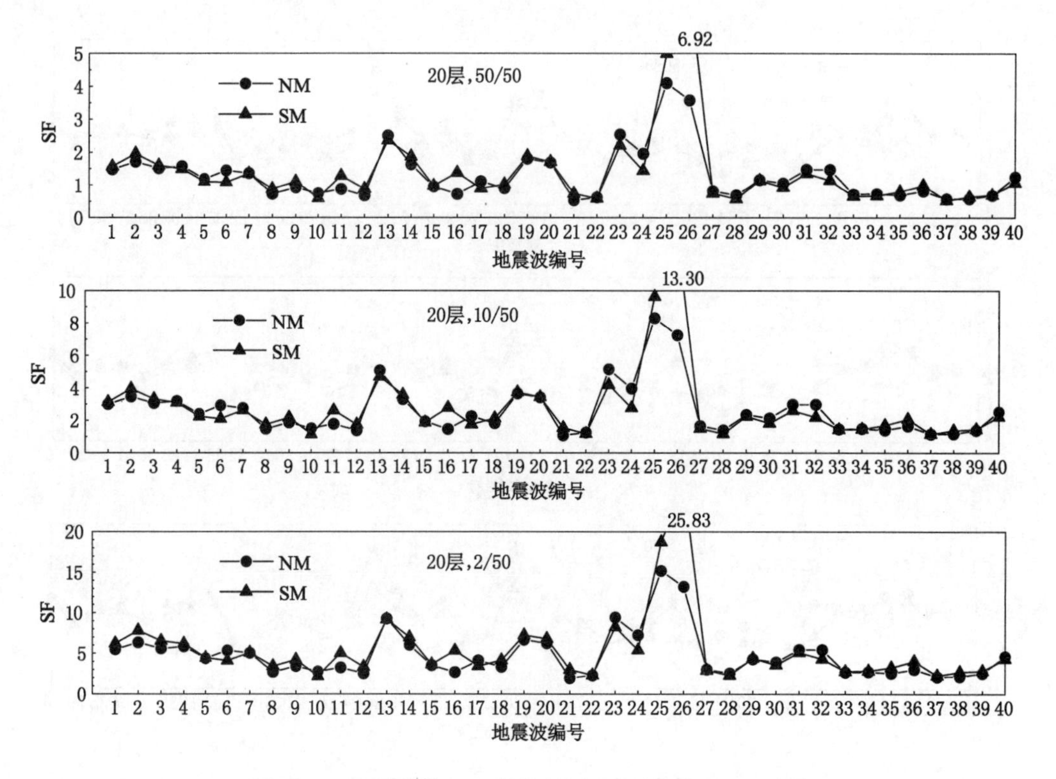

图 2-12　20 层结构 NM 方法和 SM 方法所得的 SF 对比

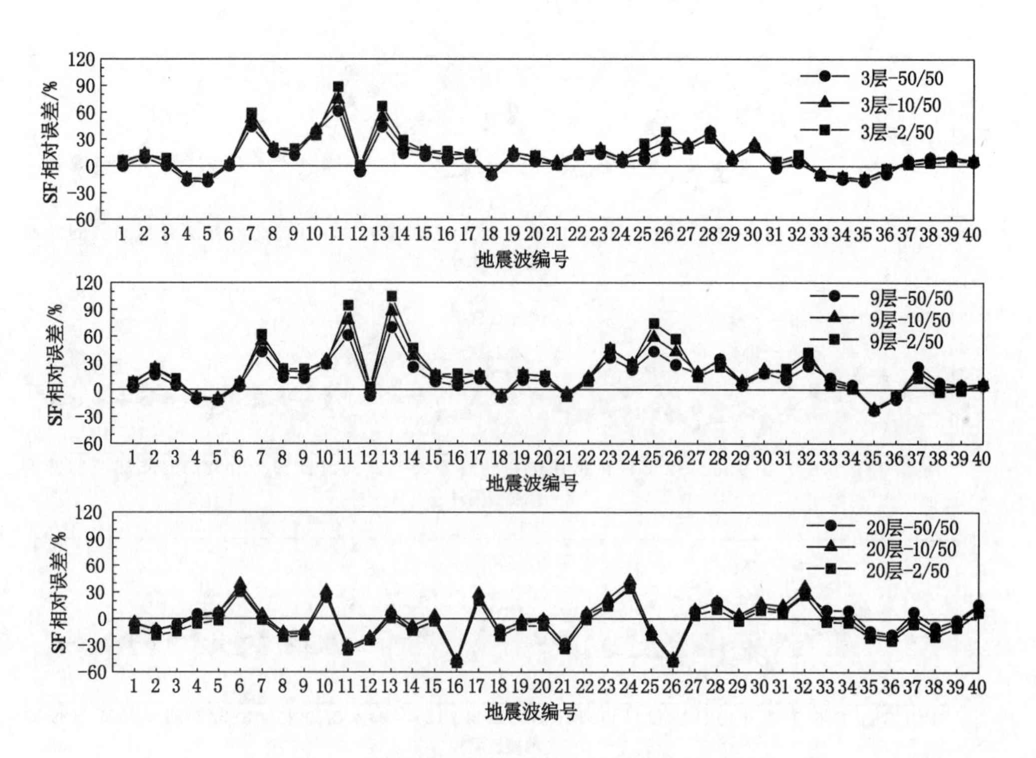

图 2-13　NM 方法相对于 SM 方法所得的 SF 误差

多国规范均规定时程分析 3 条为最少地震波数量，7 条[1,4,28-29,79]和 11 条[29]为评估结构反应均值常用量，若需考虑结构反应概率分布则需要更大量的地震波[63,92]。由于本书的研究内容主要关注结构的均值反应，因此取 3、7、10 和 14 条这 4 种地震波数量。NM 方法的各分组分别命名为 G3、G7、G10 和 G14。当然，G7 中包含 G3 的 3 条地震波。类似地，将 SM 方法所得各分组命名为 $\overline{G}3$、$\overline{G}7$、$\overline{G}10$ 和 $\overline{G}14$。备选波数据库中共有 20 对地震波分量，为避免相同台站两分量间的相关性影响，同一台站仅选择其中一个水平分量，那么备选波数据库中可供选择的地震波数量上限为 20。但是，本书的研究内容并未选用 20 作为样本容量，旨在避免选到 SF 过大的地震波。

时程分析中应尽量选取匹配误差（SSE_N 或 SSE_S）较小且调幅系数（SF）接近 1 的地震波，并且相同台站仅选择其中一个水平分量。本节以此为原则，将备选数据库中的地震波进行人工排序，前 14 名地震波分量见表 2-2～表 2-4。表中的“编号”代表地震波分量，对应分量信息参见附录 A 中表 A-4。由表 2-2～表 2-4 可知，对比同一结构在相同超越概率下两种方法排名前 10 的地震波，有 6～8 个台站的地震波分量被两种方法同时选中。这说明采用两种方法所选地震波比较一致，Newmark 目标谱的采用相对于传统加速度目标谱，并没有明显地改变地震波排序。

表 2-2　3 层结构采用 NM 方法和 SM 方法所得备选波排序

概率	50/50						10/50						2/50					
方法	NM			SM			NM			SM			NM			SM		
排序	编号	SF	SSE_N	编号	SF	SSE_S	编号	SF	SSE_N	编号	SF	SSE_S	编号	SF	SSE_N	编号	SF	SSE_S
1	19	2.0	0.00	36	1.3	0.57	30	2.2	0.01	18	2.3	1.54	22	2.6	0.08	30	3.0	6.01
2	1	1.3	0.00	15	1.0	0.64	6	2.3	0.15	35	2.4	1.72	10	3.0	0.10	18	3.8	6.21
3	15	1.0	0.00	17	1.0	0.82	40	2.7	0.31	34	2.6	2.13	18	3.5	0.16	33	4.8	6.61
4	31	1.0	0.02	5	1.4	0.85	36	2.0	0.51	5	2.3	2.26	36	3.3	0.16	35	4.1	6.84
5	17	1.1	0.04	3	1.6	0.85	18	2.1	0.52	15	1.5	2.31	27	3.7	0.53	6	3.8	6.97
6	5	1.2	0.08	32	0.8	0.91	10	1.8	0.58	40	2.5	2.61	30	3.6	1.35	39	3.1	7.04
7	12	0.8	0.11	9	0.9	0.92	8	1.2	1.28	9	1.5	2.99	39	3.3	1.57	15	2.6	9.33
8	3	1.6	0.24	7	1.0	1.05	22	1.5	1.75	4	3.1	2.89	6	3.8	1.99	38	3.8	9.26
9	9	1.0	0.29	20	1.8	1.01	24	2.1	2.23	20	3.0	3.18	34	3.8	2.85	19	5.0	9.82
10	14	1.1	0.47	34	1.5	1.23	16	1.4	2.29	29	1.9	3.50	8	2.1	4.48	28	2.6	10.12
11	23	1.5	0.84	12	0.8	1.47	4	2.7	2.94	32	1.3	3.56	24	3.5	5.96	22	2.3	11.42
12	8	0.7	1.40	29	1.1	1.53	27	2.2	2.98	8	1.0	4.18	16	2.4	6.13	4	5.2	12.89
13	29	1.2	1.84	1	1.3	1.58	12	1.3	3.79	1	2.2	4.69	4	4.5	7.10	24	3.2	15.14
14	26	2.4	2.19	40	1.5	1.62	31	1.7	4.61	24	1.9	4.98	38	3.9	7.10	9	2.4	15.41

表 2-3　9 层结构采用 NM 方法和 SM 方法所得备选波排序

概率	50/50						10/50						2/50					
方法	NM			SM			NM			SM			NM			SM		
排序	编号	SF	SSE_N	编号	SF	SSE_S	编号	SF	SSE_N	编号	SF	SSE_S	编号	SF	SSE_N	编号	SF	SSE_S
1	15	1.0	0.01	15	1.0	0.35	30	2.2	0.02	35	2.4	0.94	22	2.6	0.13	5	4.1	3.96
2	17	1.1	0.04	17	1.0	0.44	40	2.7	0.38	18	2.2	1.02	10	3.0	0.13	35	4.2	3.63
3	5	1.2	0.08	36	1.2	0.46	36	1.9	0.65	5	2.3	1.08	18	3.5	0.21	39	3.2	4.27
4	12	0.8	0.12	9	0.9	0.47	18	2.0	0.65	40	2.5	1.48	36	3.3	0.22	28	2.5	4.87
5	19	2.0	0.00	32	0.8	0.50	10	1.8	0.78	3	2.7	1.71	27	3.6	0.82	18	3.8	4.26
6	3	1.7	0.25	3	1.6	0.48	8	1.3	2.16	15	1.6	1.83	30	3.8	1.80	30	3.2	5.56
7	9	1.0	0.29	6	1.3	0.61	22	1.5	2.42	20	3.0	1.98	39	3.1	2.56	38	3.3	7.06
8	1	1.4	0.68	7	1.0	0.64	16	1.5	2.72	30	1.8	2.22	34	3.5	4.90	22	2.4	7.07
9	8	0.7	1.61	19	1.8	0.56	4	2.8	3.64	9	1.5	2.29	8	2.2	6.67	15	2.8	9.28
10	29	1.2	1.99	29	1.1	0.80	6	2.4	3.89	27	1.7	2.65	16	2.6	7.76	10	2.4	10.83
11	40	1.5	3.36	12	0.8	0.81	27	2.1	4.31	31	1.7	2.84	12	2.4	10.39	19	5.3	9.51
12	14	1.3	8.78	1	1.3	0.86	12	1.4	4.47	1	2.2	2.87	6	4.2	7.79	3	4.6	11.21
13	36	1.1	9.95	40	1.4	0.87	20	3.4	5.56	22	1.3	3.17	4	4.9	9.17	1	3.9	13.02
14	31	1.1	11.37	24	1.2	1.02	1	2.4	7.16	8	1.1	3.43	1	4.2	14.02	24	3.5	13.37

表 2-4　20 层结构采用 NM 方法和 SM 方法所得备选波排序

概率	50/50						10/50						2/50					
方法	NM			SM			NM			SM			NM			SM		
排序	编号	SF	SSE_N	编号	SF	SSE_S	编号	SF	SSE_N	编号	SF	SSE_S	编号	SF	SSE_N	编号	SF	SSE_S
1	17	1.1	0.03	36	1.0	0.58	21	1.1	6.35	28	1.2	0.52	21	2.0	7.59	28	2.3	2.06
2	30	1.1	0.61	15	1.0	0.19	18	1.8	1.95	10	1.1	2.34	8	2.7	1.18	22	2.3	5.78
3	5	1.2	0.03	18	1.0	0.41	30	2.1	0.20	37	1.2	2.32	30	3.9	0.53	38	2.7	5.58
4	4	1.6	0.22	30	0.9	0.12	12	1.4	5.83	22	1.2	1.50	12	2.5	7.02	39	2.8	4.24
5	15	1.0	3.11	6	1.1	0.13	39	1.4	6.32	39	1.4	0.95	39	2.5	7.56	10	2.2	11.50
6	40	1.2	7.27	40	1.1	0.42	28	1.4	6.46	34	1.5	3.32	28	2.5	7.71	34	2.8	13.62
7	9	0.9	7.27	9	1.1	0.19	35	1.4	6.73	35	1.7	2.75	18	3.3	2.74	17	3.4	4.95

表 2-4(续)

概率	50/50						10/50						2/50					
方法	NM			SM			NM			SM			NM			SM		
排序	编号	SF	SSE_N	编号	SF	SSE_S	编号	SF	SSE_N	编号	SF	SSE_S	编号	SF	SSE_N	编号	SF	SSE_S
8	7	1.4	6.90	32	1.1	0.16	5	2.4	0.25	8	1.7	1.63	35	2.6	8.01	8	3.4	6.69
9	11	0.9	5.51	8	0.9	0.32	16	1.5	5.83	17	1.8	1.16	16	2.7	7.02	30	3.6	4.65
10	27	0.8	7.39	12	0.9	0.50	34	1.5	6.99	12	1.7	2.43	10	2.8	7.02	11	5.0	5.70
11	36	0.8	7.27	27	0.7	0.19	8	1.5	1.82	30	1.8	1.10	34	2.7	8.28	15	3.6	8.64
12	1	1.5	2.87	21	0.7	0.77	37	1.2	15.85	15	1.9	2.05	37	2.1	17.59	36	4.0	6.12
13	34	0.7	8.55	24	1.4	0.20	10	1.5	5.83	6	2.1	1.49	5	4.4	0.05	6	4.1	6.33
14	20	1.7	7.27	34	0.7	1.25	1	3.0	4.04	32	2.2	1.92	1	5.5	3.05	32	4.3	7.36

2.4.3 结构反应对比分析

在基于规范的抗震设计以及基于性能的抗震评估中，常采用结构位移反应作为结构反应参数[132]。本书所提出的所有选波方法均采用结构层间位移角(PIDR)、最大层间位移角以及顶层位移角作为结构反应参数。其中，最大层间位移角是指第一薄弱层的层间位移角时程的绝对最大值(MIDR)，不体现薄弱层位置。

本节通过对比分析 3 个结构在 3 种超越概率下采用 NM 和 SM 两种目标谱方法所得各分组的结构反应结果，分析各种因素(如结构基本周期、非线性程度、地震波数量等)对结构时程分析反应结果的影响程度，从而对 NM 方法的可行性进行评价。如前所述，对比分析的目标反应采用 2.3.3 小节所述的 3 组 SAC 波所得结构反应的算术均值。

2.4.3.1 *层间位移角*

(1) 层间位移角均值

图 2-14 和图 2-15 给出了 3 层、9 层和 20 层结构在 3 种超越概率下 4 种地震波数量分组所得 PIDR 的算术均值沿楼层的分布情况。由图可知，采用两种目标谱方法对结构薄弱层的判断均比较准确：3 层结构在各超越概率下，薄弱层均为第 3 层；9 层结构在 50 年超越概率为 50%和 10%时，第 8 层为薄弱层，而在 50 年超越概率为 2%时，第 4 层为薄弱层；20 层结构在 50 年超越概率为 50%时，第 18 层为薄弱层，而在超越概率为 10%和 2%时，第 3 层为薄弱层。对于 3 个结构在各超越概率下，除 G3 和 $\overline{G}3$ 外，各分组采用 NM 方法和 SM 方法所得层间位移角在各楼层处均比较相近。这一规律并没有受到结构动力特性、结构非线性程度以及地震波数量的影响。

(2) 层间位移角相对误差

图 2-16 给出了 3 层和 9 层结构各分组所得的层间位移角算术均值相对于目标反应的相对误差。3 层结构在各超越概率下，各地震波数量分组相对误差沿楼层分布均比较均匀，NM 方法和 SM 方法所得的相对误差也没有明显的差别。一般来说，各分组所得相对误差

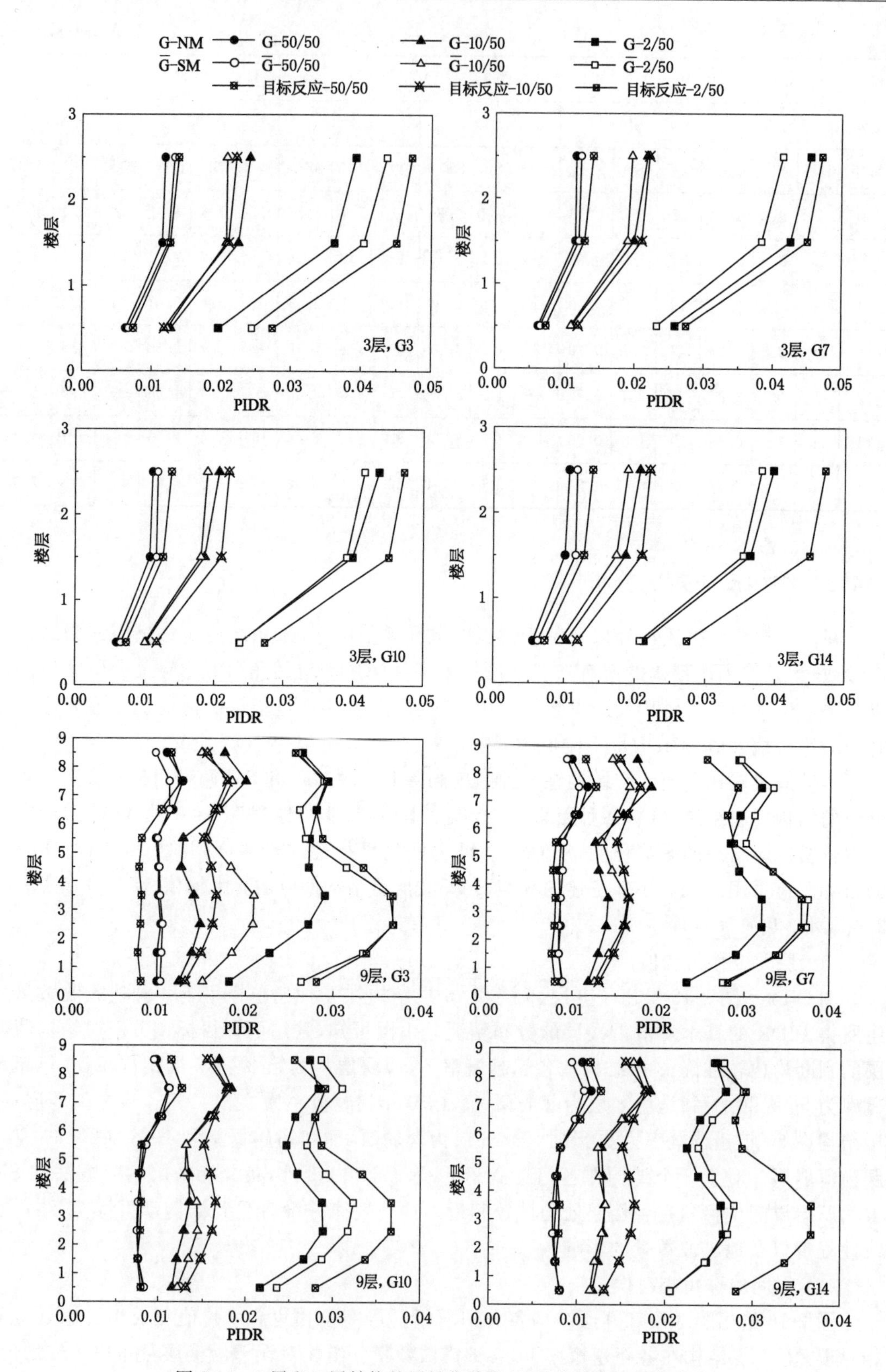

图 2-14　3 层和 9 层结构的层间位移角(NM 方法与 SM 方法)

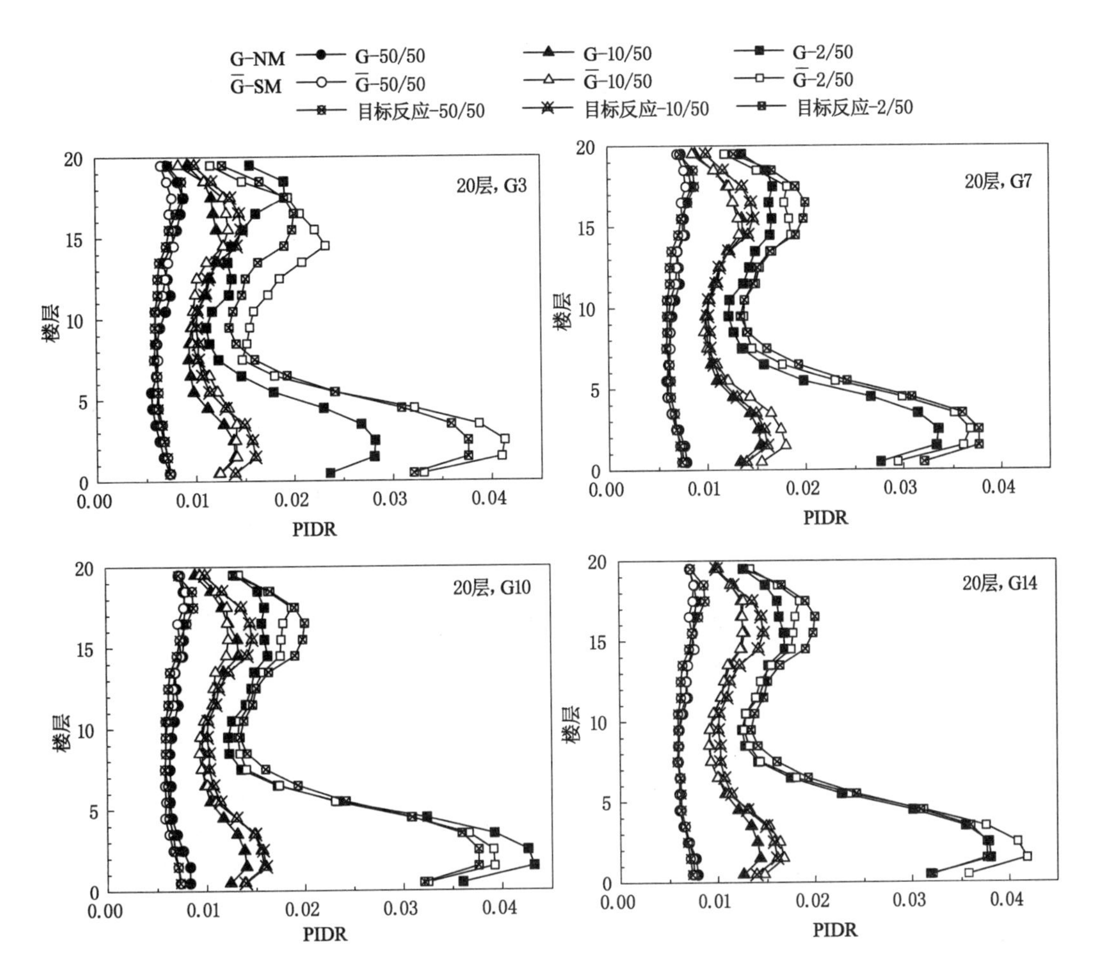

图 2-15 20 层结构的层间位移角(NM 方法与 SM 方法)

绝对值沿各楼层均可控制在 20%以内。9 层结构在各超越概率下，各地震波数量分组相对误差沿楼层分布均比较均匀，除 G3 和 $\overline{G}3$ 组外，NM 方法和 SM 方法所得各分组的相对误差也没有明显的差别。50 年超越概率为 50%时，除 G3 和 $\overline{G}3$ 的相对误差绝对值大于 30%外，其他分组的相对误差绝对值均可控制在 20%以内。50 年超越概率为 10%和 2%时，虽然各分组相对误差均大于 50 年超越概率为 50%时，但当地震波数量取 7 条或 10 条时，各层相对误差绝对值仍可控制在 20%以内。

图 2-17 给出了 20 层结构各分组的相对误差。在各超越概率下，各分组相对误差沿楼层分布均比较均匀，且误差绝对值要小于 3 层和 9 层结构的，即使在 50 年超越概率为 2%时，仍能保证相对误差绝对值在各层处均可控制在 20%以内。

此外，由图 2-16 和图 2-17 可知，地震波数量从 3 条增大到 14 条时，并没有证据表明相对误差在减小；相反，相对误差还有增加趋势。因此，地震波选择应更重视反应谱与目标谱间的匹配，而不仅仅是地震波数量。一般情况，地震波数量为 7 条和 10 条的较为合理。

由于多数国家抗震规范均规定，当地震波数量少于 7 条时应取结构反应的最大值。因此，本章将两种方法最优选 3 条波所得层间位移角相对误差的包络值进行了对比分析，3

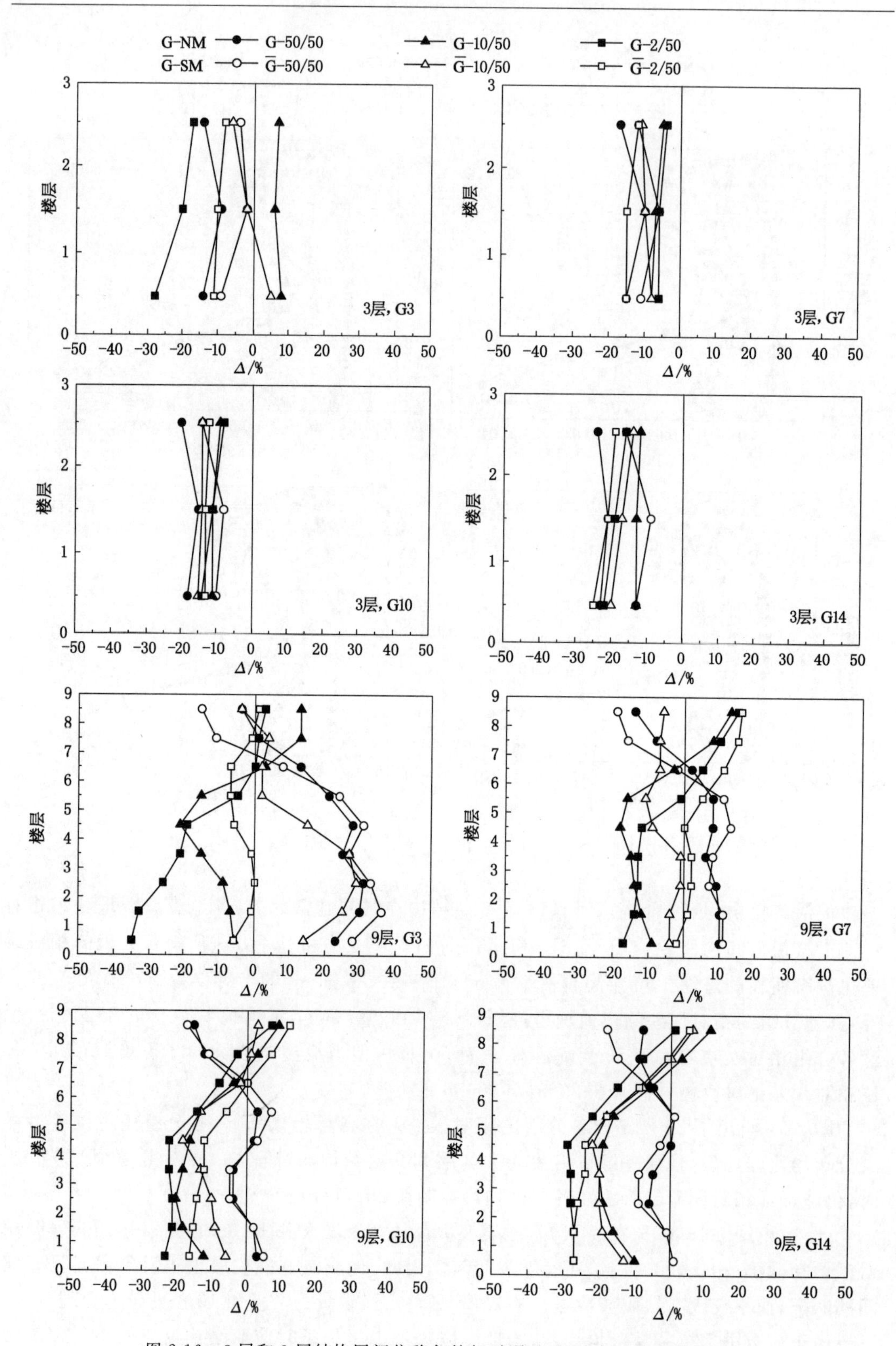

图 2-16　3 层和 9 层结构层间位移角的相对误差(NM 方法与 SM 方法)

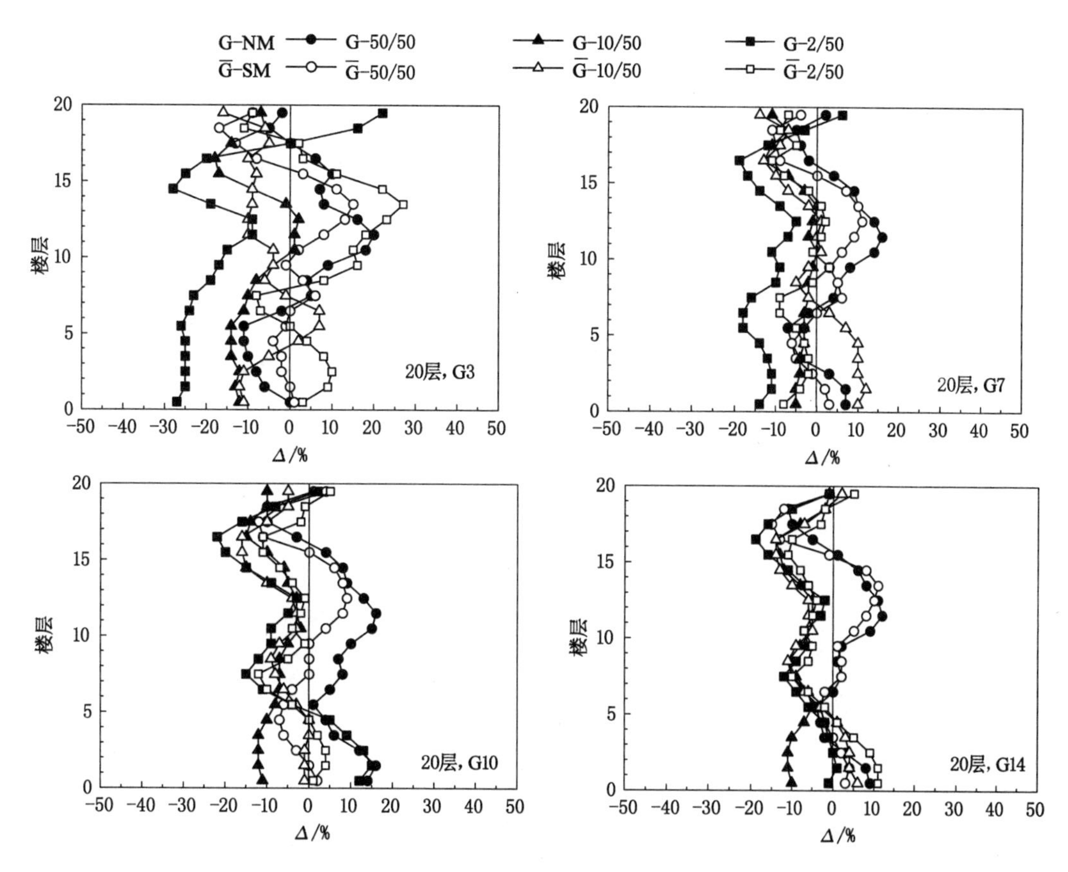

图 2-17　20 层结构层间位移角的相对误差(NM 方法与 SM 方法)

层、9 层和 20 层结构在各超越概率下的情况见图 2-18。

由图可知，3 层结构采用 NM 方法和 SM 方法所得的结果比较相近，除 50 年超越概率为 10%时在底层处误差稍大外(超过 40%)，各超越概率下各层误差绝对值均可控制在 20%以内。9 层和 20 层结构在各超越概率下，SM 方法中 $\overline{G}$3 组的包络值均比较保守，部分楼层处的相对误差高达 50%～80%。而 NM 方法中 G3 组的包络值明显小于 $\overline{G}$3 组的，相对误差更小，对于 20 层结构，NM 方法的这种优势更为明显。这是因为 NM 方法可以有效地降低结构反应的离散性，结构反应结果可约束在一定范围内。因此，当地震波数量较少(<7 条)时，建议采用 NM 方法。当然，对于时程分析，3 条波数量仍然是不足的，即使采用 NM 方法，仍无法保证在各地震危险性水平下各层处相对误差均可控制在合理范围内。

(3) 层间位移角变异系数

为进一步讨论 NM 方法对结构反应离散性的影响，图 2-19 给出了 3 层、9 层和 20 层结构在 3 种超越概率下 3 种地震波分组所得的层间位移角变异系数(COV)沿楼层的分布情况。由于 3 条地震波数量过少，离散性不具有代表性，因此在统计结构反应中 COV 时，均未考虑地震波数量为 3 的分组。

3 层结构在各超越概率下，NM 方法所得各层处 COV 与 SM 方法所得的相差不大。对于 9 层结构，在 50 年超越概率为 50%和 10%时，NM 方法和 SM 方法所得各层处 COV 相差不大；但 50 年超越概率为 2%时，NM 方法所得 COV 明显小于 SM 方法。对于 20 层结

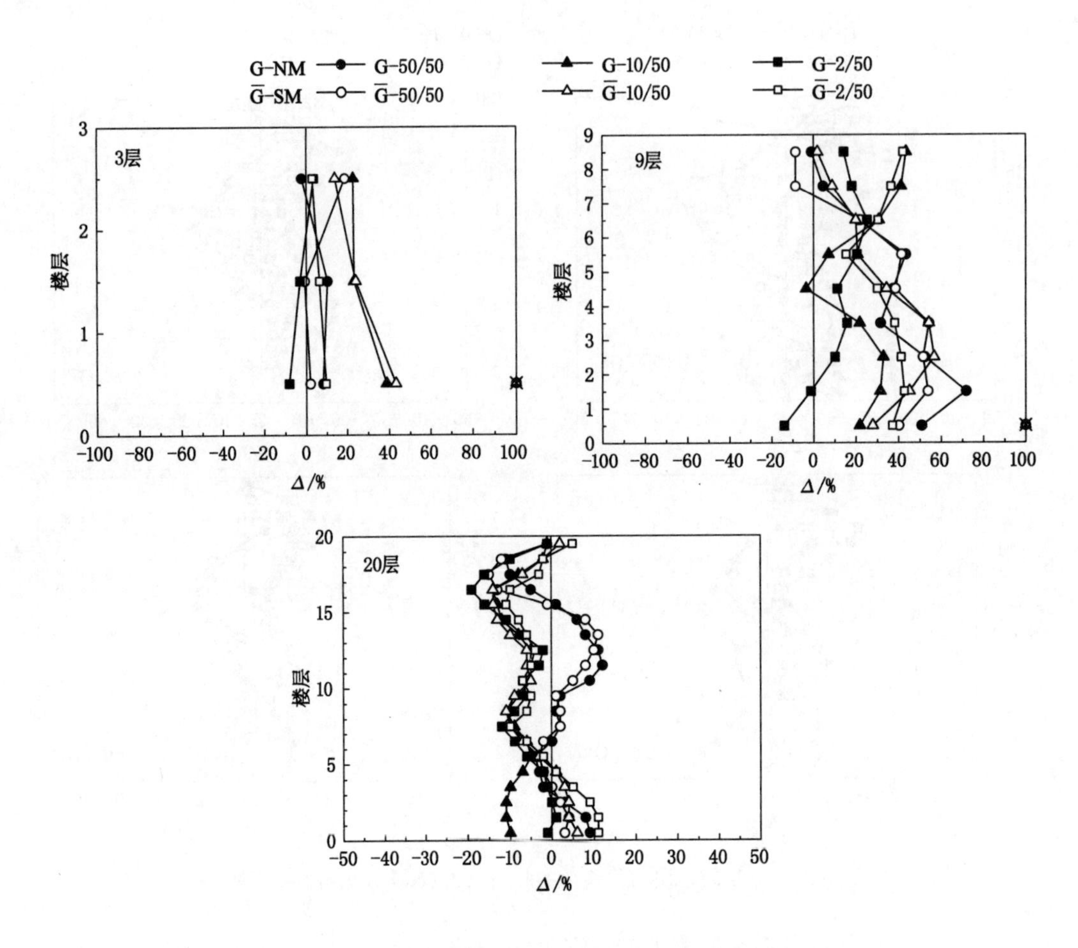

图 2-18　优选 3 条波的层间位移角相对误差包络图(NM 方法与 SM 方法)

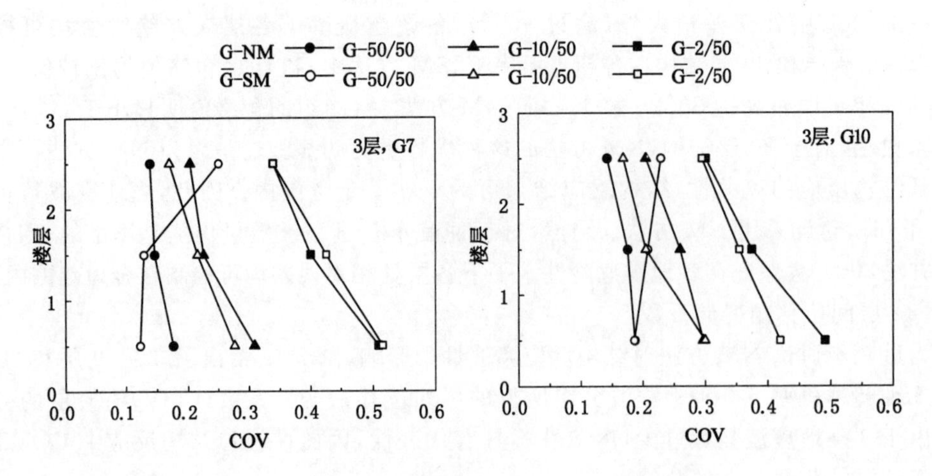

图 2-19　层间位移角的 COV(NM 方法与 SM 方法)

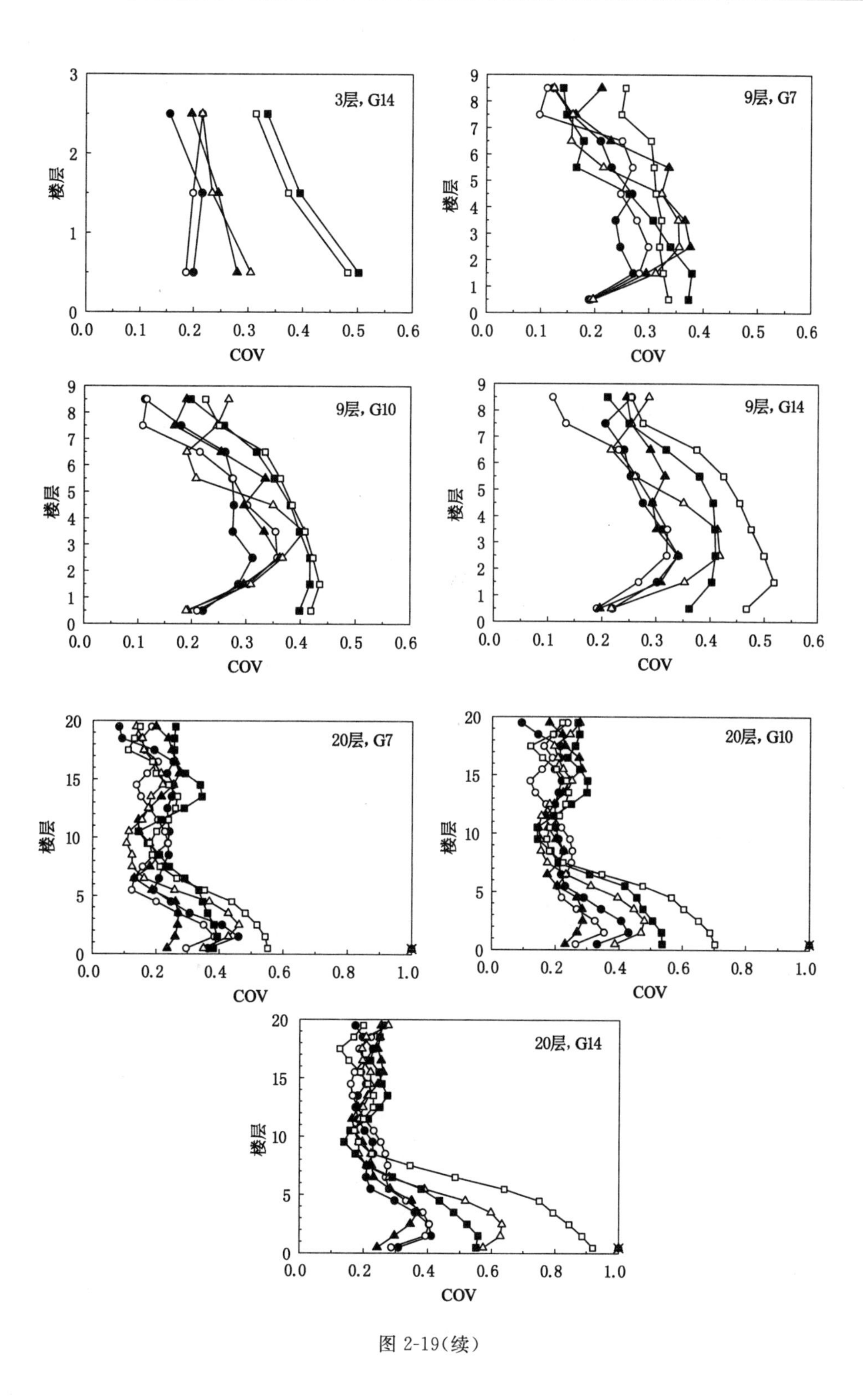

图 2-19(续)

构，在 50 年超越概率为 50%时，NM 和 SM 方法所得各层处 COV 相差不大；但是，在 50 年超越概率为 10%和 2%时，在结构下部楼层（如 1～5 层）处，NM 方法所得 COV 明显小于 SM 方法。进一步对比薄弱层（第 3 层）处的 COV：在 50 年超越概率为 10%时，G14 组的 COV 为 0.35，$\overline{G}$14 组的 COV 为 0.63；在 50 年超越概率为 2%时，G14 组的 COV 为 0.52，$\overline{G}$14 组的 COV 高达 0.85。

总之，Newmark 三联谱与中长周期和长周期结构反应具有较传统加速度目标谱更为良好的相关性，将其作为目标谱所得结构反应的离散性也会较传统加速度目标谱方法更低，当结构周期较长或非线性程度较高时，这种优势更为明显。

2.4.3.2　最大层间位移角

图 2-20 和图 2-21 为各分组的 MIDR 的相对误差和 COV。最大层间位移角与前述层间位移角具有相似的规律：NM 方法和 SM 方法所得各结构反应结果在各超越概率下均比较一致，并没有明显规律表明哪种方法在估计结构反应均值方面有较大优势；NM 方法所得最大层间位移角的 COV 一般均小于 SM 方法所得的，尤其当结构周期较长或非线性程度较高时，NM 方法的优势更加凸显。

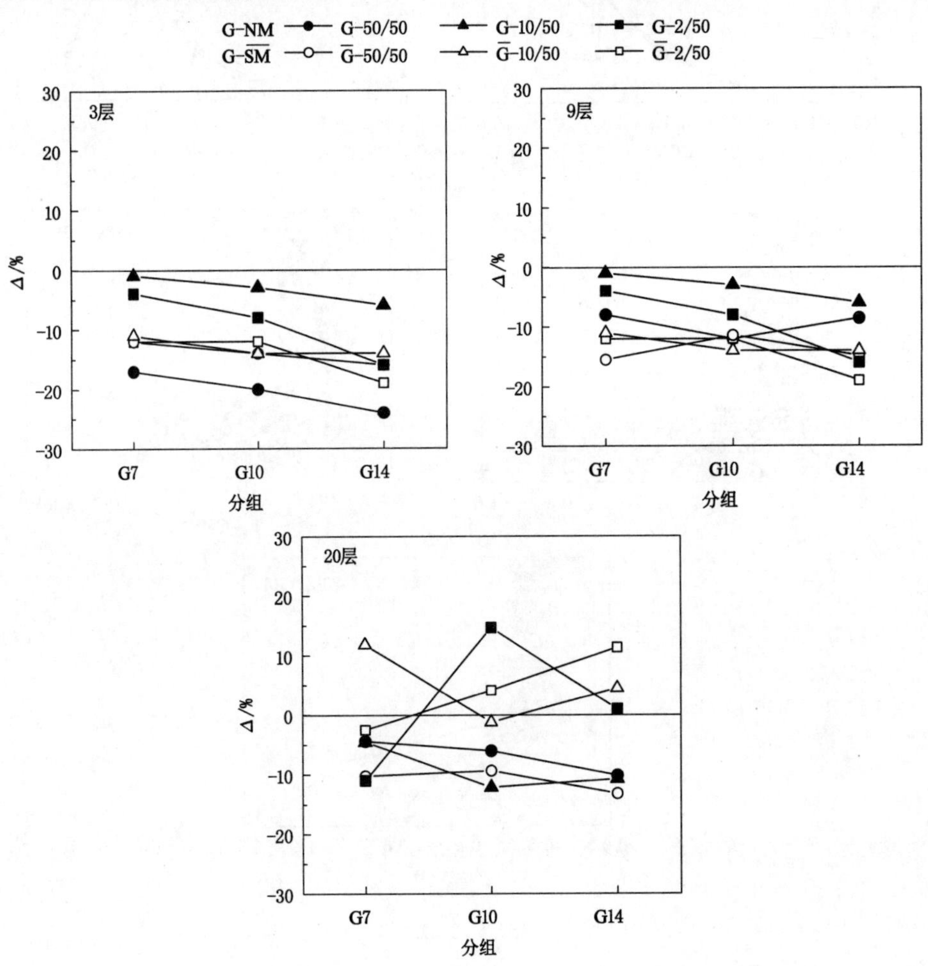

图 2-20　最大层间位移角的相对误差（NM 方法与 SM 方法）

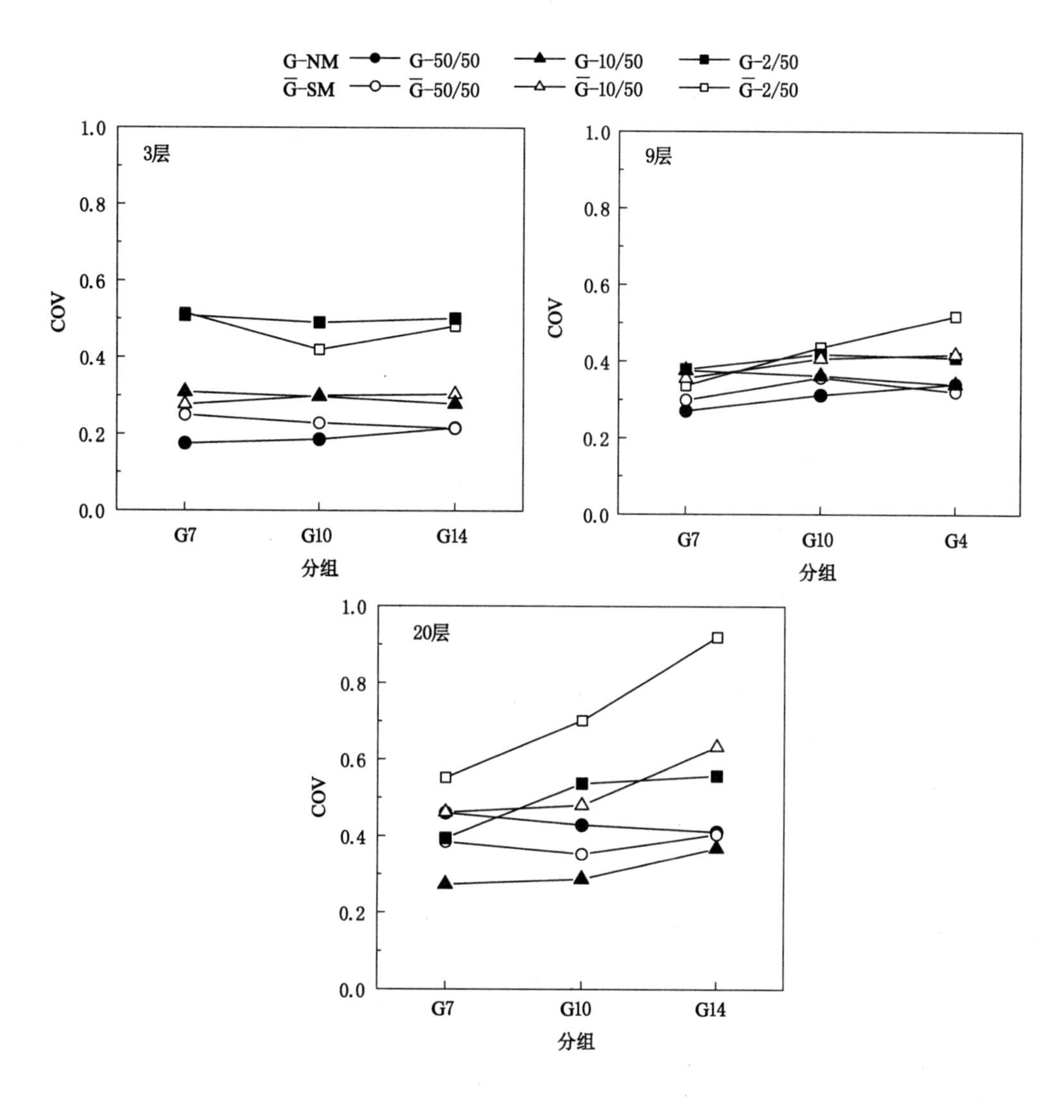

图 2-21 最大层间位移角的 COV(NM 方法和 SM 方法)

2.4.3.3 Pushover 分析

为了更加明确非线性反应程度的影响，本节对 3 层、9 层和 20 层结构还分别进行了 Pushover分析，所得结构顶层位移角与归一化基底剪力(基底剪力与结构总质量之比 V/W)的对应关系见图 2-22。由图可知，当顶层位移角达到 0.007 时，3 个结构均进入了非线性状态；图中还给出了分别采用 NM 方法和 SM 方法优选 7 条波所得结构顶层位移角时程最大值的平均值(图中成对散点分别表示 3 种超越概率下的计算结果)。因此，当 50 年超越概率为 50%时，3 个结构基本处于弹性反应状态；而当 50 年超越概率为 10%和 2%时，结构均已处于非线性反应状态。NM 和 SM 方法所得顶层位移角最大值也比较相近，这与上述所得的 PIDR 和 MIDR 的规律相同，即 NM 方法和 SM 方法所得结构反应均值相差不大。

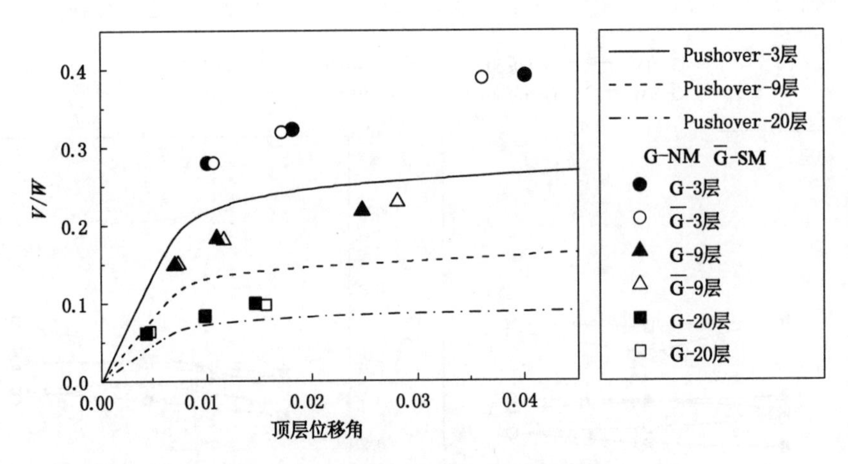

图 2-22 模型结构的 Pushover 曲线

(注:成对散点分别表示 3 种超越概率下 NM 方法和 SM 方法的均值反应)

2.4.3.4 与对数坐标下加速度目标谱方法对比分析

考虑到 Newmark 三联谱方法是在对数坐标下进行谱匹配,与其对比的加速度目标谱方法也应考虑坐标选择的一致性。因此,用于对比的加速度目标谱方法采用将式(2-3)和式(2-4)中的拟速度谱 PS_v 换成加速度谱 S_a 的方法进行匹配误差和调幅系数的计算。两种目标谱方法优选出 7 条地震波得到的最大层间位移角均值与 COV 进行对比(图 2-23 和图 2-24)。

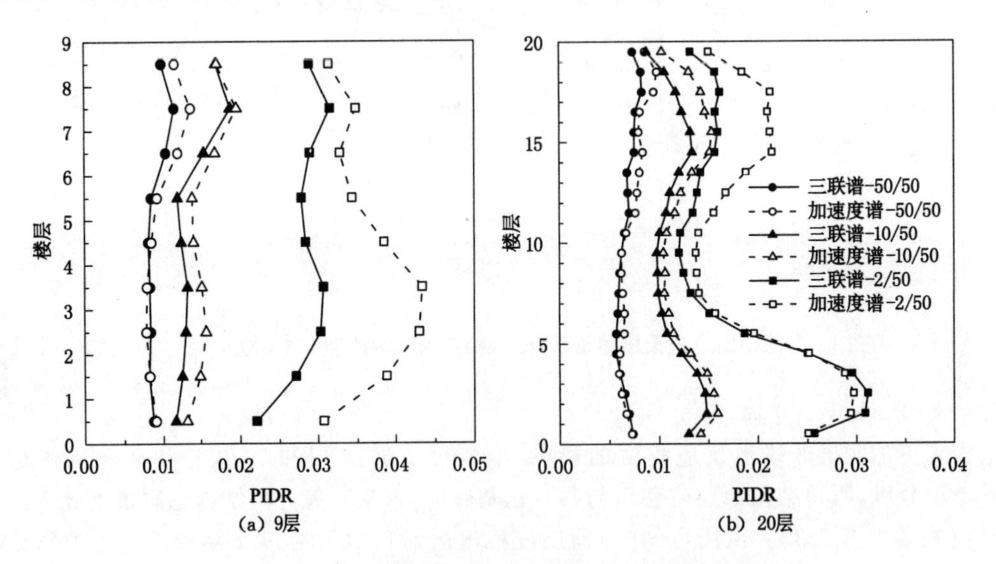

图 2-23 两种目标谱方法所得最大层间位移角均值

研究表明,两种方法对结构反应均值的估计相差不大,当结构非线性程度较高时,NM 方法所得结构反应稍小。由最大层间位移角的 COV 对比可知,两种方法所得结构反应的离散性均较小,但当结构周期较长时(如 20 层结构),NM 方法在底部薄弱层附近的 COV 更大一些,Newmark 三联谱对于长周期结构反应的良好相关性并没有凸显出来。

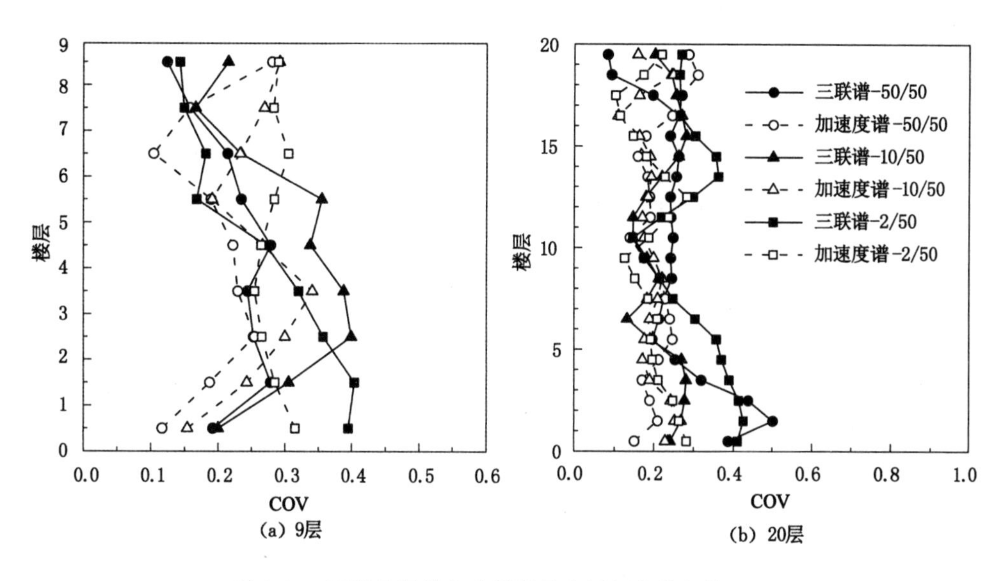

图 2-24　两种目标谱方法所得最大层间位移角的 COV

2.5　本章小结

考虑到 Newmark 三联谱的短、中和长周期段分别基于地震动强度指标 PGA、PGV 和 PGD 构建，与不同周期结构反应均具有良好相关性，将其作为目标谱进行时程分析地震波选择。为了探讨以 Newmark 三联谱为目标谱的选波方法的可行性和必要性，对比采用了以传统算术坐标下加速度反应谱为目标谱的选波方法。

以“美国联合钢结构计划”提出的 3 层、9 层和 20 层结构为分析模型，以 3 组各 20 条 SAC 波产生的结构反应算术均值作为目标反应用于结构分析。采用 3 条、7 条、10 条和 14 条 4 种地震波数量进行分组。首先将 NM 方法与 SM 方法所得结构时程反应进行了对比分析；其次对比了对数坐标下加速度目标谱法。主要研究结论如下：

① NM 方法所得地震波的调幅系数一般较 SM 方法更大，对于 3 层和 9 层结构，二者差距较为明显。

② NM 方法对于低、中、高层结构时程反应选波均具有可行性。当选用最优的 7 条或 10 条地震波时，各超越概率下均能保证结构反应相对误差绝对值小于 20%。

③ NM 与 SM 方法在估计结构反应均值方面（如层间位移角、最大层间位移角、顶层位移角）具有相同的准确性，但在降低结构反应离散性方面较 SM 方法更有优势，而且这种优势在结构周期较长或结构非线性程度较高时更为凸显。

④ 将 NM 方法与对数坐标下的加速度目标谱方法进行对比发现，NM 方法所得结构反应离散性较对数坐标下的加速度目标谱方法偏大。

就目前的分析结果来看，Newmark 三联谱对于长周期结构反应的良好相关性并没有凸显出来。由此可见，对于以 Newmark 三联谱为目标谱的选波方法，仍需开展更为深入的理论探究。

3 双指标多频段选波方法

3.1 引　言

在获得目标谱后，如何通过（线性）调幅实现所选地震波反应谱与目标谱的一致（谱匹配）也是一个非常重要的问题。对于目前的研究，当考虑高阶振型对结构反应的贡献时，计算反应谱与目标谱的匹配误差通常不会对各阶振型周期的贡献区别对待，即对各个振型周期均赋予相同的权重。事实上，结构各阶振型对于地震反应的贡献是不同的，通常第 1 阶振型贡献最大。一些研究中尽管考虑了不同周期范围取不同的加权系数[69,92]，以使谱匹配方法更具灵活性，但如何选择加权系数以及考虑加权系数后谱匹配选波对结构反应的影响，目前的研究尚不足。

杨溥等[83]提出了双频段选波方法，由于其不仅考虑了结构基本周期 T_1 邻域段，更考虑到反应谱平台段谱匹配的重要性，从而获得了良好的选波和时程分析效果。但考虑到近年来我国超高层建筑、大跨度桥梁和高耸电视塔等迅猛发展，这些结构往往基本周期较长（$T_1=6\sim10$ s）。对这些长周期结构反应起重要作用的 T_2、T_3 等周期段很有可能并未落入平台段，采用该方法有可能会忽略这些高阶振型的贡献。因此，本章将改进双频段选波法，引入由归一化振型参与系数确定的前几阶振型的权重系数，提出双指标多频段选波方法，以充分考虑高阶振型的影响。采用第 2 章中建立的 9 层和 20 层抗弯钢框架结构以及一栋 25 层和一栋 30 层的钢筋混凝土框架-剪力墙为实例，进行了弹塑性时程反应分析以及增量动力分析，以探讨双指标多频段选波方法对中高层建筑结构分析选波的可行性。

3.2 双指标多频段选波方法简介

双指标多频段选波方法在计算反应谱与目标谱的匹配程度时，与文献[83]一致，均采用了 2 个误差控制指标，但计算有所不同。相同的一个为目标谱的平台段均值相对误差，不相同的另一个均值相对误差由结构前几阶自振周期组成的多个频段分权重确定，计算公式如下：

$$\begin{cases} \varepsilon_{\mathrm{w}} = \dfrac{\bar{\beta}_{\mathrm{w}}(T)-\bar{\beta}(T)}{\bar{\beta}(T)}\times 100\%, \quad T=[0.1, T_{\mathrm{g}}] \\ \varepsilon_{\mathrm{T}} = \dfrac{\sum\limits_{i=1}^{N}\lambda_i \varepsilon_{Ti}}{\sum\limits_{i=1}^{N}\lambda_i} = \dfrac{\sum\limits_{i=1}^{N}\lambda_i \left|\bar{\beta}_{Ti}(T)-\bar{\beta}_i(T)\right|/\bar{\beta}_i(T)}{\sum\limits_{i=1}^{N}\lambda_i}\times 100\%, \quad T=[T_i-\Delta T_1, T_i+\Delta T_2] \end{cases} \tag{3-1}$$

式中，ε_w 为反应谱平台段的均值相对误差；ε_T 为结构前几阶自振周期点附近谱值的均值相对误差的加权平均；$\bar{\beta}_w(T)$为[0.1，T_g]范围内备选地震波放大系数谱均值；$\bar{\beta}(T)$为[0.1，T_g]范围内目标放大系数谱均值，其中特征周期 T_g 可根据谱形定在平台段的拐点处；ε_{Ti} 为结构第 i 阶自振周期 T_i 附近谱值均值的相对误差；$\bar{\beta}_{Ti}(T)$为结构第 i 阶自振周期 T_i 附近备选地震波放大系数谱均值；$\bar{\beta}_i(T)$为结构第 i 阶自振周期 T_i 附近目标放大系数谱均值；N 为保证累积振型参与质量不小于结构总质量的 90%时需考虑的振型数[85,133]；[$T_i-\Delta T_1$，$T_i+\Delta T_2$]为结构第 i 阶自振周期 T_i 附近的取值范围，取 $\Delta T_1=0.2$ s，$\Delta T_2=0.5$ s[83]。

权重系数 λ_i 由归一化的振型（质量）参与系数确定[62,74,85,132-135]，它具有明确的物理意义：若将第 i 阶振型看作单质点体系，则 λ_i 为体系的广义质量与结构总质量之比，其恒为正值且一般依振型增加降序排列，一定程度上反映了各阶振型对结构动力反应贡献的相对大小。目前常用工程分析软件都具备自动计算 λ_i 的功能，这使该方法便于工程应用。λ_i 计算表达式为[135]：

$$\lambda_i=\frac{M_i^*}{\sum\limits_{j=1}^{N}M_j} \tag{3-2}$$

$$M_i^*=\frac{\left[\sum\limits_{j=1}^{N}M_j u_i(j)\right]^2}{\sum\limits_{j=1}^{N}M_j u_i^2(j)} \tag{3-3}$$

式中，M_j 为第 j 楼层的质量；N 为结构总层数；$u_i(j)$为第 i 阶振型下第 j 个质点的振型，M_i^* 为由无量纲振型计算的第 i 阶振型的广义质量。具体推导过程参见附录 C[135]。

在应用中可首先固定 PGA，然后以放大系数谱为目标谱进行误差计算。因为平台段误差指标的存在，该研究思路与王亚勇[136]的建议较为类似，后者又基于有效峰值加速度(EPA)进行了再调整，以使得多条波的平均谱与规范目标谱达成一致。

3.3 结构时程反应对比分析

3.3.1 备选波数据库

3.3.1.1 远断层地震动数据库

远断层备选波数据库是由美国太平洋地震工程中心的 PEER/NGA 强震记录数据库中选取的 10 个台站的双向水平记录组成（附录 A 中表 A-5），相关更详细信息可参考文献[85，124]。选择这些地震波的具体原则简介如下：

① 地震震级在 6 级以上。

② 震中距或断层距在 20～40 km。

③ 场地条件为美国地质勘探局中的 C 类，30 m 土层平均剪切波速为 180～360 m/s，近似对应我国规范的Ⅱ(Ⅲ)类。

④ 加速度峰值在 0.15g 以上。

⑤ 高通滤波截止频率在 0.2 Hz 以下。

图 3-1 给出了各条地震波的放大系数谱与平均谱。

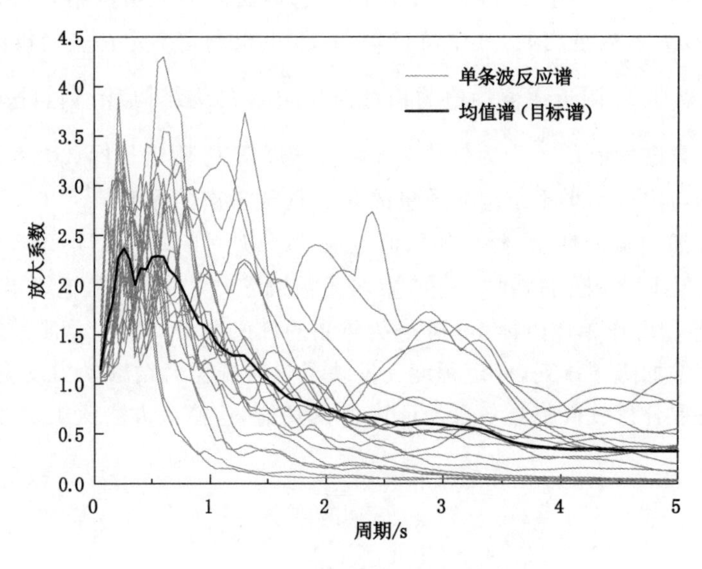

图 3-1　20 条远断层地震波反应谱

2) 近断层地震动数据库

近断层备选波数据库是由美国太平洋地震工程中心的 PEER/NGA 强震记录数据库中选取的 10 个台站的双向水平记录组成(附录 A 中表 A-6),选择这些地震波的具体原则简介如下:震级 $M \geqslant 6.5$,断层距 $R_{cl} \leqslant 12$ km,场地条件为美国 USGS 分类标准,30 m 土层平均剪切波速分别为:$V_{S30}=370 \sim 760$ m/s、$V_{S30}=180 \sim 370$ m/s。此 20 条地震波均存在速度脉冲,其放大系数谱与平均谱如图 3-2 所示。

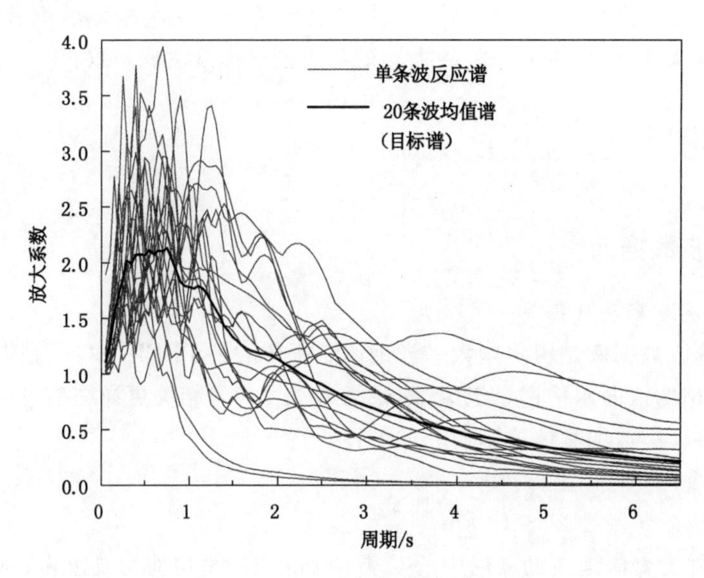

图 3-2　20 条近断层地震波反应谱

3.3.2　抗弯钢框架结构反应分析

3.3.2.1　结构模型

本节仍以“美国联合钢结构计划”中设计提出的 9 层和 20 层的抗弯钢框架 Benchmark 结构为实例，但基于 SAP2000 建立了结构有限元分析模型，梁、柱构件均采用平面梁单元模拟。由于抗弯钢框架设计时遵循强柱弱梁原则，因此仅在梁端设置塑性铰。梁端首先采用了两种塑性铰模型，即集中塑性铰和分布塑性铰；两种塑性铰滞回规则，即 Kinematic 模型和 Takeda 模型，以 EL-Centro 波输入下结构产生的最大层间位移角进行对比分析，发现集中塑性铰与分布塑性铰，模型所得最大层间位移角分布曲线非常接近，Kinematic 模型比 Takeda 模型的计算结果更保守些。因此，在梁端非线性建模中均选用集中塑性铰模型及 Kinematic 滞回规则。

计算所得结构的前 3 阶自振周期如表 3-1 所列，一阶自振周期的相对误差与文献[130]相比均在 5%左右，计算结果基本一致，说明结构分析模型建立的合理性和有效性。但由于该模型并未考虑梁柱节点域的剪切变形，因此在除此之外的其他方法中皆采用基于 ABAQUS 建立的考虑节点域的有限元结构模型。为保证归一化振型参与系数总和达到 90%以上，9 层结构需考虑前 2 阶振型，20 层结构需考虑前 3 阶振型。

表 3-1　9 层和 20 层结构模型的自振周期

模型	振型/阶	周期/s	文献周期[128]/s	相对误差/%
9 层	1	2.39	2.27	5
	2	0.89	0.85	4.4
	3	0.51	0.49	3.9
20 层	1	4.11	3.85	6.3
	2	1.44	1.33	7.3
	3	0.83	0.77	7.2

3.3.2.2　对比的 ASCE7-05 方法

为客观评价双指标多频段方法的可行性，本节将该方法与美国抗震规范 ASCE7-05 方法进行比较。ASCE7-05 中并没有关于选波及缩放方法的具体规定，本节参考文献[58]的做法：在 $0.2T_1 \sim 1.5T_1$ 区间（T_1 为结构基本周期），利用最小二乘法，采用经过缩放的反应谱与目标谱之差的平方和 λ 作为控制指标（式(3-4)）。取 $d\lambda/d(SF) \simeq 0$，得出能使 λ 达到最小的缩放系数 SF。

$$\lambda = \sum_{i=1}^{n} [(\bar{A}_i - SF \cdot A_i)]^2 \tag{3-4}$$

$$SF = \left[\sum_{i=1}^{n} (\bar{A}_i \cdot A_i)\right] / \left[\sum_{i=1}^{n} (A_i \cdot A_i)\right] \tag{3-5}$$

式中，n 为 $0.2T_1 \sim 1.5T_1$ 区间的周期点（间隔记录）个数；SF 为缩放系数；A_i 备选波在 T_i

周期点的加速度谱值；$\bar{A}_i$ 为目标谱在 T_i 周期点的加速度谱值。

两种方法采用的目标谱均是上述 20 条远断层或近断层地震波的均值放大系数谱。双指标多频段方法从备选波数据库中按照 ε_w（取绝对值）和 ε_T 都较小的原则适当排序（相近条件下 ε_T 优先），优选 3 条地震波，其双控指标都在 20％以内。ASCE7-05 方法以 PGA＝1 m/s^2 为基准确定各条地震波的 SF，并且按照 SF 尽量接近 1 的原则选取 7 条地震波。此 7 条地震波来自扣除双指标多频段方法选用的 3 个台站剩余的 7 个台站，其中每个台站仅选择 1 个分量。由于选出的个别地震波的 SF 过大（SF＞3），因此采用其他常用地震波作为补充（I-ELC270 和 TAF021）。

3.3.2.3　远断层作用下结构反应对比分析

由双指标多频段方法选出的 3 条地震波与 ASCE7-05 方法选出的 7 条地震波的均值谱与目标谱对比如图 3-3 所示。对于 9 层结构，双指标多频段方法和 ASCE7-05 方法均与目标谱有较好的谱形匹配；对于 20 层结构，双指标多频段方法有较好的匹配，而 ASCE7-05 方法在平台段的平均谱远大于目标谱。这主要是 ASCE7-05 方法关注 $0.2T_1$～$1.5T_1$ 区间（20 层结构对应 0.8～6.2 s）的谱形匹配，并未单独考虑平台段；同时，为满足“在 $0.2T_1$～$1.5T_1$（T_1 为结构基本周期）区间的平均反应谱不小于目标谱”的规定，部分地震波须乘以大于 1 的调整系数，必然也同时增大了平台段的反应谱值，使反应谱在平台段远大于目标谱。

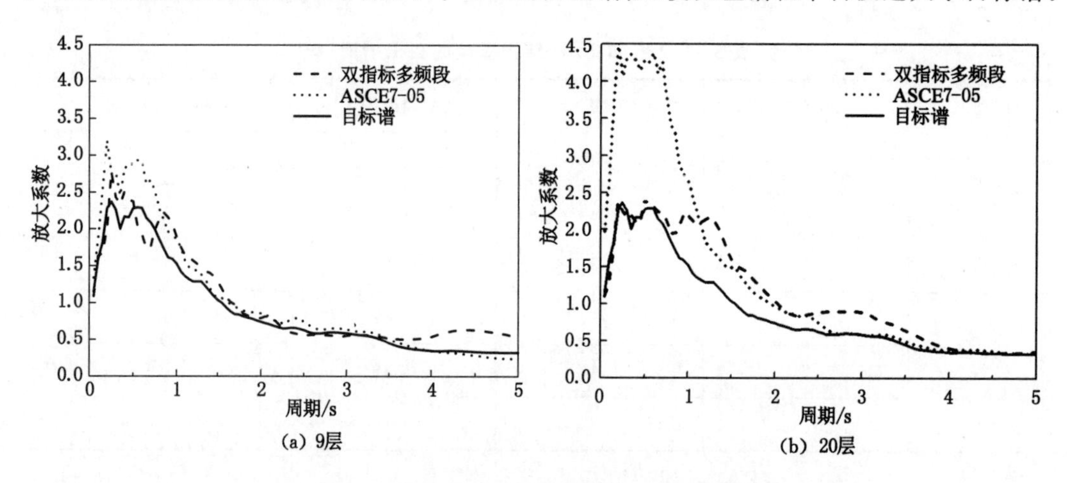

图 3-3　选波平均谱与目标谱比较（远断层）

对 9 层和 20 层抗弯钢框架结构分别进行弹性时程分析和弹塑性时程分析，参考文献[136]的意见：对于弹性时程分析，主要比较基底剪力；对于弹塑性时程分析，主要比较结构的变形反应。

在弹性时程反应分析中，将 20 条地震波 PGA 缩放到 $0.1g$（结构弹性反应比较与 PGA 无关），将所得结构基底剪力与所选 3 条地震波计算结果进行比较，表 3-2 和表 3-3 分别给出了 9 层结构和 20 层结构的计算结果。对于 9 层结构，3 条地震波计算平均基底剪力约比 20 条地震波平均计算结果小 5.8％；而对于 20 层结构，3 条地震波计算平均基底剪力约比 20 条地震波平均计算结果大 10.8％，均在设计可接受范围内。

表 3-2　9 层结构基底剪力计算结果与相对误差

地震波	20 条	3 条	HCH090	TCU042N	YER360
基底剪力/kN	2 670	2 515	2 490	3 006	2 050
相对误差/%	—	−5.8	−6.7	12.6	−23.2

表 3-3　20 层结构基底剪力计算结果与相对误差

地震波	20 条	3 条	HCH180	SVL360	YER270
基底剪力/kN	2 009	2 225	2 556	1 488	2 632
相对误差/%	—	10.8	27.2	−25.9	31.1

结构弹塑性反应对比分析采用最大层间位移角为结构反应指标，将 20 条地震波 PGA 缩放到不同强度（0.2g、0.3g、0.4g、0.5g、0.55g 和 0.6g），同时考虑结构非线性，所得结构弹塑性时程反应均值分别作为各地震强度下的目标反应，并将双指标多频段方法与 ASCE7-05 方法进行对比分析。需要特别指出的是，对于 ASCE7-05 方法，实际输入地震波的加速度峰值应为上述指定 PGA 与式(3-2)中缩放系数 SF 的乘积。

图 3-4 为结构弹塑性时程分析（PGA 分别取 0.4g、0.5g 和 0.6g）时最大层间位移角沿楼层的分布情况。由图可知，两种方法所得最大层间位移角沿楼层的分布规律与目标反应均较为接近，对薄弱层位置的判断基本一致，即均为 8 层处层间位移角最大。ASCE7-05 方法在各 PGA 下所得各层最大层间位移角均大于 20 条地震波的平均反应（即目标反应），均为高估层间位移角情况，最大相对误差为 29%（PGA＝0.4g 时）。而双指标多频段方法，高估和低估最大层间位移角的现象都有出现，低估最大相对误差为－17.1%（PGA＝0.6g 时），高估最大相对误差为 26.89%（PGA＝0.5g 时）。虽然双指标多频段方法出现了低估结构反应的情况，但是均发生于 6 层以下，并非结构的薄弱层（8 层）。

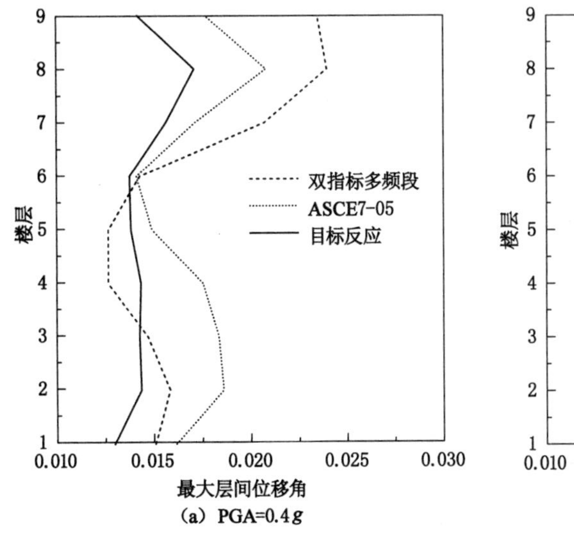

(a) PGA=0.4g

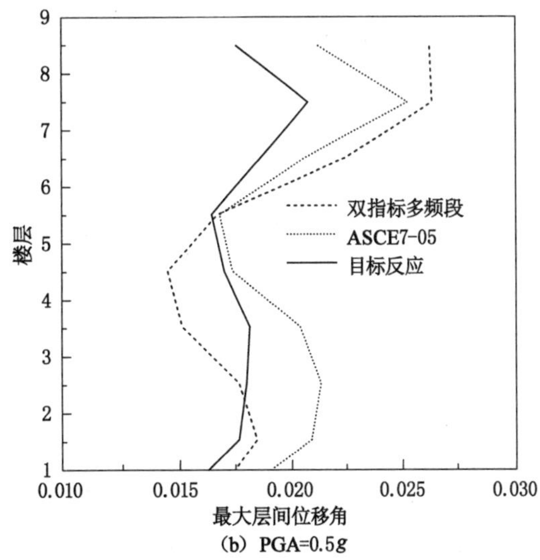

(b) PGA=0.5g

图 3-4　9 层结构最大层间位移角

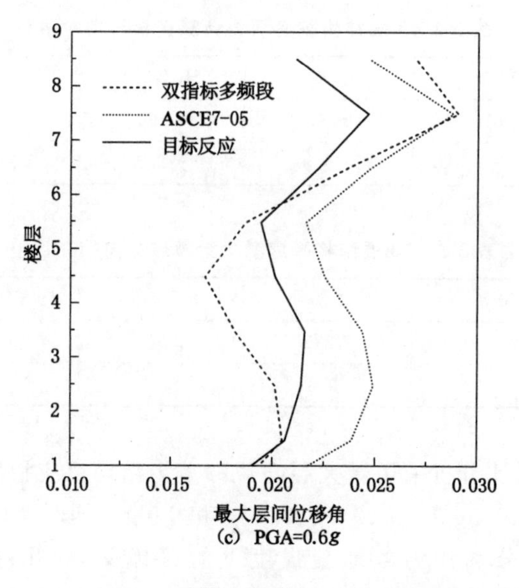

(c) PGA=0.6g

图 3-4(续)

PGA 分别取 0.4g 和 0.6g 时,20 层结构的最大层间位移角沿楼层的分布情况如图 3-5 所示。因此,当 PGA 为 0.6g 时,双指标多频段方法与目标反应估计的第一薄弱层位置是一致的,且基本为高估结构反应的情况。然而当 PGA 为 0.4g 时,双指标多频段方法对薄弱层位置的估计与目标反应稍有不同:目标反应的第一薄弱层为 3 层,第二薄弱层为 2 层,最大层间位移角分别为 1/42.6 和 1/42.9,二者非常接近;而双指标多频段方法确定的第一薄弱层为 2 层,第二薄弱层为 3 层,最大层间位移角为分别为 1/49 和 1/54,二者也较为接近。

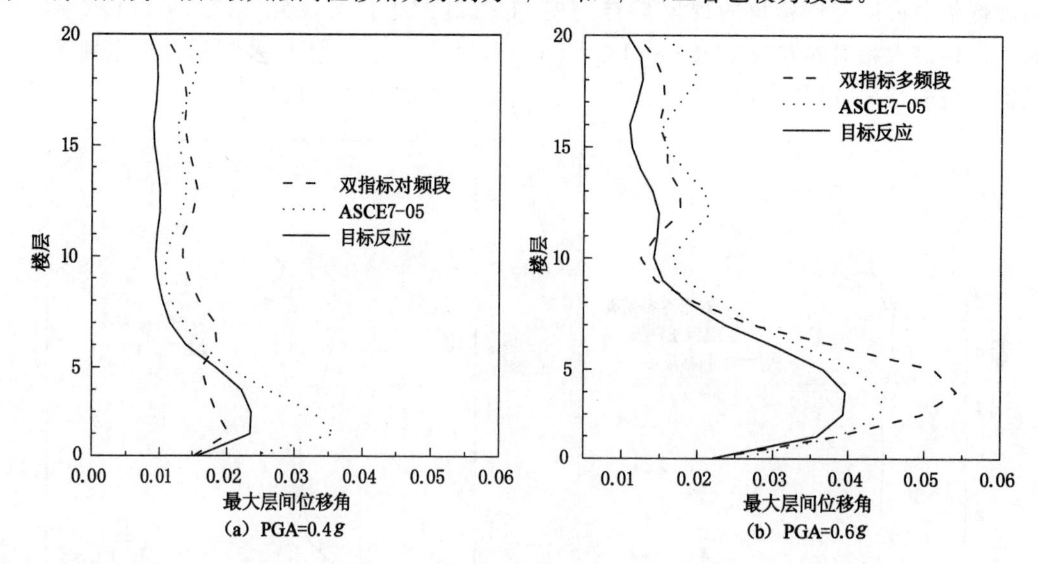

(a) PGA=0.4g　(b) PGA=0.6g

图 3-5　20 层结构最大层间位移角

双指标多频段方法与 ASCE7-05 方法相比,二者对第一薄弱层位置的判断基本一致,最大层间位移角沿楼层分布情况也较为相近。采用 ASCE7-05 方法,PGA 为 0.4g 和 0.6g 时所得结构反应均大于目标反应;采用双指标多频段方法,PGA 为 0.6g 时也基本为高估结构反应,但 PGA 为 $0.4g$ 时出现了低估薄弱楼层层间位移角的情况，即 2 层和 3 层处相对于目标反应的误差为－12.5%和－21.1%。

总的来说，对于 9 层和 20 层结构，双指标多频段方法与 ASCE7-05 方法对于结构最大层间位移角沿楼层分布情况的估计均较为准确，薄弱层的位置与目标结构反应均较为一致。ASCE7-05 方法均高估了结构最大层间位移角，而双指标多频段方法在部分情况下低估了最大层间位移角。出现这种情况的原因主要是，双指标多频段方法选出的 3 条波的平均反应谱在结构前几阶自振周期周围范围内[图 3-3(a)中 2.3～3.2 s 和图 3-3(b)中 4.0～5.0 s]，出现了低于目标谱的情况，但在选波及缩放时并未加以控制。参考 ASCE7-05 的做法，对双指标多频段方法附加控制条件：要求在 $0.2T_1 \sim 1.5T_1$ 区间，所选地震波反应谱均值不小于目标谱。若出现小于目标谱情况，可采用同样的比例系数将每个地震波再次放大，以使平均谱位于目标谱上方。附加这一条件虽然会出现对地震波的较大调幅，但对结构反应起主要作用的前几阶周期附近，反应谱与目标谱仍较为接近。以 9 层结构为例，调整前后结构最大层间位移角见图 3-6。调整后，双指标多频段方法均未出现低估层间位移角的情况，且在多数楼层处较 ASCE7-05 方法所得层间位移角稍大。

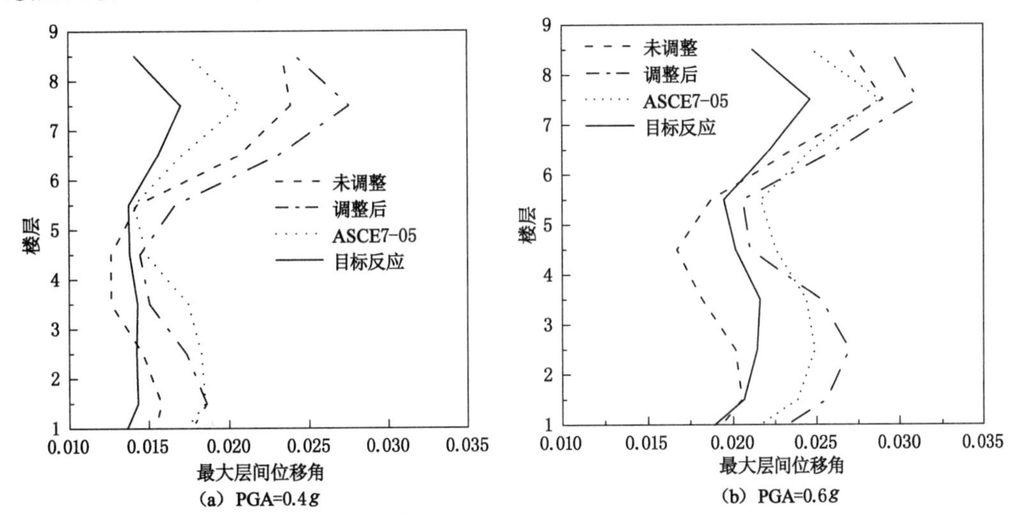

图 3-6　9 层结构最大层间位移角

3.3.2.4　近断层作用下结构反应对比分析

双指标多频段方法所选波 3 条地震波反应谱与目标谱如图 3-7 所示。由图可知，双指标多频段方法在 T_1 附近，即图 3-7(a)的[2.8 s,6.0 s]区间和图 3-7(b)的[4.0 s,6.0 s]区间会出现选波反应谱低于目标谱的现象。参考 ASCE7-05 的做法，附加“在 $0.2T_1 \sim 1.5T_1$ 区间，3 条地震波的平均谱应在目标谱上方”这一条件，将所选加速度记录乘以调幅系数调幅后 3 条地震波反应谱均值见图 3-7，能保证在 $0.2T_1 \sim 1.5T_1$ 区间(9 层为[0.5 s,3.5 s]区间，20 层为[0.8 s,6.1 s]区间)，平均谱在目标谱上方。

图 3-8 为 9 层和 20 层结构的最大层间位移角沿楼层的分布情况。对于 9 层结构，双指标多频段选波方法选出的 3 条地震波与 ASCE7-05 方法选出 7 条地震波的平均反应与目标反应相比，最大层间位移角沿楼层的分布规律也比较一致，相对误差在 22%～28%。两种方法对薄弱层位置的估计均很准确，且所得各楼层最大层间位移角均大于目标反应。

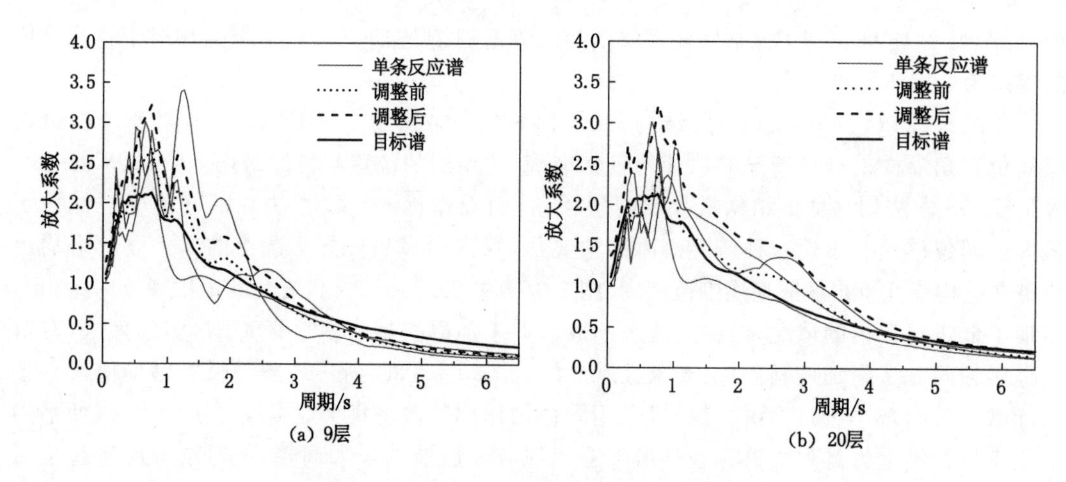

图 3-7　选波平均谱与目标谱比较(近断层)

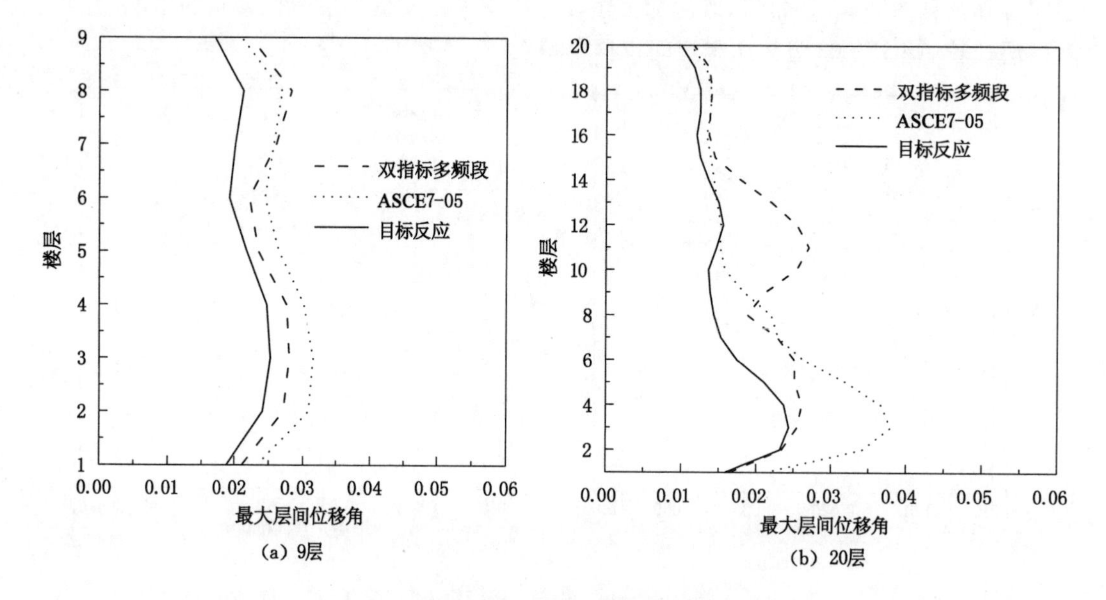

图 3-8　结构最大层间位移角(近断层)

对于 20 层结构,双指标多频段选波方法及 ASCE7-05 方法所得结果均高于目标反应.在大多数楼层处,双指标多频段选波方法与目标反应结果较为相近,但在 9～13 层双指标多频段选波方法明显大于目标反应,最大相对误差达到了 84.2%;ASCE7-05 方法也同样与目标反应较为相近,但在 2～5 层也出现了大于目标反应的情况,最大相对误差为 55.9%。关于薄弱层位置的判定,在 20 条近断层地震波作用下,目标反应最大层间位移角出现在 3 层,ASCE7-05 方法所得薄弱层与目标反应相同,但双指标多频段选波方法所得最大层间位移角发生在 11 层,其次为 4 层和 3 层,这三层最大层间位移角非常接近(分别为 1/37、1/38 和 1/40)。分析其原因在于,多频段加权选波法考虑了“在 $0.2T_1$～$1.5T_1$ 区间,3 条地震波的平均谱应在目标谱上方”的附加条件进行调幅,而大于 1 的调幅系数很可能会明显地放大高阶振型的影响,关于此问题仍需要进一步的研究。对于 20 层结构,多频段加权选波法和 ASCE7-05 方法都存在一定的不足,ASCE7-05 方法结果略优。

总的来说，对于9层和20层结构，多频段加权选波法与ASCE7-05方法均未出现低估最大层间位移角的情况。综合考虑，在近断层地震动作用下进行结构的非线性反应时程分析时，多频段加权选波法和ASCE7-05两种选波方法均具有较好的适用性。

3.3.3　钢筋混凝土高层结构反应分析

本节以25层钢筋混凝土框架-剪力墙结构为例（图3-9），7度抗震设防（0.15g），Ⅲ类场地。以抗震规范设计谱为目标谱，备选地震波仍为上述10个台站20条远断层地震波（水平双向），见附录A中表A-5。选取了双误差指标最小的3条地震波进行弹性时程分析。所得基底剪力与反应谱分析结果的相对误差均在±20%以内（表3-4），完全满足现行规范关于时程分析结果与反应谱分析结果统计一致性的要求。

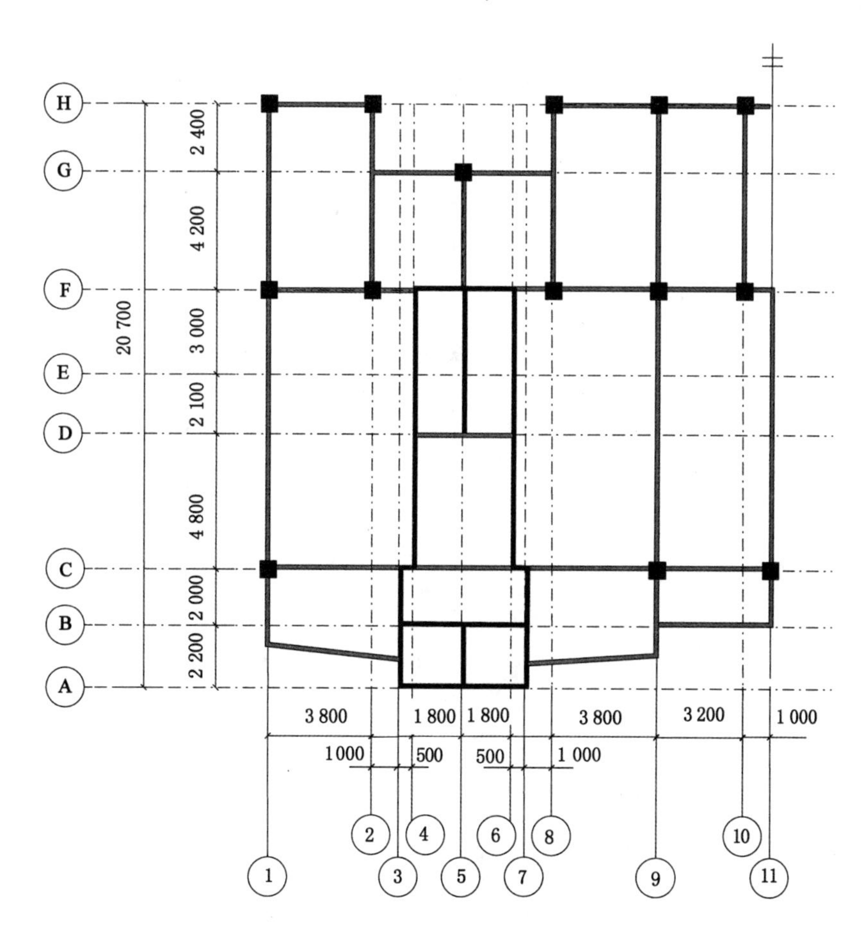

图3-9　25层框架-剪力墙结构标准层平面图

表3-4　所选3条波与反应谱结果对比

	基底剪力/kN	相对误差/%
HCH90	14 035.04	−6.09
TCU042-N	13 947.40	−6.68

表 3-4(续)

	基底剪力/kN	相对误差/%
HCH90	14 035.04	−6.09
YER270	12 107.28	−18.99
平均值	13 813.94	−7.57
反应谱	14 945.97	—

再以 30 层的钢筋混凝土框架-剪力墙结构为例(图 3-10),8 度抗震设防,Ⅱ类场地。仍以规范设计谱为目标谱和 20 条地震波为备选波,进行了弹塑性时程分析。由增量动力分析获得的输入 PGA 和最大层间位移角的关系曲线(图 3-11)表明,采用该方法选取的 3 条地震波所得 PGA-层间位移角均值曲线与 20 条地震波所得均值曲线非常相近。

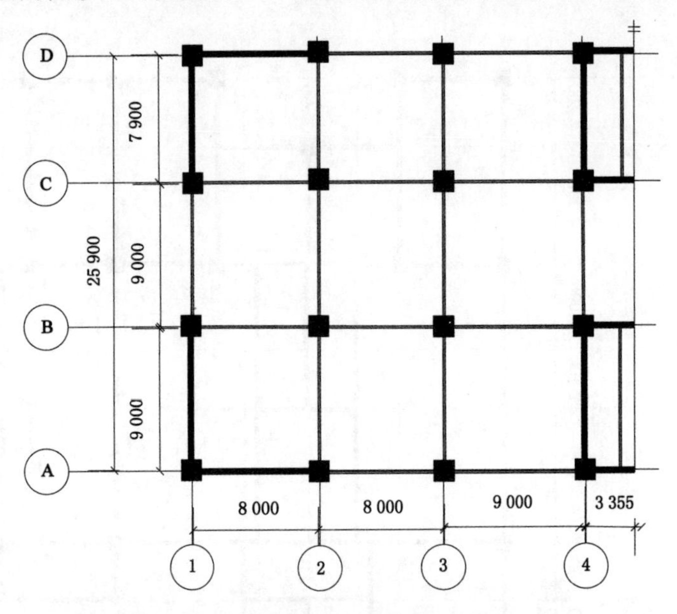

图 3-10　30 层框架-剪力墙结构标准层平面图

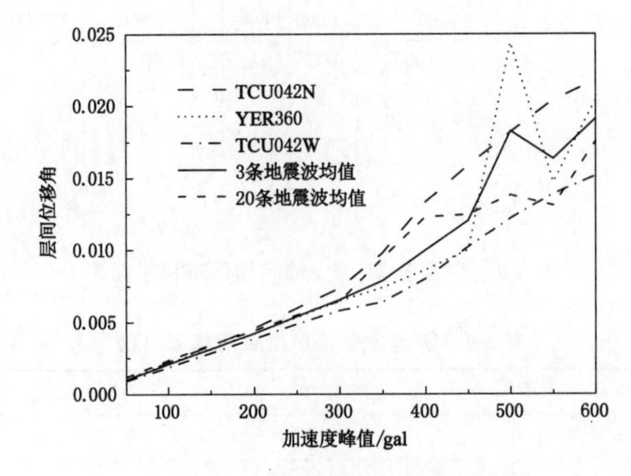

图 3-11　所选 3 条地震波均值与 IDA(增量动力分析)均值比较

(注:1 gal=1 cm/s^2)

3.4　本章小结

本章为考虑高阶振型对结构反应不同贡献，在反应谱平台段和结构基本周期附近误差双控指标中，引入了由归一化振型参与系数确定的前几阶振型的权重系数，提出了双指标多频段工程经验选波方法。本章以“美国联合钢结构计划”中9层和20层抗弯钢框架为例，考虑远断层和近断层地震动作用，以加速度反应谱(设计谱)为目标谱，将双指标多频段方法与美国规范ASCE7-05方法进行对比；又以一栋25层和一栋30层的钢筋混凝土框架-剪力墙为实例，以规范设计谱为目标谱，进行了远断层地震动作用下弹塑性时程反应分析以及增量动力分析，得出以下结论：

(1) 双指标多频段方法可以较为合理地考虑高阶振型对结构反应的影响，对高层钢筋混凝土结构和高层抗弯钢框架结构的地震反应均值估计，均具有较高的准确性，对于弹性和弹塑性时程分析均适用，对于远断层地震动及近断层地震动输入也均适用。其中近断层地震动的适用性研究尚处于初步尝试阶段，仍需进行深入探讨。

(2) 与ASCE7-05对比，建议对双指标多频段方法附加“在$0.2T_1 \sim 1.5T_1$区间，3条地震波的平均谱应在目标谱上方”这一限制条件，以防止低估结构反应的情况发生。

(3) 由于该方法中关键参数的选择(如T_g、ΔT_1与ΔT_2、误差限值等)并不具备可靠的理论依据，因此认为是工程经验化的方法。

4 加权调幅选波方法

4.1 引　言

本章提出一种在较宽的周期范围内实现反应谱与目标谱一致性匹配的地震波选择及调幅方法，在匹配误差指标和地震波幅值调幅系数的计算中采用加权形式的最小二乘法，引入由归一化振型(质量)参与系数确定的结构前几阶振型的权重系数，以充分考虑高阶振型对结构反应的不同贡献。基于最小二乘法确定的误差平方和形式的输入地震波反应谱和目标谱的差异，是相对于均值误差指标(双指标多频段方法所用)更为科学的评判指标，其具有较为严密的结构动力学依据和数学表述。

仍采用第 2 章中建立的 3 层、9 层和 20 层抗弯钢框架结构为实例，将提出的加权调幅选波方法与未考虑加权匹配的方法(等权方法)进行比较，目标谱不仅采用传统的加速度反应谱，还尝试采用 Newmark 三联谱，以深入探讨加权调幅选波方法对低、中、高层建筑结构弹塑性时程反应分析的可行性。此外，就目标谱影响、天然波与人工波选择、备选波数据库容量、选取地震动数量以及减隔震结构适用性等方面开展深入的探讨。

4.2 加速度反应谱目标谱加权调幅选波方法

4.2.1 加权调幅方法简介

针对目标谱匹配法，本章充分考虑高阶振型对结构反应的不同影响，提出加权调幅选波方法，仍采用线性调幅，利用加权形式的最小二乘法计算匹配误差 SSE_W 及调幅系数 SF，具体如下：

$$\mathrm{SSE_W} = \sum_{i=1}^{m}\left\{\frac{\lambda_i \cdot \sum\limits_{T=\alpha T_{i+1}+\beta T_i}^{\alpha T_i+\beta T_{i-1}\ \mathrm{or}\ 1.5T_1}\left[\mathrm{SF}\cdot S_{\mathrm{a}}(T)-S_{\mathrm{a}}^{\mathrm{t}}(T)\right]^2}{\sum\limits_{i=1}^{m}\lambda_i}\right\} \tag{4-1}$$

式中，m 为保证累积振型参与质量不小于结构总质量的 90%需考虑的振型数[85,133]；λ_i 为第 i 阶振型周期 T_i 周期段范围的匹配权重系数，与双指标多频段方法相同；α 和 β 为结构相邻两阶自振周期之间权重系数分配的比例范围(图 4-1)；其他符号含义同式(2-5)。其中目标谱 $S_{\mathrm{a}}^{\mathrm{t}}(T)$ 假定为加速度反应谱，算例中采用第 2 章 SM 方法所用加速度均值目标谱(图 2-4)。

令误差指标 SSE_W 取最小值，即取 $\mathrm{d(SSE_W)/d(SF)} \cong 0$，可得到所选地震波的调幅系数 SF：

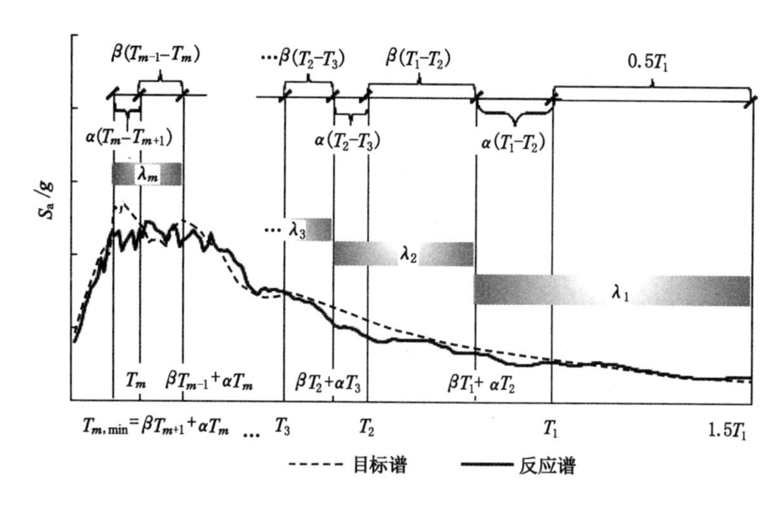

图 4-1 SSEw 计算示意图

$$\mathrm{SF}=\frac{\sum_{i=1}^{m}\left[\lambda_i\cdot\sum_{T=\alpha T_{i+1}+\beta T_i}^{\alpha T_i+\beta T_{i-1}\text{ or }1.5T_1}S_a^t(T)\cdot S_a(T)\right]}{\sum_{i=1}^{m}\left\{\lambda_i\cdot\sum_{T=\alpha T_{i+1}+\beta T_i}^{\alpha T_i+\beta T_{i-1}\text{ or }1.5T_1}\left[S_a(T)\right]^2\right\}} \tag{4-2}$$

式中,符号含义可参考式(4-1)。

图 4-1 给出了加权调幅选波方法计算匹配误差 $\mathrm{SSE_W}$ 的示意。由图可知,在整个匹配周期范围内($[T_{m,\min},1.5T_1]$),围绕各 i 阶振型周期划分不同周期段,即$[\alpha T_{i+1}+\beta T_i,\alpha T_i+\beta T_{i-1}](i>1)$ 或 $[\alpha T_{i+1}+\beta T_i,1.5T_1](i=1)$,并赋予不同的权重系数 λ_i。此时,整个匹配周期范围的下限为 $T_{m,\min}=T_m-\alpha(T_m-T_{m+1})=\alpha T_{m+1}+\beta T_m$(其中,$T_m$ 中的 m 含义同式(4-1),上限仍取 $1.5T_1$。

由于采用了加权形式的最小二乘法计算匹配误差和调幅系数,目标谱为加速度反应谱,因此称该选波法为基于加速度目标谱的加权调幅选波方法,简称 WSM(weighted scaling method using spectral acceleration as target spectra)。

为探讨采用加权系数的必要性,将所有的权重系数定为 1.0,则构成第 2 章中介绍的 SM 方法,WSM 方法将与之进行比较。SM 方法并未考虑各阶振型对结构反应的不同贡献,认为各阶振型的贡献相等,即采用等权调幅的方法,由式(2-1)和式(2-2)计算匹配误差和调幅系数。

4.2.2 α 和 β 参数影响的讨论

α 和 β 分别为结构相邻两阶自振周期点之间的分段比例,应满足 $\alpha+\beta=1$,用于调节由 λ_i 控制的匹配周期范围(图 4-1)。α 和 β 取值可简单考虑各取 0.5,但结构进入非线性后周期会延长,因此假设 $\beta>\alpha$。

为探讨 α 和 β 取值对 SF 的影响,本章以第 2 章所述“美国联合钢结构计划”提出的 3 层、9 层和 20 层抗弯钢框架结构为实例,依据 50 年超越概率 50%、10%和 2%时 SAC 波建立的 3 种目标谱(图 2-4),取用 3 组 α 和 β 数值($\alpha=0.4,\beta=0.6;\alpha=0.3,\beta=0.7;\alpha=0.2,\beta=0.8$),将 40 条备选地震波(附录 A 中表 A-4)的 SF 进行比较,如图 4-2～图 4-4 所示。SF 的

确定需要基于结构前几阶振型周期，见表 2-1。

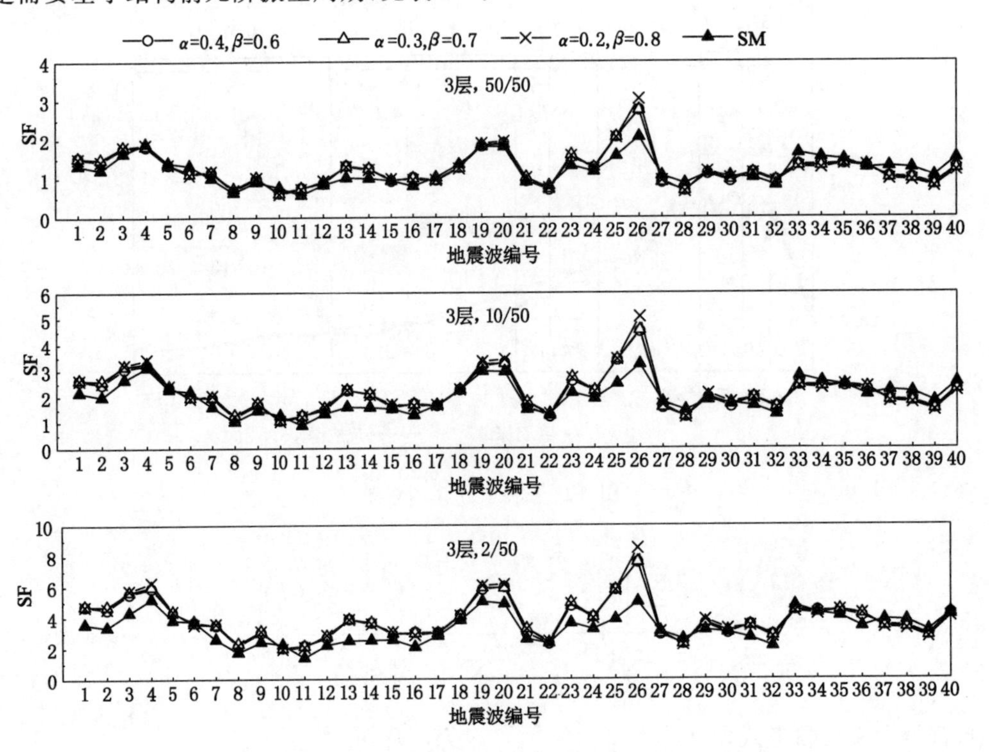

图 4-2　3 层结构不同 α 和 β 取值所得 SF 对比

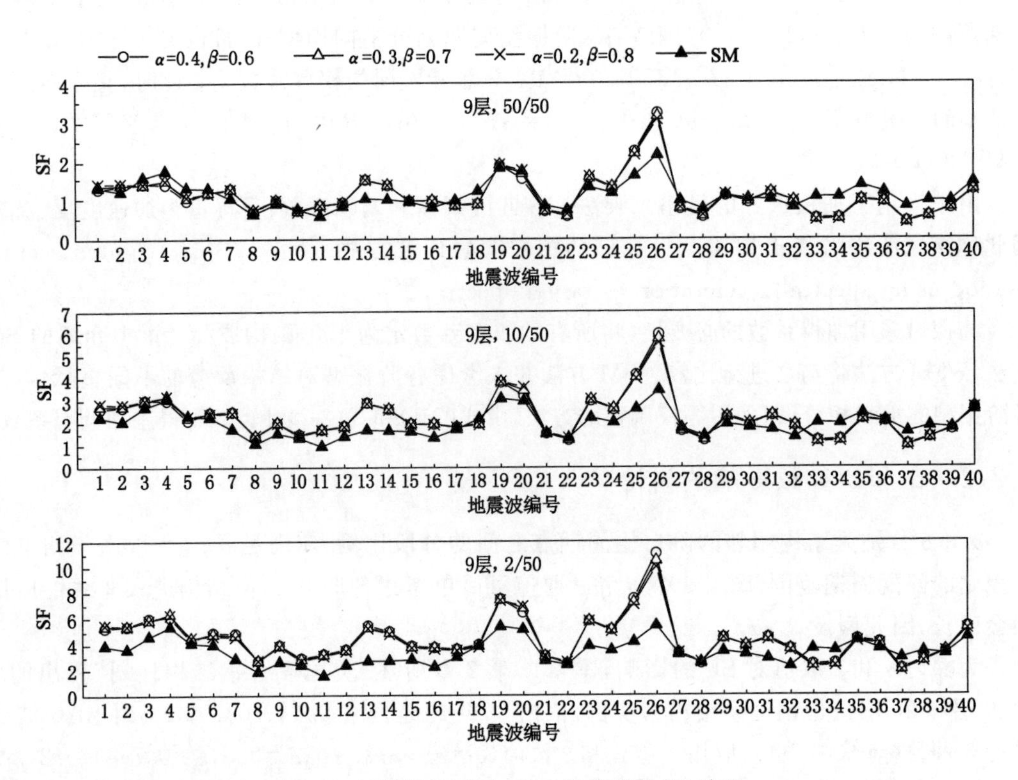

图 4-3　9 层结构不同 α 和 β 取值所得 SF 对比

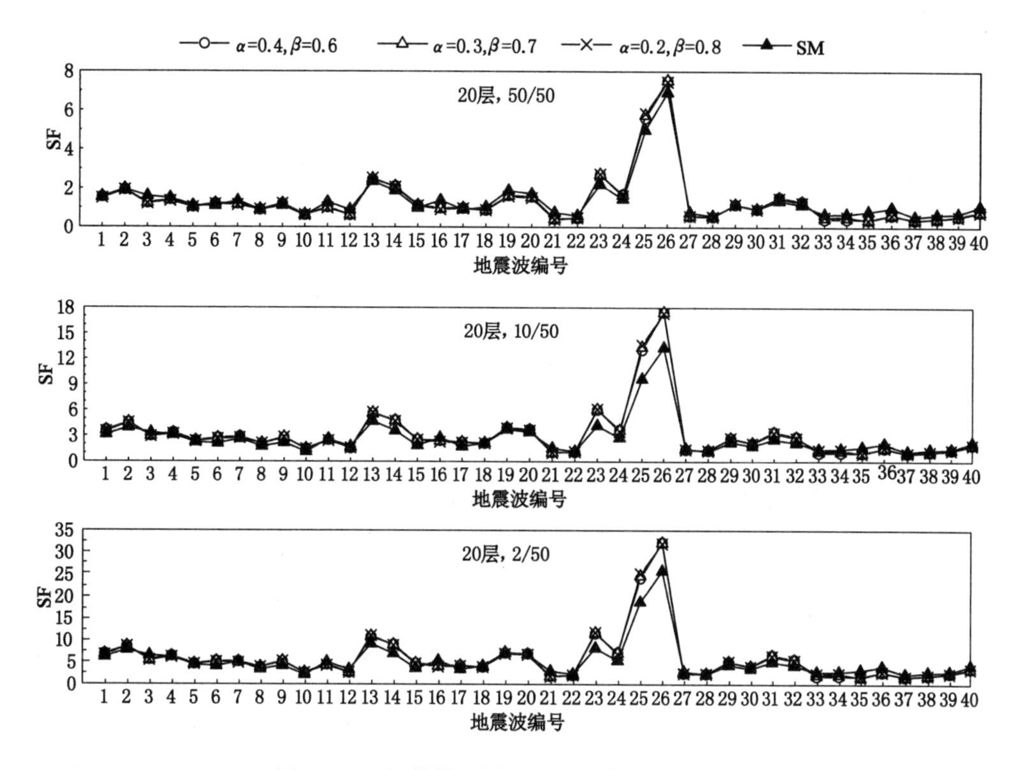

图 4-4　20 层结构不同 α 和 β 取值所得 SF 对比

由图 4-2～图 4-4 可知，相同超越概率下，3 组 α 和 β 取值所得 SF 非常接近。这是因为：当 i 较小时，$[T_{i+1}, T_i]$ 为中长周期段，虽然 $|T_i - T_{i+1}|$ 值较大，但反应谱值变化趋于平缓，即 $|S_a(T_i) - S_a(T_{i+1})|$ 较小；当 i 较大时，$[T_{i+1}, T_i]$ 为短周期段，虽然反应谱值变化较快，但 $|T_i - T_{i+1}|$ 值较小，使得 $|S_a(T_i) - S_a(T_{i+1})|$ 仍不大。因此，SSE_W 对于 α 和 β 的取值并不敏感，进而使得 SF 也不敏感，这使 WSM 方法的计算成为可能。本节计算均取 $\alpha=0.4$，$\beta=0.6$。

4.3　不同调幅方法的结构时程反应对比分析

4.3.1　地震波调幅及分组

4.3.1.1　地震波调幅

WSM 方法所用备选波仍采用 SM 方法的 40 条地震波(附录 A 中表 A-4)，由图 4-2～图 4-4 也可对比 WSM 和 SM 两种方法所得 40 条备选地震波的 SF。由图可知，WSM 方法与 SM 方法所得各地震波的 SF 虽有一定差别，但除个别地震波外(如 25 号和 26 号)，总体差别不大。图 4-5 还给出了相同超越概率下采用 WSM 方法所得 3 层、9 层和 20 层结构的调幅系数 SF。

由图可知，在超越概率为 50%和 10%时，除 20 层结构的个别地震波外(如 13 号、14 号、23 号、25 号和 26 号)，3 层、9 层和 20 层结构的 SF 相差不大，尤其 3 层和 9 层结构的 SF

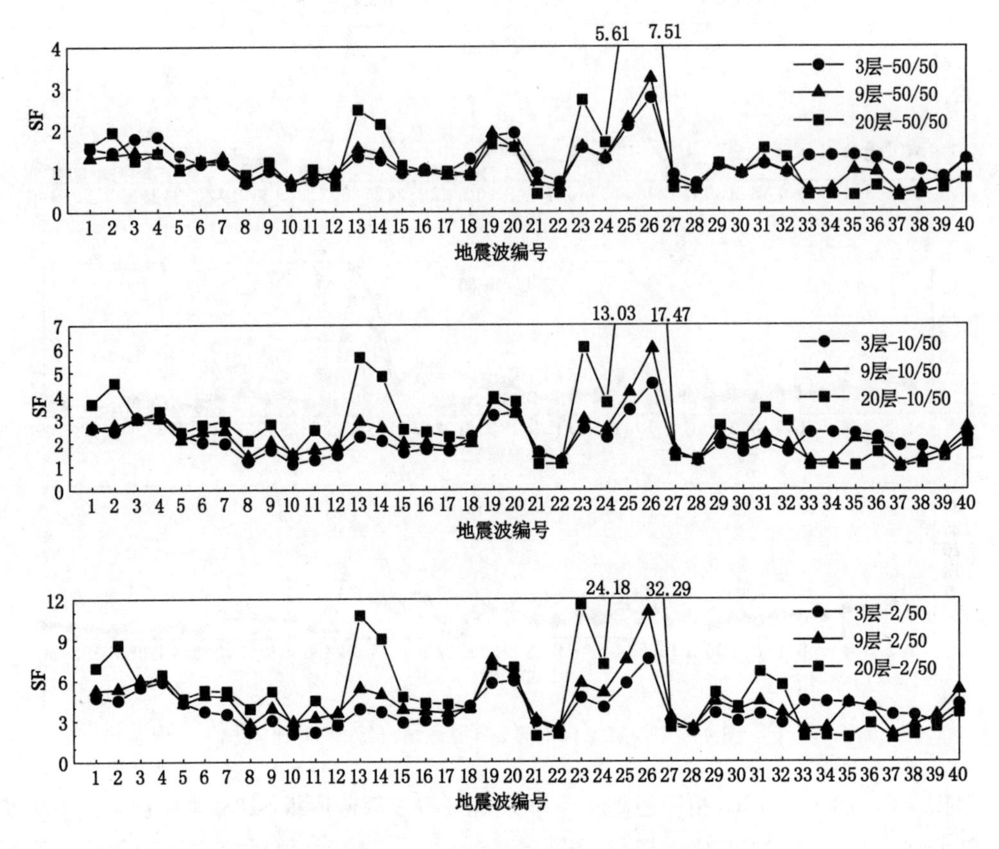

图 4-5　WSM 方法所得 SF 对比

非常相近;当 50 年超越概率为 2%时,3 个结构所得相同地震波的 SF 有一定差别,但 SF 受结构动力特性影响不大。此外,与 SM 方法类似,WSM 方法也出现了个别地震波的 SF 过大的情况,选波时也排除这些 SF 过大的地震波。

4.3.1.2　地震波排序及分组

WSM 方法的地震波排序原则与 SM 方法相同。由于 WSM 和 SM 两种方法所得的匹配误差和调幅系数并不相同,因此备选波排序也不相同。为客观评价 WSM 方法的可行性,排除由于地震波不同带来的影响,本节采用两种排序方案:一种以 SM 方法所得 SSE_S 和 SF 为排序依据,称为方案 A;另一种以 WSM 方法所得 SSE_W 和 SF 为排序依据,称为方案 B。在每种排序方案下,各地震波再分别按照 WSM 和 SM 两种方法进行调幅。

3 个结构在 3 种超越概率下,A、B 两种方案所得排序见表 4-1～表 4-3。表中“编号”代表地震波分量,对应名称见附录 A 中表 A-4。与 SM 方法相同,考虑个别地震波分量的 SF 过大,因此将它们排除在外,表 4-1～表 4-3 中仅列举了前 14 条地震波分量。由表可知,前 14 名中有 8 至 11 个台站的地震波分量同时被方案 A 和方案 B 选中,其排序结果没有受到调幅方法的严重影响。

表 4-1　3 层结构采用 WSM 方法和 SM 方法所得备选波排序

概率	50/50						10/50						2/50					
方案	方案 A(SM)			方案 B(WSM)			方案 A(SM)			方案 B(WSM)			方案 A(SM)			方案 B(WSM)		
排序	编号	SF	SSE_S	编号	SF	SSE_W	编号	SF	SSE_S	编号	SF	SSE_W	编号	SF	SSE_S	编号	SF	SSE_W
1	36	1.3	0.57	35	1.4	0.34	18	2.3	1.54	35	2.4	0.87	30	3.0	6.01	28	2.3	5.78
2	15	1.0	0.64	17	1.0	0.41	35	2.4	1.72	18	2.3	1.12	18	3.8	6.21	35	4.4	3.82
3	17	1.0	0.82	15	1.0	0.43	34	2.6	2.13	5	2.4	1.16	33	4.8	6.61	18	4.2	5.07
4	5	1.4	0.85	5	1.4	0.44	5	2.3	2.26	34	2.4	1.97	35	4.1	6.84	5	4.3	5.13
5	3	1.6	0.85	19	1.8	0.51	15	1.5	2.31	40	2.3	2.05	6	3.8	6.97	30	3.0	6.75
6	32	0.8	0.91	31	1.2	0.63	40	2.5	2.61	29	1.9	2.37	39	3.1	7.04	39	2.8	6.94
7	9	0.9	0.92	3	1.8	0.68	9	1.5	2.99	19	3.2	2.11	15	2.6	9.33	33	4.5	6.63
8	7	1.0	1.05	9	1.0	0.70	4	3.1	2.89	3	3.1	2.33	38	3.8	9.26	37	3.5	7.23
9	20	1.8	1.01	24	1.3	0.79	20	3.0	3.18	28	1.2	2.63	19	5.0	9.82	19	5.8	7.81
10	34	1.5	1.23	29	1.1	0.83	29	1.9	3.50	15	1.6	2.72	28	2.6	10.12	22	2.3	9.39
11	12	0.8	1.47	1	1.5	0.85	32	1.3	3.56	37	1.9	2.78	22	2.3	11.42	4	5.9	9.78
12	29	1.1	1.53	7	1.2	0.97	8	1.0	4.18	24	2.2	2.93	4	5.2	12.89	10	2.0	11.18
13	1	1.3	1.58	27	0.9	0.99	1	2.2	4.69	9	1.7	3.12	24	3.2	15.14	15	2.9	11.13
14	40	1.5	1.62	12	0.9	1.01	24	1.9	4.98	31	2.0	3.29	9	2.4	15.41	24	4.0	12.69

表 4-2　9 层结构采用 WSM 方法和 SM 方法所得备选波排序

概率	50/50						10/50						2/50					
方案	方案 A(SM)			方案 B(WSM)			方案 A(SM)			方案 B(WSM)			方案 A(SM)			方案 B(WSM)		
排序	编号	SF	SSE_S	编号	SF	SSE_W	编号	SF	SSE_S	编号	SF	SSE_W	编号	SF	SSE_S	编号	SF	SSE_W
1	15	1.0	0.35	17	0.9	0.12	35	2.4	0.94	17	1.8	0.53	5	4.1	3.96	28	2.5	2.40
2	17	1.0	0.44	6	1.2	0.16	18	2.2	1.02	35	2.2	0.71	35	4.2	3.63	5	4.3	2.51
3	36	1.2	0.46	15	1.0	0.17	5	2.3	1.08	27	1.6	0.82	39	3.2	4.27	39	3.4	3.17
4	9	0.9	0.47	9	1.0	0.19	40	2.5	1.48	3	3.0	0.67	28	2.5	4.87	17	3.6	3.80
5	32	0.8	0.50	19	1.9	0.19	3	2.7	1.71	39	1.7	0.92	18	3.8	4.26	35	4.3	3.24
6	3	1.6	0.48	30	1.0	0.20	15	1.6	1.83	5	2.1	0.89	30	3.2	5.56	38	2.7	4.28
7	6	1.3	0.61	3	1.4	0.27	20	3.0	1.98	38	1.3	1.38	38	3.3	7.06	21	3.1	5.83
8	7	1.0	0.64	40	1.3	0.29	30	1.8	2.22	21	1.5	1.47	22	2.4	7.07	30	3.8	6.68
9	19	1.8	0.56	27	0.8	0.30	9	1.5	2.29	30	1.9	1.47	15	2.8	9.28	15	3.8	10.83
10	29	1.1	0.80	31	1.2	0.30	27	1.7	2.65	20	3.2	1.66	10	2.4	10.83	9	3.9	10.62
11	12	0.8	0.81	36	1.0	0.36	31	1.7	2.84	9	2.0	1.86	19	5.3	9.51	3	6.0	4.38
12	1	1.3	0.86	1	1.3	0.38	1	2.2	2.87	15	2.0	2.02	3	4.6	11.21	20	6.5	6.67
13	40	1.4	0.87	24	1.3	0.39	22	1.3	3.17	1	2.6	2.23	1	3.9	13.02	1	5.3	9.88
14	24	1.2	1.02	7	1.3	0.45	8	1.1	3.43	31	2.3	2.94	24	3.5	13.37	24	5.1	14.78

表 4-3　20 层结构采用 WSM 方法和 SM 方法所得备选波排序

概率	50/50						10/50						2/50					
方案	方案 A(SM)			方案 B(WSM)			方案 A(SM)			方案 B(WSM)			方案 A(SM)			方案 B(WSM)		
排序	编号	SF	SSE_S	编号	SF	SSE_W	编号	SF	SSE_S	编号	SF	SSE_W	编号	SF	SSE_S	编号	SF	SSE_W
1	36	1.0	0.58	16	1.0	0.26	28	1.2	0.52	38	1.1	0.53	28	2.3	2.06	38	2.0	3.06
2	15	1.0	0.19	17	1.0	0.08	10	1.1	2.34	35	1.0	1.77	22	2.3	5.78	34	1.9	5.88
3	18	1.0	0.41	11	1.0	0.16	37	1.2	2.32	33	1.0	1.62	38	2.7	5.58	28	2.4	0.92
4	30	0.9	0.12	5	1.0	0.10	22	1.2	1.50	22	1.1	0.76	39	2.8	4.24	22	2.0	2.85
5	6	1.1	0.13	30	1.0	0.04	39	1.4	0.95	28	1.3	0.32	10	2.2	11.50	39	2.5	2.88
6	40	1.1	0.42	8	0.9	0.20	34	1.5	3.32	39	1.4	0.55	34	2.8	13.62	10	2.7	3.95
7	9	1.1	0.19	9	1.2	0.06	35	1.7	2.75	10	1.5	0.80	17	3.4	4.95	36	2.8	4.88
8	32	1.1	0.16	40	0.8	0.16	8	1.7	1.63	12	1.6	1.01	8	3.4	6.69	12	2.7	5.74
9	8	0.9	0.32	3	1.2	0.13	17	1.8	1.16	18	2.1	0.30	30	3.6	4.65	18	3.9	1.60
10	12	0.9	0.50	32	1.3	0.18	12	1.7	2.43	30	2.2	0.54	11	5.0	5.70	30	4.1	1.52
11	27	0.7	0.19	36	0.6	0.27	30	1.8	1.10	8	2.1	1.41	15	3.6	8.64	8	3.9	4.73
12	21	0.7	0.77	28	0.5	0.06	15	1.9	2.05	5	2.4	0.75	36	4.0	6.12	15	4.8	3.58
13	24	1.4	0.20	20	1.6	0.09	6	2.1	1.49	16	2.5	1.01	6	4.1	6.33	5	4.7	1.30
14	34	0.7	1.25	22	0.5	0.15	32	2.2	1.92	3	3.0	0.56	32	4.3	7.36	3	5.6	1.83

本节仍采用 3 条、7 条、10 条和 14 条这 4 种地震波数量。由于采用了两种地震波调幅方法，并采用了两种排序方案，因此形成了 4 种地震波分组，分别命名为 AGi、A$\overline{G}i$、BGi 和 B$\overline{G}i$(i 代表地震波数量，$i=3,7,10,14$)。AGi 和 A$\overline{G}i$($i=3,7,10,14$)代表在排序方案 A 中，从第 1 到第 i 的共 i 条，分别采用 WSM 和 SM 方法调幅的地震波分组。例如，AG7 包含方案 A 中优选的前 7 条地震波，并采用 WSM 方法进行地震波调幅。AGi 与 A$\overline{G}i$ 包含相同的地震波，只是后者采用 SM 方法进行地震波调幅。BGi 和 B$\overline{G}i$($i=3,7,10,14$)与上述分组具有相似的定义及相关关系，仅是采用了排序方案 B。

4.3.2　结构反应对比分析

WSM 方法对薄弱层位置的估计基本相同，且与目标反应也较为一致，这与 SM 方法的规律相同(图 2-14 和图 2-15)。本节未再给出层间位移角均值沿楼层的分布情况，仅详细说明层间位移角的相对误差及 COV 沿楼层的分布。本节还将比较最大层间位移角(MIDR)和顶层位移角情况，它们与层间位移角的规律完全相同，因此书中不再赘述。

4.3.2.1　*层间位移角相对误差*

图 4-6～图 4-8 对比了方案 A 和方案 B 中，3 个结构在各超越概率下各分组的层间位移角(PIDR)的相对误差。WSM 方法与 SM 方法所得各分组相对误差沿楼层分布均比较均匀且在各楼层处均无明显差别，并没有证据表明哪种方法所得结构反应误差更小，认为在时程分析中对结构反应均值进行估计时，WSM 方法与 SM 方法具有相同的准确性，这一规律不会受到结构动力特性、非线性程度、排序方案以及地震波数量的影响。7 条和 10 条是相对较优的地震波数量，此时在各超越概率下，各结构基本可保证各层处相对误差绝对值控制在 20%之内。3 条地震波均值的相对误差较大，除 3 层结构外，9 层和 20 层结构的最大误差绝对值均在 30%左右，所以对于结构非线性时程分析，3 条地震波数量明显不足。

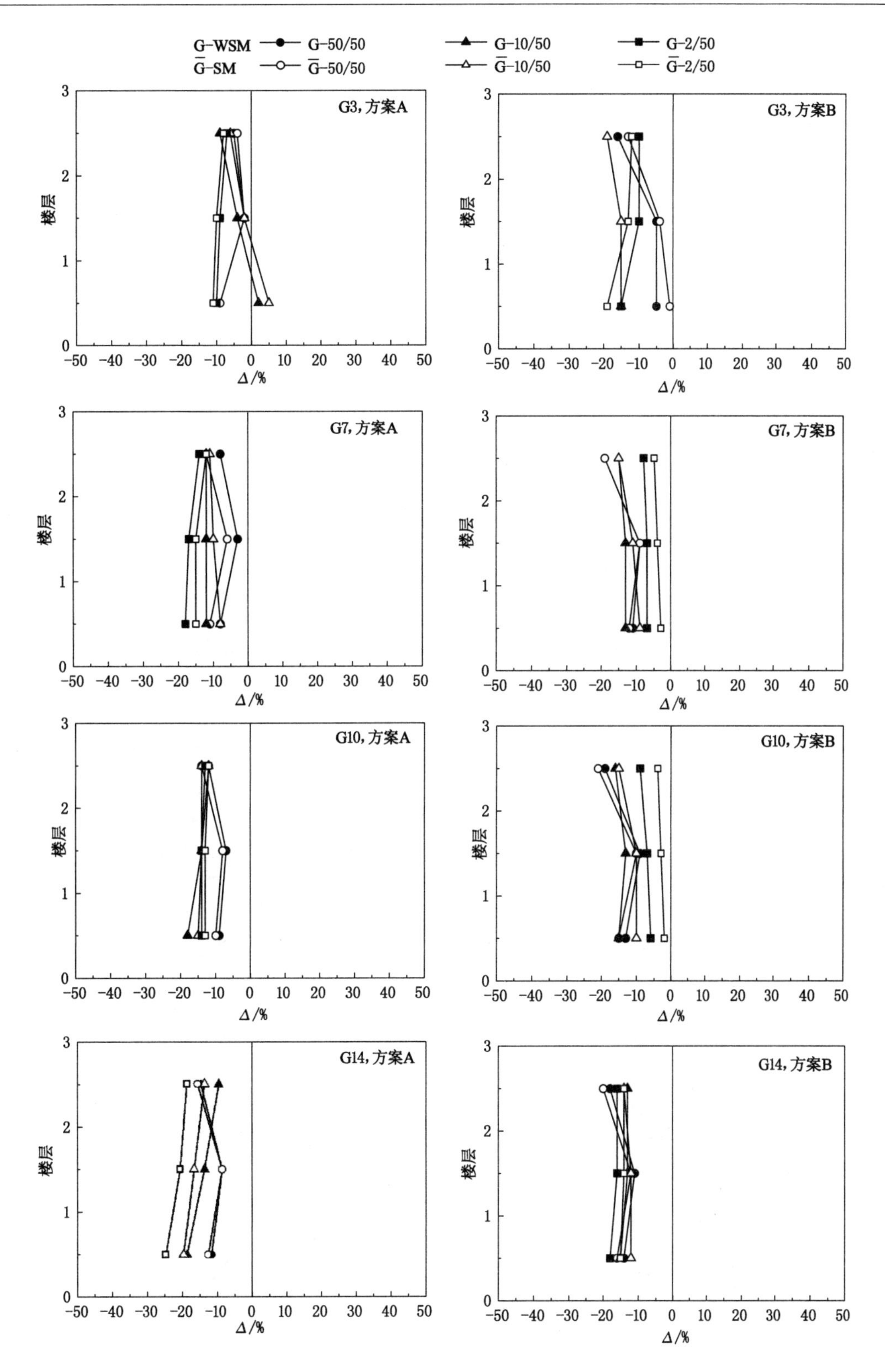

图 4-6 3 层结构方案 A 和 B 所得层间位移角相对误差（WSM 与 SM）

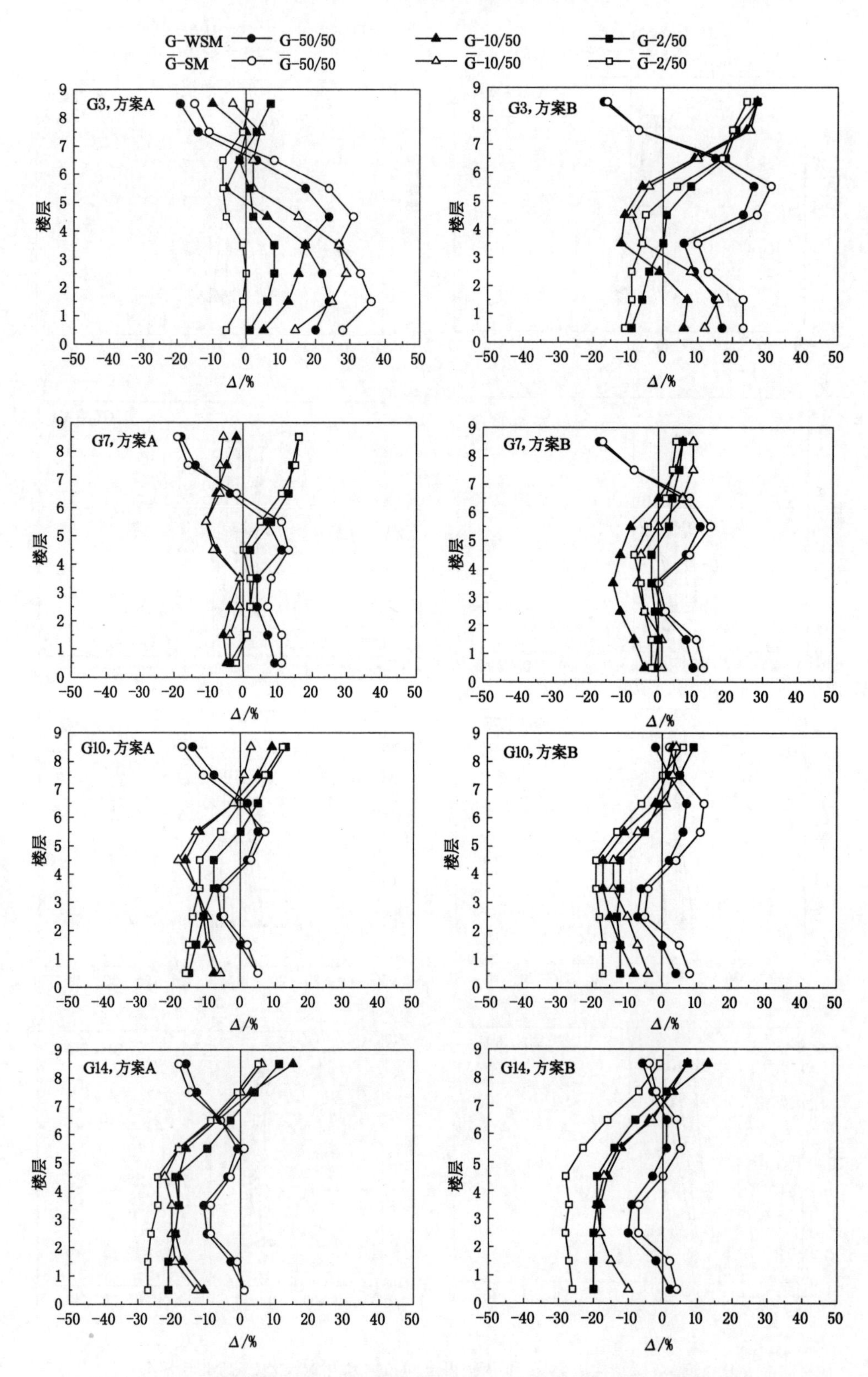

图 4-7　9 层结构方案 A 和 B 所得层间位移角相对误差(WSM 方法与 SM 方法)

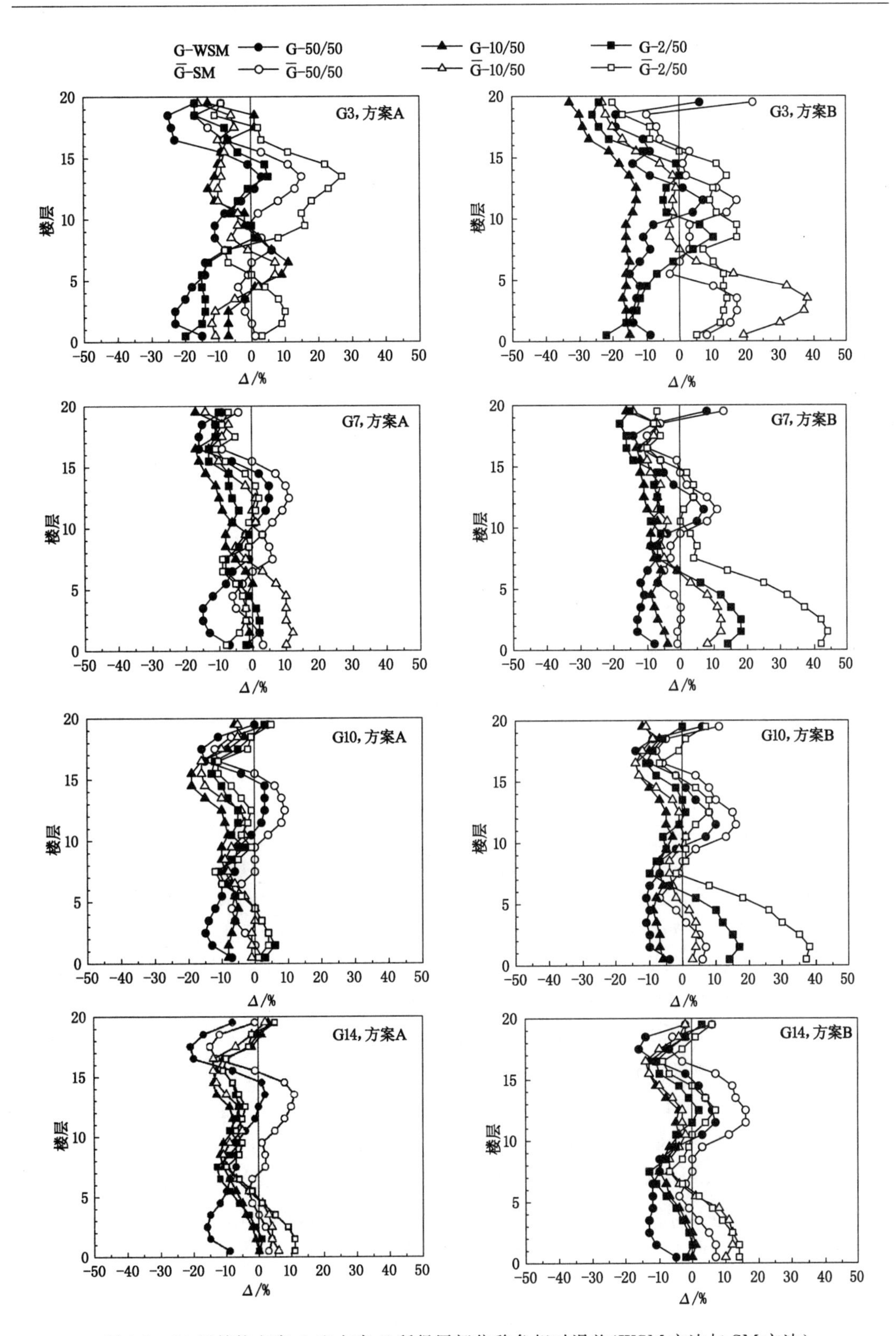

图 4-8 20 层结构方案 A 和方案 B 所得层间位移角相对误差(WSM 方法与 SM 方法)

此外，20 层结构在方案 B 中，在 50 年超越概率 2%的 7 条和 10 条分组，在下部楼层(2～4 层)处会出现 SM 所得结果(B$\overline{G}$7 和 B$\overline{G}$10)明显大于 WSM(BG7 和 BG10)的情况，而方案 A 并无这么大的差异。图 4-9 详细给出了 BG7 和 B$\overline{G}$7 组中各条地震波引起的结构层间位移角。由图可知，第 2 层处，单条波引起最大层间位移角高达 8%(BG7)和 14%(B$\overline{G}$7)，此时结构已趋于倒塌[127,129]。图中加粗虚线表示的地震波(即 TCU042-W、TCU047-W、YER270)对结构反应的贡献要高于其他地震波，如这些波的调幅系数稍有变化，则会引起结构非线性反应的显著变化。这些波采用 WSM 方法所得最大层间位移角小于 SM 方法。例如，TCU042-W 经 WSM 方法所得 20 层结构的最大层间位移角为 6.5%，而经 SM 方法调幅该地震波会产生高达 14%的最大层间位移角。由此可见，当关注结构倒塌的概率分布时，WSM 方法和 SM 方法对结构反应的影响值得进一步深入研究。

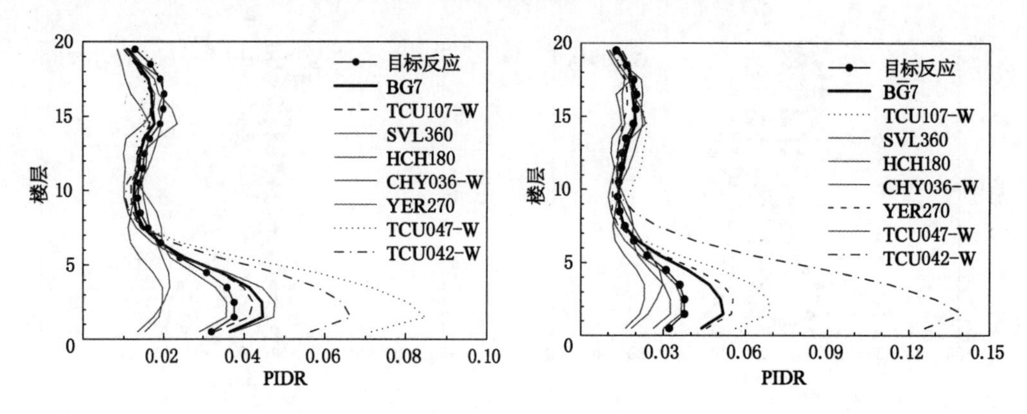

图 4-9　20 层结构 50 年超越概率为 2%时 BG7 和 B$\overline{G}$7 组的层间位移角

4.3.2.2　层间位移角变异系数

图 4-10～图 4-12 给出了两种排序方案，3 层、9 层和 20 层结构在各超越概率下各分组的层间位移角变异系数(COV)沿楼层的分布。由图可知，各分组采用 WSM 方法所得 COV 几乎在所有楼层处均小于 SM 方法。采用 WSM 方法对地震波进行调幅，将会比 SM 方法更为有效地降低结构反应的离散性。WSM 方法的这一优势不会受到结构动力特性、排序方案和地震波数量的影响，且结构非线性程度越高，WSM 方法的这一优势越加明显，如 50 年超越概率为 2%时，最大层间位移角的 COV 可较 SM 方法降低约 30%。

此外，对比 WSM 方法和 SM 方法的反应谱，由于 WSM 方法在谱匹配时为 T_1 周围的周期段分配了最大权重，反应谱在该周期段会较 SM 方法更接近于目标谱。以 20 层结构 50 年超越概率为 50%的 AG10 和 A$\overline{G}$10 为例，图 4-13 详细给出了各条地震波的反应谱。由图可知，WSM 方法(即 AG10)的 10 条反应谱向目标谱(在 $T_1=4.11$ s 附近)聚拢的趋势均较 SM 方法(A$\overline{G}$10)更为明显，这就使得 WSM 方法具有较优的降低结构反应离散性的能力。WSM 方法之所以较 SM 方法具有明显的降低结构反应离散性的优势，不仅反映在聚拢趋势更好的反应谱上，在本书第 5 章依据高维向量理论又进行了更为深入的理论剖析。

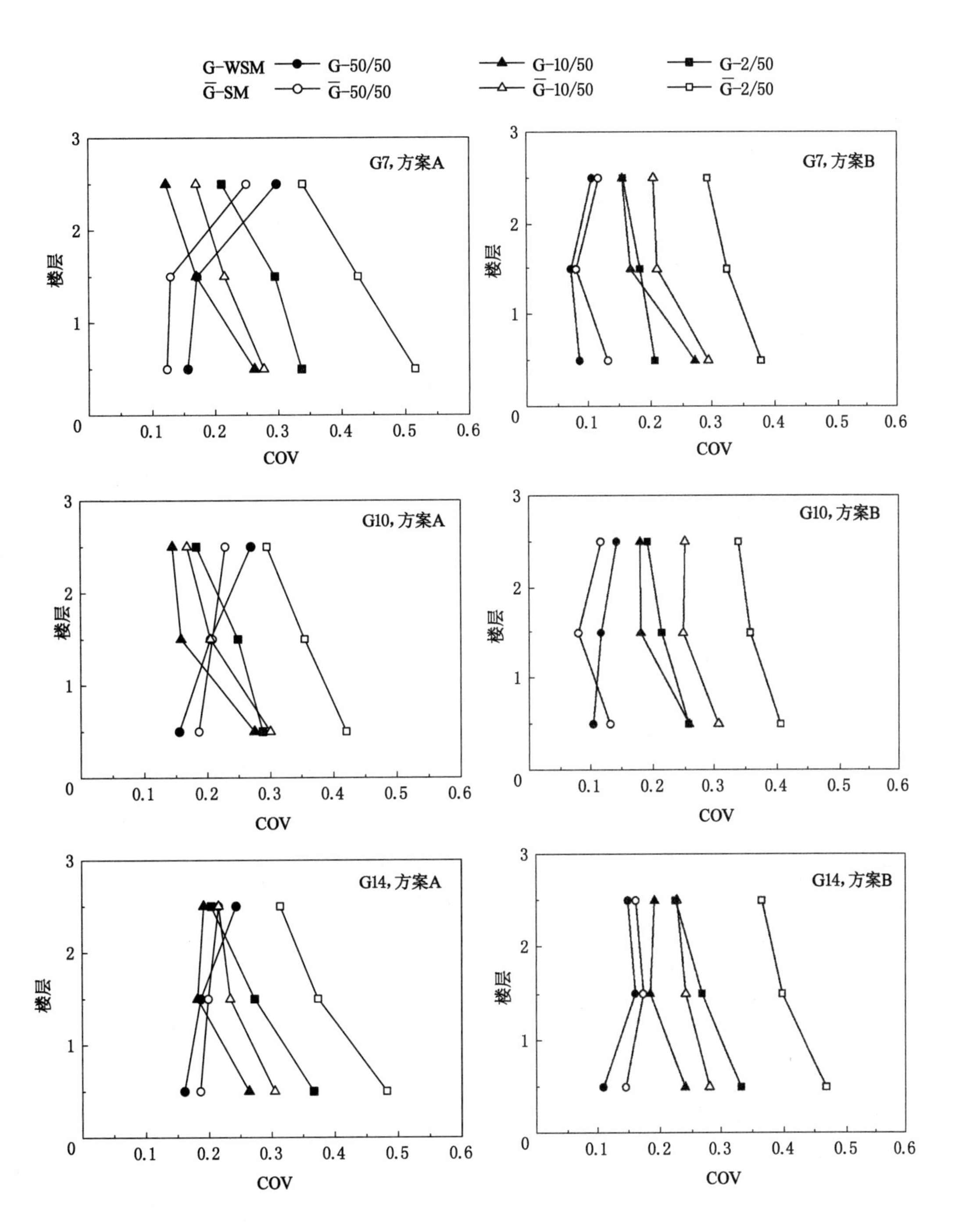

图 4-10　3 层结构方案 A 和方案 B 所得层间位移角的 COV(WSM 方法与 SM 方法)

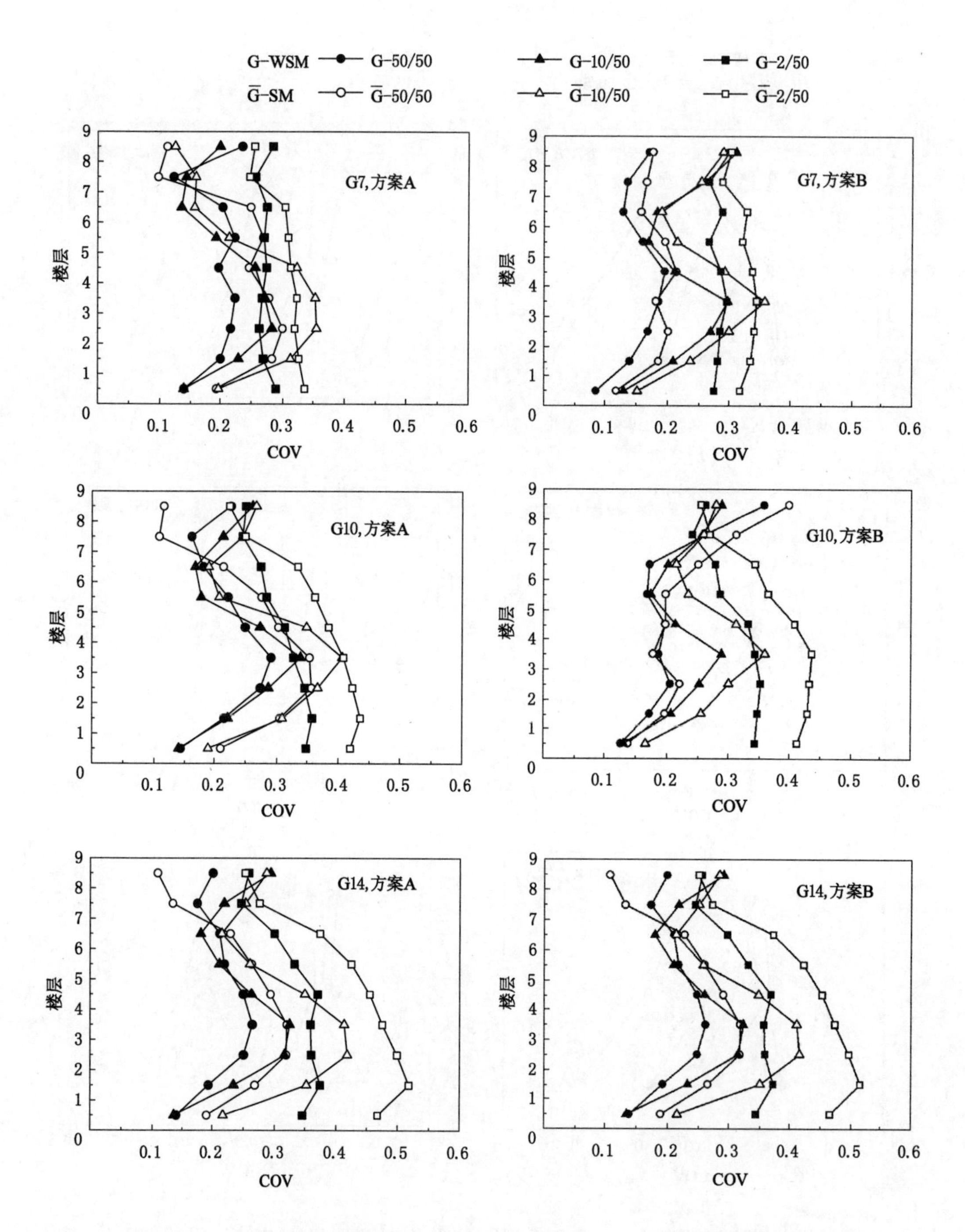

图 4-11　9 层结构方案 A 和方案 B 所得层间位移角的 COV(WSM 方法与 SM 方法)

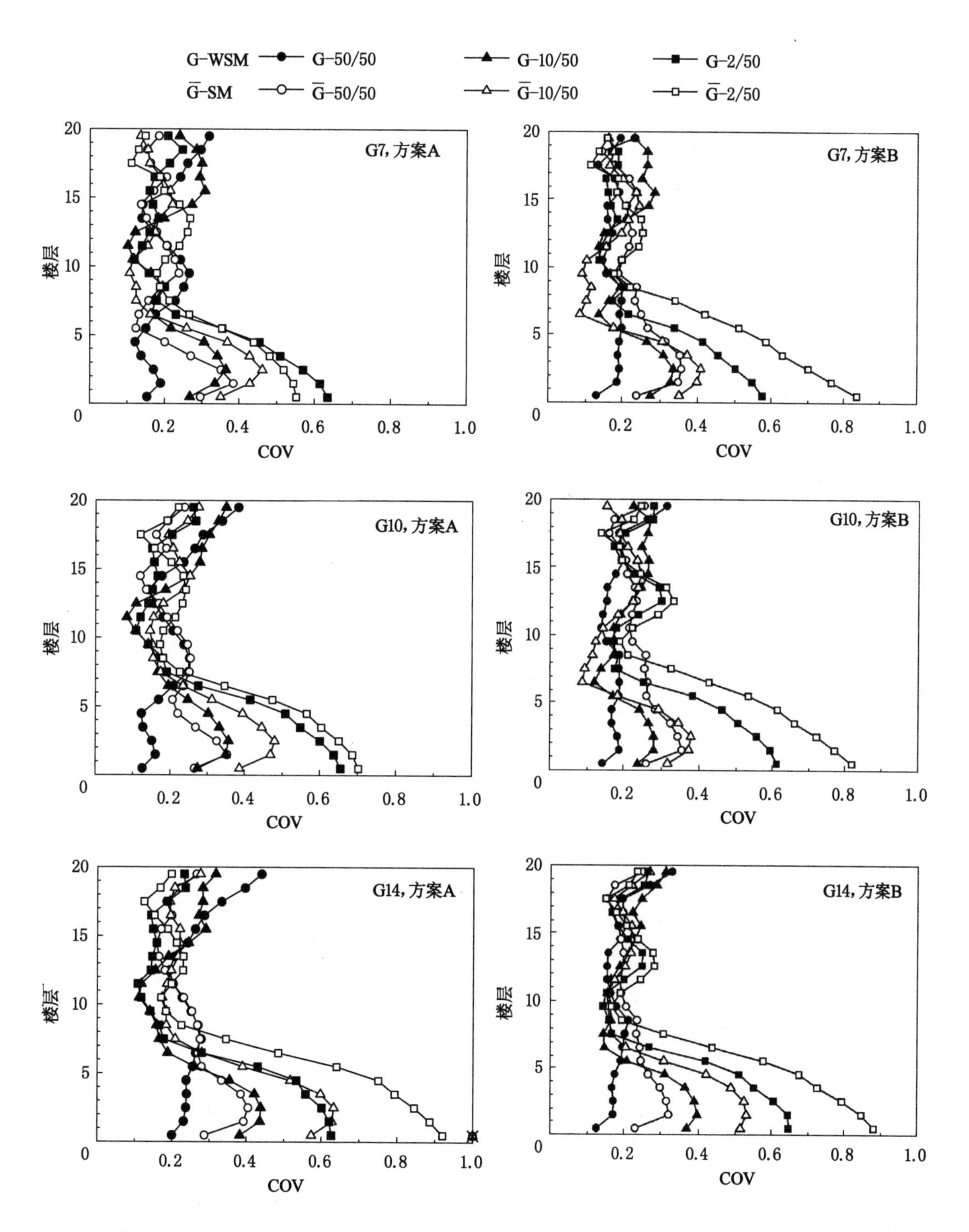

图 4-12 20 层结构方案 A 和方案 B 所得层间位移角的 COV(WSM 方法与 SM 方法)

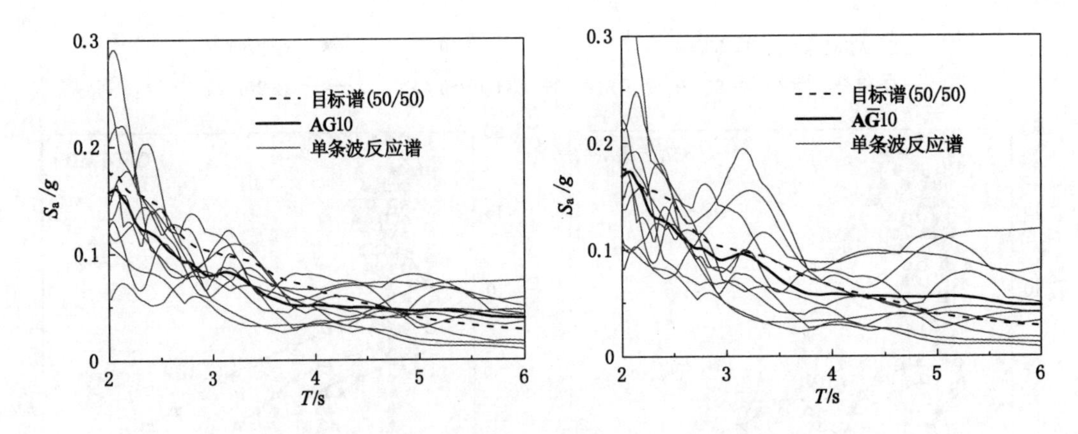

图 4-13　AG10 和 A$\bar{G}$10 反应谱聚拢趋势对比(20 层,50/50 为例)

4.4　Newmark 三联谱目标谱加权调幅选波方法

本节将第 2 章提出的以 Newmark 三联谱为 NM 方法与本章 4.2 节提出的加权调幅法相结合,深入探讨以 Newmark 三联谱为目标谱的方法中采用加权调幅法的可行性和必要性,本节称此方法为 WNM(weighted scaling method using Newmark spectra as target spectra)。

4.4.1　WNM 方法简介

WNM 方法的匹配误差 SSE_{WN} 和调幅系数 SF 可采用下式计算:

$$\mathrm{SSE_{WN}} = \sum_{i=1}^{m}\left\{\frac{\lambda_i \sum\limits_{T=\alpha T_{i+1}+\beta T_i}^{\alpha T_i+\beta T_{i-1}\ \mathrm{or}\ 1.5T_1}\left[\ln \mathrm{SF}\cdot PS_{\mathrm{v}}(T)-\ln PS_{\mathrm{v}}^{\mathrm{t}}(T)\right]^2}{\sum\limits_{i=1}^{m}\lambda_i}\right\} \tag{4-3}$$

$$\ln \mathrm{SF} = \frac{\sum\limits_{i=1}^{m}\left\{\lambda_i \sum\limits_{T=\alpha T_{i+1}+\beta T_i}^{\alpha T_i+\beta T_{i-1}\ \mathrm{or}\ 1.5T_1}\left[\ln PS_{\mathrm{v}}^{\mathrm{t}}(T)-\ln PS_{\mathrm{v}}(T)\right]\right\}}{\sum\limits_{i=1}^{m}\lambda_i k_i} \tag{4-4}$$

式中,k_i 为周期段$[\alpha T_{i+1}+\beta T_i,\alpha T_i+\beta T_{i-1}\ \mathrm{or}\ 1.5T_1]$内间隔 0.02 s 的周期点数;其余符号含义可参考式(4-1)和式(2-3)。

由第 2 章结论可知,当结构周期较长时,Newmark 目标谱较传统加速度目标谱具有更为明显的优势。因此,在本节 WNM 方法讨论中,仅以周期较长的 9 层和 20 层抗弯钢框架结构为分析模型。WNM 方法仍采用与第 2 章中 NM 方法相同的目标谱(图 2-3)。

为探讨 NM 方法中采用加权调幅与否对选波结果的影响,本节将 WNM 和 NM 方法进行对比。WNM 方法仍取附表 A-4 的 40 条备选地震波,WNM 和 NM 方法所得备选波的 SF 对比见图 4-14。除个别地震波外(13 号、23～26 号),WNM 的 SF 稍大于 NM 方法。

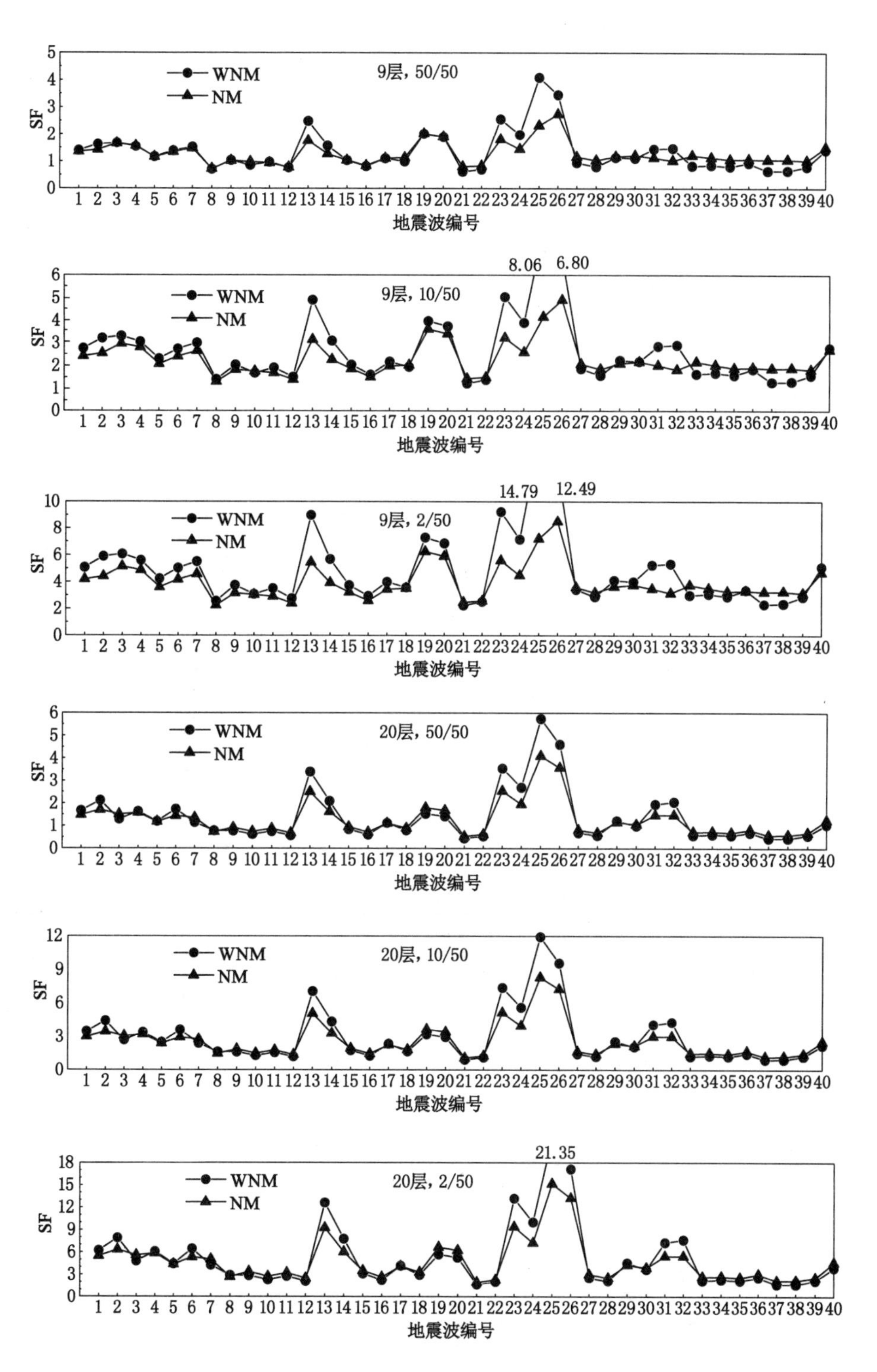

图 4-14 WNM 方法和 NM 方法所得 SF 对比

4.4.2 地震波调幅及分组

WNM 方法的排序仍参考 WSM 方法中的两种方案以及各分组命名方法：以 NM 方法所得的 SSE_N 和 SF 作为排序依据，称为方案 A；以 WNM 方法所得的 SSE_{WN} 和 SF 作为排序依据，称为方案 B。AG 表示采用 A 方案排序并按 WNM 方法调幅地震波；$A\overline{G}$表示采用 A 方案排序但是按 NM 方法调幅地震波，AG 和 $A\overline{G}$组包含的地震波分量相同。BG 和 $B\overline{G}$分组的定义与 AG 和 $A\overline{G}$分组的类似，只是采用了 B 方案排序。按照上述排序原则，前 14 名地震波分量见表 4-4，表中数字代表各地震波分量的编号，对应地震波信息参见附录 A 中表 A-4。由表可知，同一结构及超越概率下，前 14 名中有 11～13 个台站的地震波分量同时被方案 A 和方案 B 选中，可见当以 Newmark 三联谱为目标谱时，调幅方法考虑加权与否并不会影响地震波排序。

表 4-4　WNM 和 NM 方法所得备选波排序

排序	9层						20层					
	50/50		10/50		2/50		50/50		10/50		2/50	
	A	B	A	B	A	B	A	B	A	B	A	B
1	15	17	30	30	22	10	17	17	21	22	21	37
2	17	5	40	40	10	22	30	5	18	12	8	21
3	5	15	36	36	18	36	5	4	30	39	30	12
4	12	19	18	18	36	18	4	30	12	35	12	39
5	19	12	10	10	27	27	15	8	39	28	39	35
6	3	9	8	16	30	30	40	15	28	37	28	28
7	9	3	22	22	39	39	9	1	35	33	18	33
8	1	7	16	12	34	16	7	22	5	16	35	16
9	8	40	4	4	8	34	11	11	16	10	16	10
10	29	29	6	20	16	12	27	14	34	8	10	8
11	40	36	27	5	12	4	36	19	8	18	34	18
12	14	1	12	27	6	8	1	26	37	30	37	30
13	36	22	20	8	4	5	34	31	10	5	5	5
14	31	27	1	34	1	20	20	40	1	3	1	3

注：表中数字代表地震波编号，对应分量名称参见附录 A 中表 A-4。

4.4.3　结构反应对比分析

WNM与NM方法所得结构反应的对比结果与WSM和SM方法对比结果类似，排序方案A和方案B所得结构反应非常相近。因此，本节仅给出方案A的结果作为讨论依据。

4.4.3.1　*层间位移角相对误差*

图4-15给出了A方案9层和20层结构的各分组采用WNM和NM调幅方法所得层

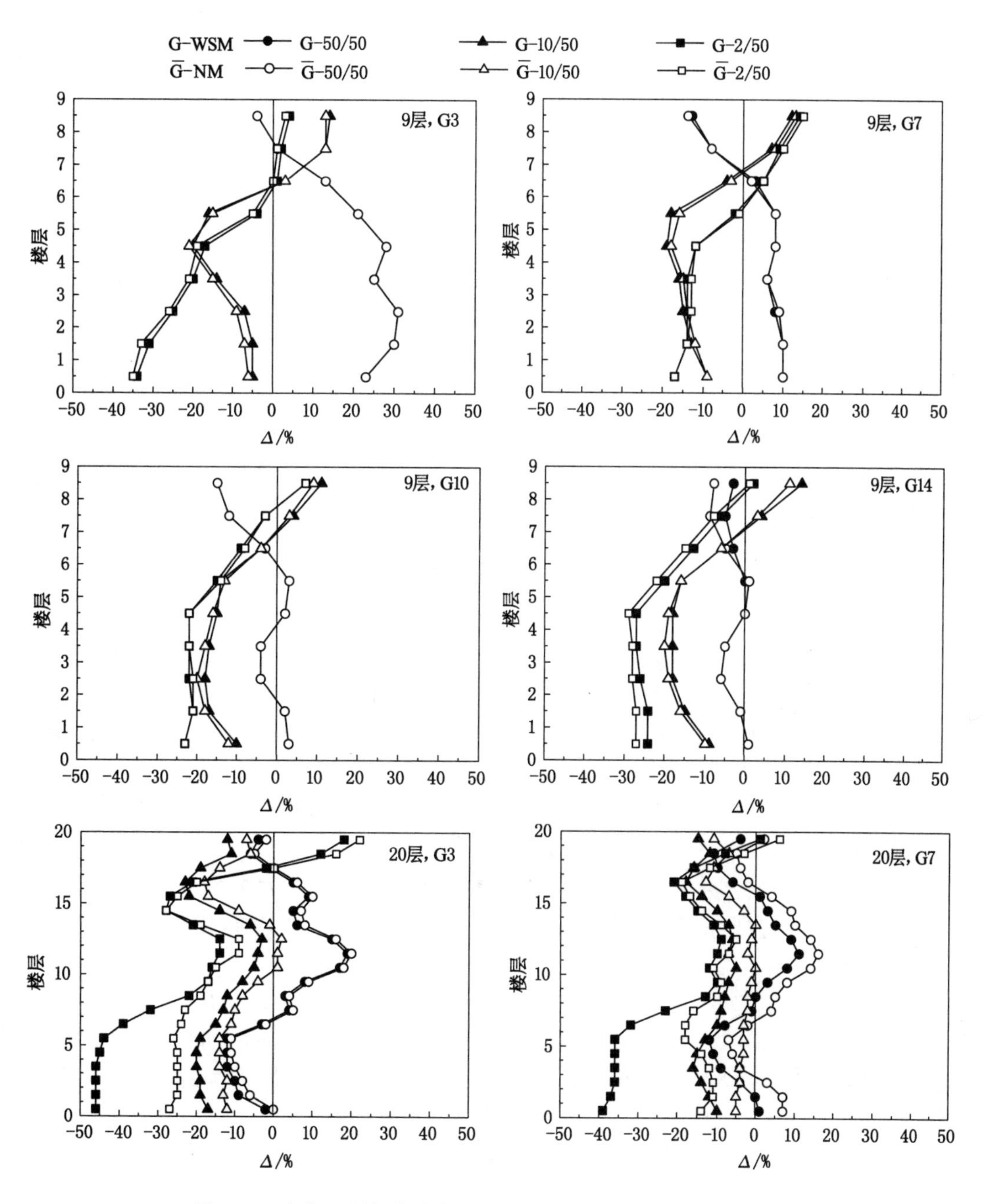

图4-15　方案A层间位移角的相对误差(WNM方法与NM方法)

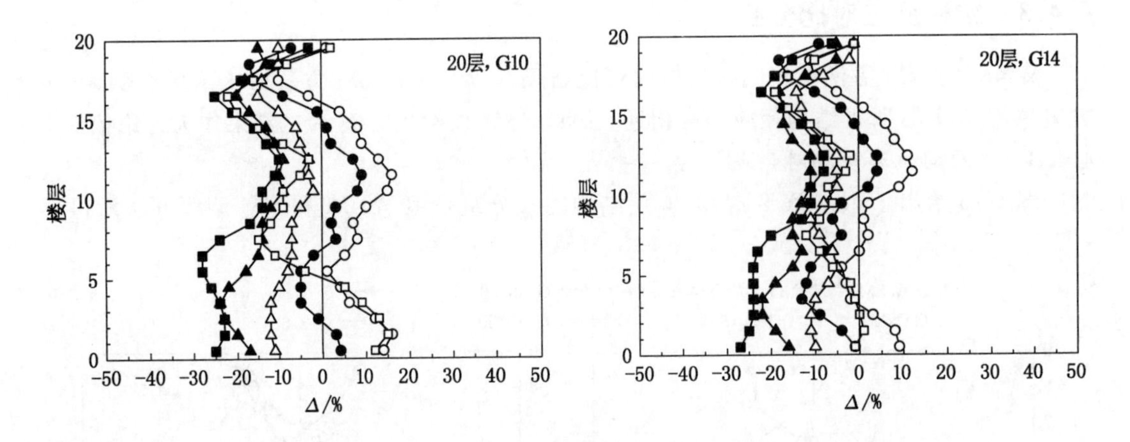

图 4-15(续)

间位移角(PIDR)均值的相对误差。对于 9 层结构,WNM 与 NM 方法的相对误差在各楼层处均非常相近(50 年超越概率为 50%时几乎在各楼层处均相等),各超越概率下均可保证各层处相对误差绝对值可控制在 20%之内。对于 20 层结构,WNM 方法相对误差的代数值在各楼层处均小于 NM 方法,除 50 年超越概率为 2%时在底部 1～5 层处两方法差别较大外,各分组在各楼层处两方法的差别不大,但从相对误差绝对值来看,NM 方法稍小于 WNM 方法。地震波数量为 3 条时 WNM 方法所得误差仍较大,7 条和 10 条是相对较为合理的地震波数量,这一点与对前述选波方法(NM、SM、WSM)的认知相同。

4.4.3.2　*层间位移角变异系数*

图 4-16 给出了 A 方案 9 层和 20 层结构在各超越概率下各分组的层间位移角变异系数(COV)沿楼层的分布。由图可知,当 50 年超越概率为 50%和 10%时,WNM 方法与 NM 方法所得各分组的 COV 在各楼层处差别不大;但当 50 年超越概率为 2%时,WNM 方法所得 COV 在各层处多为小于 NM 的情况,且对于 20 层结构,二者的差距较 9 层结构更为明显,尤其在底部的薄弱层附近。由此可见,当结构周期较长且非线性程度较高时,采用 WNM 方法可进一步降低结构反应的离散性,如 50 年超越概率为 2%时,20 层结构最大层间位移角 COV,采用 WNM 方法比 NM 方法可降低 30%左右,与传统的 SM 方法对比(图 2-19),WNM 方法可降低 50%左右。

从总体来看,WNM 方法预估结构反应均值的准确性与 NM 方法相同,这一规律也不会受到结构非线性程度、排序方案以及地震波数量的影响,当结构周期较长(20 层结构)时,WNM 方法在降低结构反应离散性方面较 NM 方法略有优势。

WNM 方法具有降低结构反应离散性的优势的原因与 WSM 方法类似。图 4-17 给出了 A 方案 3 种超越概率下优选 7 条地震波分组的反应谱的 COV。由图可知,WNM 方法各分组反应谱在结构一阶周期处(图中竖线位置)的 COV 均小于 NM 方法的。同样,在方案 B 中也具有该规律。

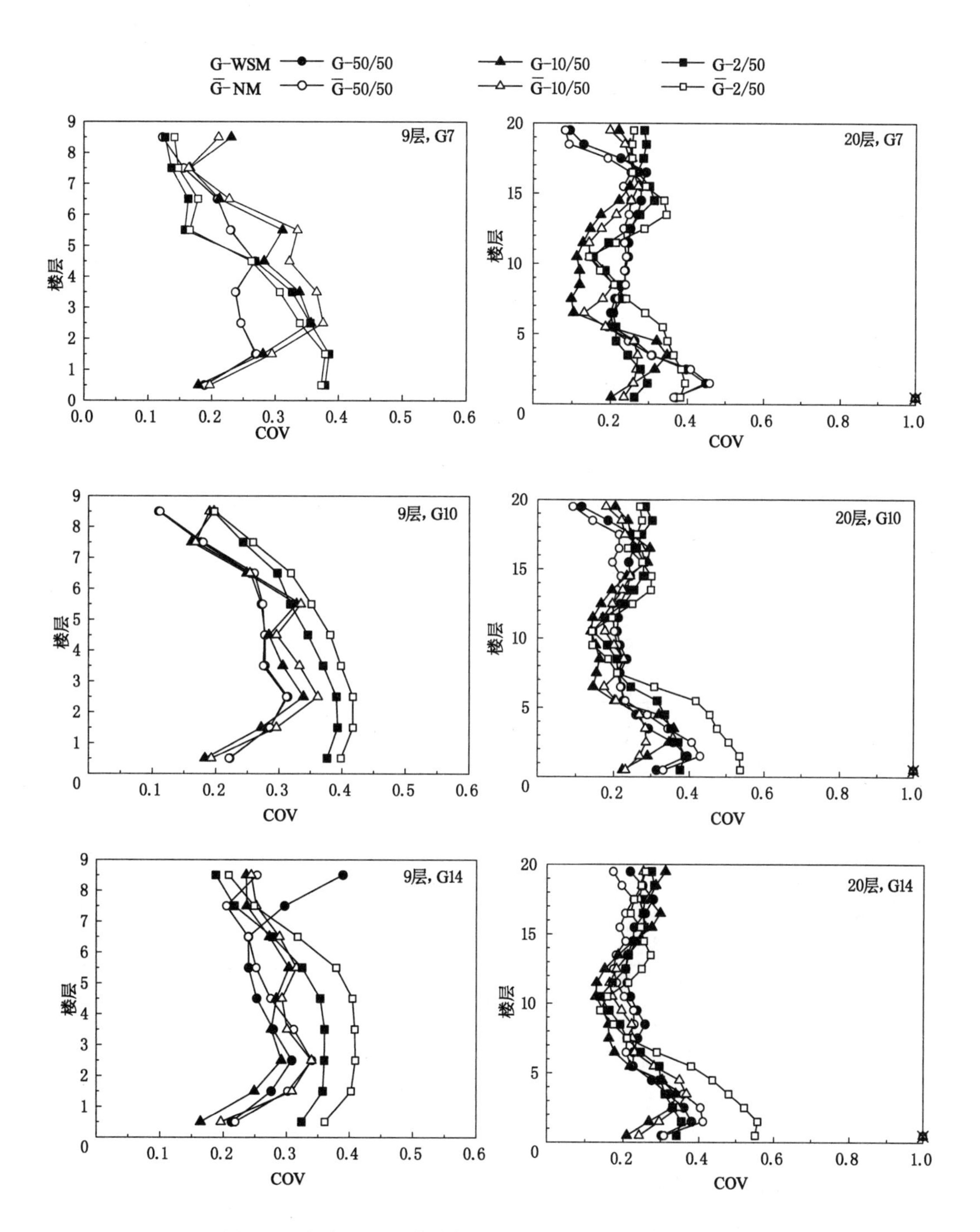

图 4-16　方案 A 层间位移角的 COV(WNM 方法与 NM 方法)

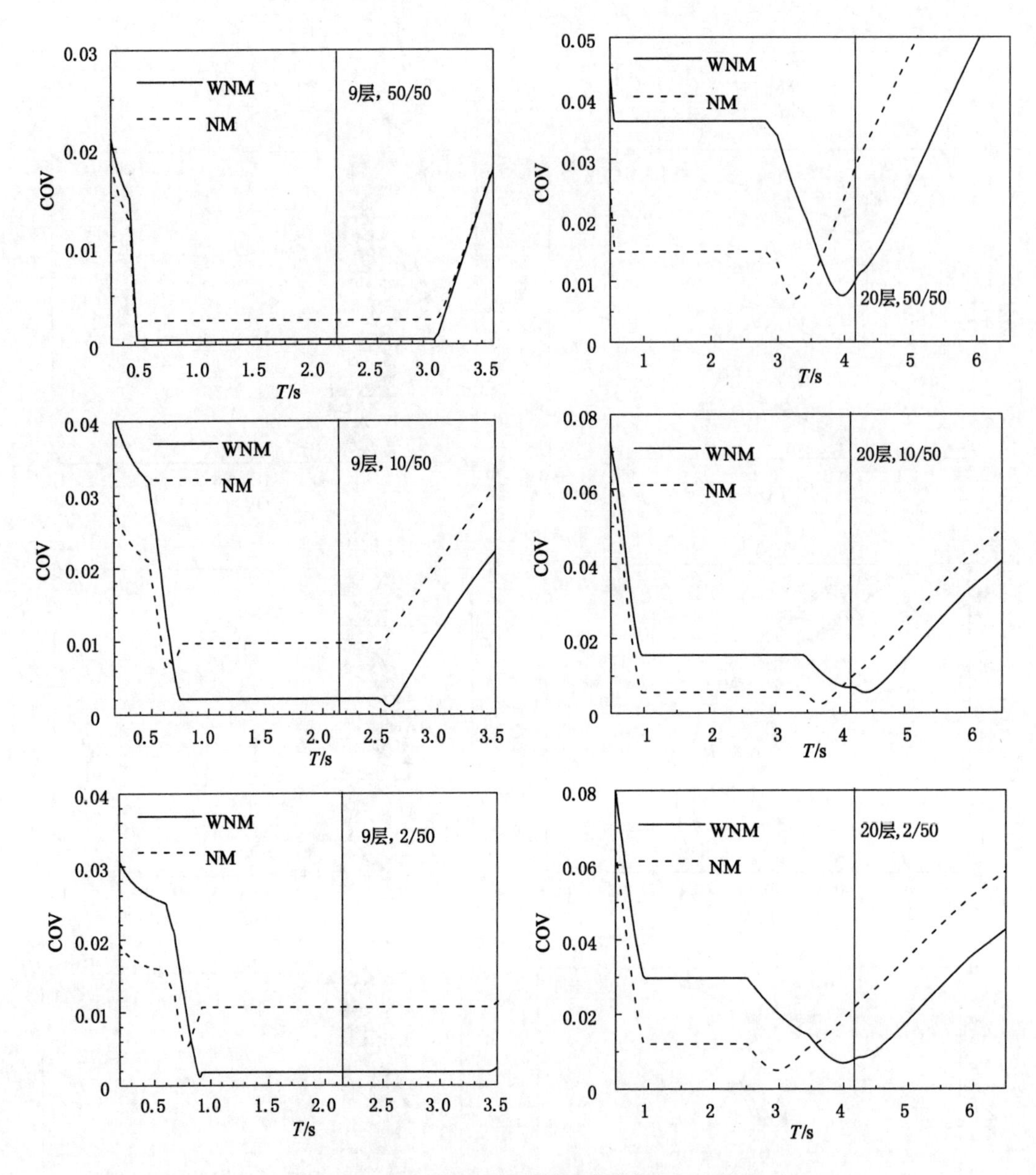

图 4-17 WNM 与 NM 所得反应谱的 COV 对比
(以 A 方案 7 条地震波分组为例)

4.5 加权调幅法探析

4.5.1 钢筋混凝土高层结构模型

上述关于加权调幅法的研究仅是基于抗弯钢框架结构为案例开展的初步研究,为进一步深入探讨目标谱选择、人工波与天然波以及备选波数据库容量对于加权调幅法的影响,本节增加了钢筋混凝土高层结构为实例，开展了更为深入的对比研究。

本节以 15 层(图 4-18)和上述 30 层(图 3-10)钢筋混凝土框架-剪力墙结构以及 44 层钢筋混凝土框架-筒体结构(图 4-19)为例，它们均位于 8 度地震烈度区(0.2g)、Ⅱ类场地。模型详细信息也可参考文献[137]。

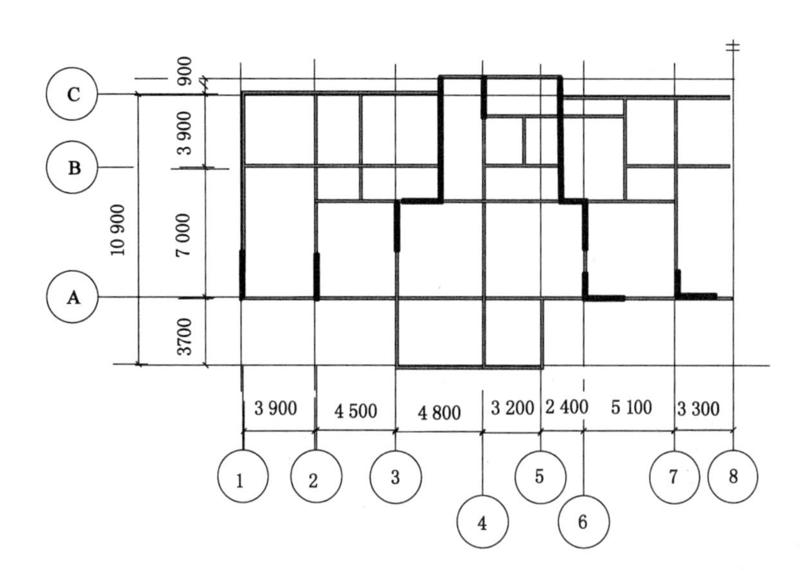

图 4-18　15 层框架-剪力墙结构标准层平面图

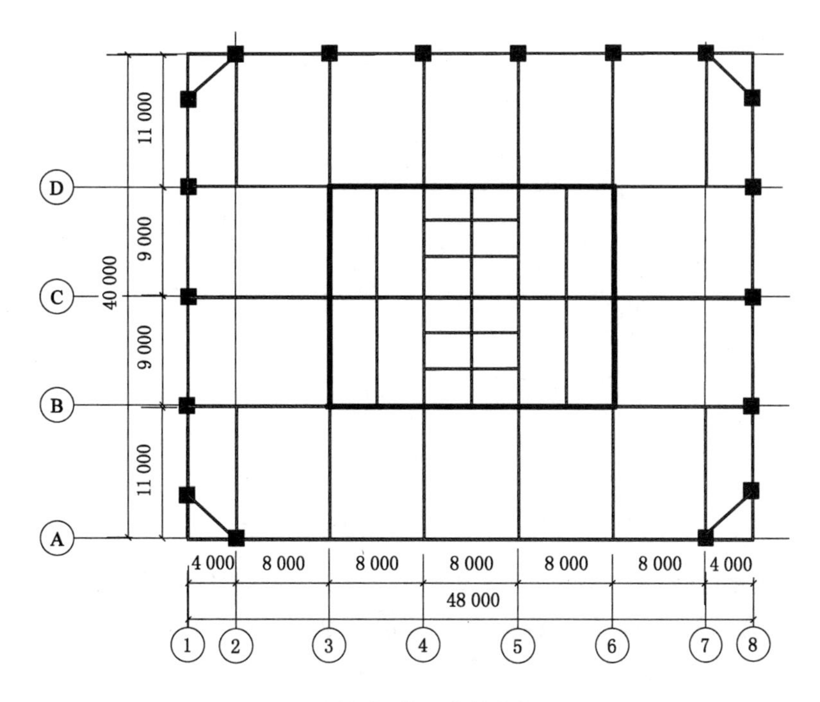

图 4-19　44 层框架-核心筒结构标准层平面图

4.5.2 目标谱的影响研究

以抗震规范设计谱[33]和区划图反应谱[138-139]为目标谱,分别采用加权和等权方法对结构的最大层间位移角的均值和 COV 进行了对比(图 4-20 和图 4-21)。因 44 层结构周期较长($T_1 = 4.23$ s),目标谱的长周期无法确定至 $1.5T_1$(大于规范设计谱上限 6.0 s),因此采用了谱值水平延拓的方法,即将 6.0 s 之后的谱值均取 6.0 s 处的谱值。考虑 8 度罕遇地震作用,基于 SUSAGE 软件进行时程分析,备选地震波仍选取 20 个台站 40 条地震波(水平双向),见附录 A 中表 A-4。选取由式(4-1)计算的误差指标 SSE_W 最小的 7 条地震波作为时程分析输入。

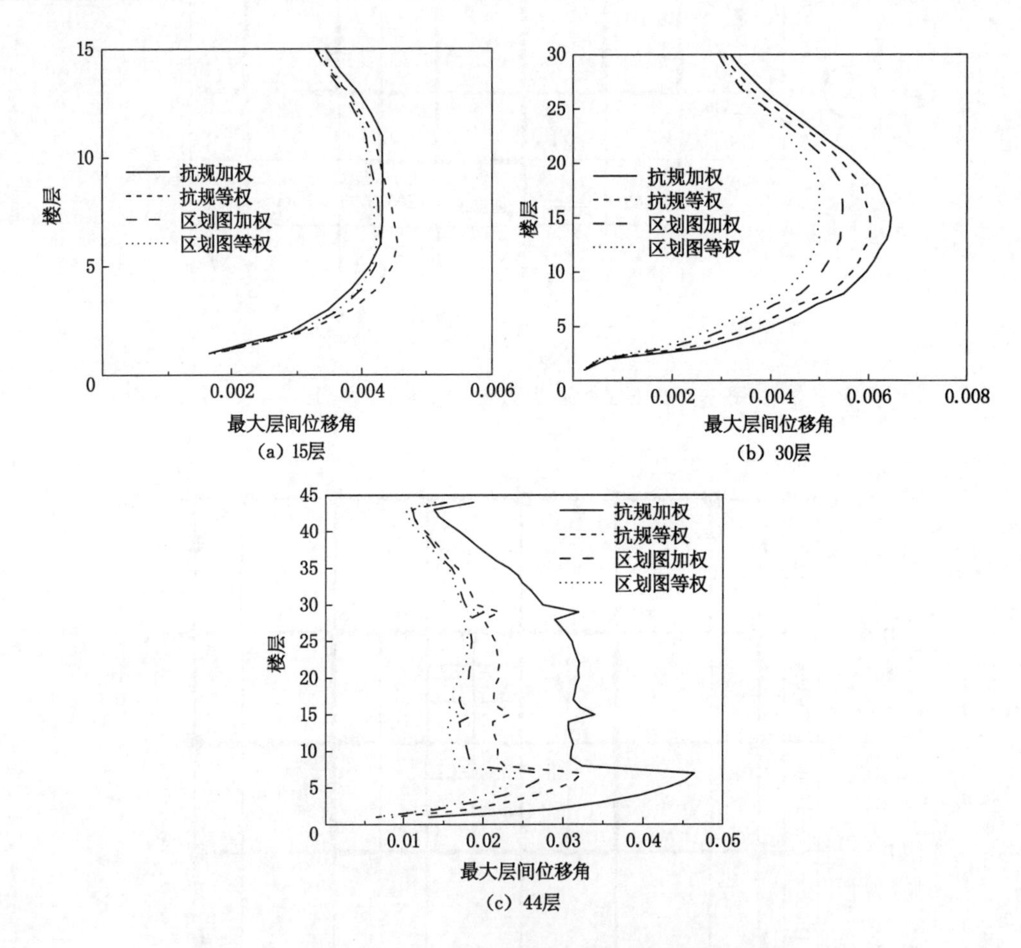

图 4-20 加权与等权方法基于两种目标谱时最大层间位移角均值

由图 4-20 可知,44 层结构采用以抗震规范设计谱为目标谱的加权调幅法所得最大层间位移角明显较大,原因在于目标谱在长周期段的人为修正及水平延拓,使谱值出现明显的失真。除此之外,其他情况下所得最大层间位移角均比较相近,相对误差均在±10%以内。在降低结构反应离散性方面,由图 4-21 可知,对于这两种目标谱,加权方法的 COV 均低于等权方法,尤其对于长周期结构(如 44 层),加权方法可使 COV 降低至等权方法的 50%左右,证明了加权调幅法在降低结构反应离散性方面存在明显优势。

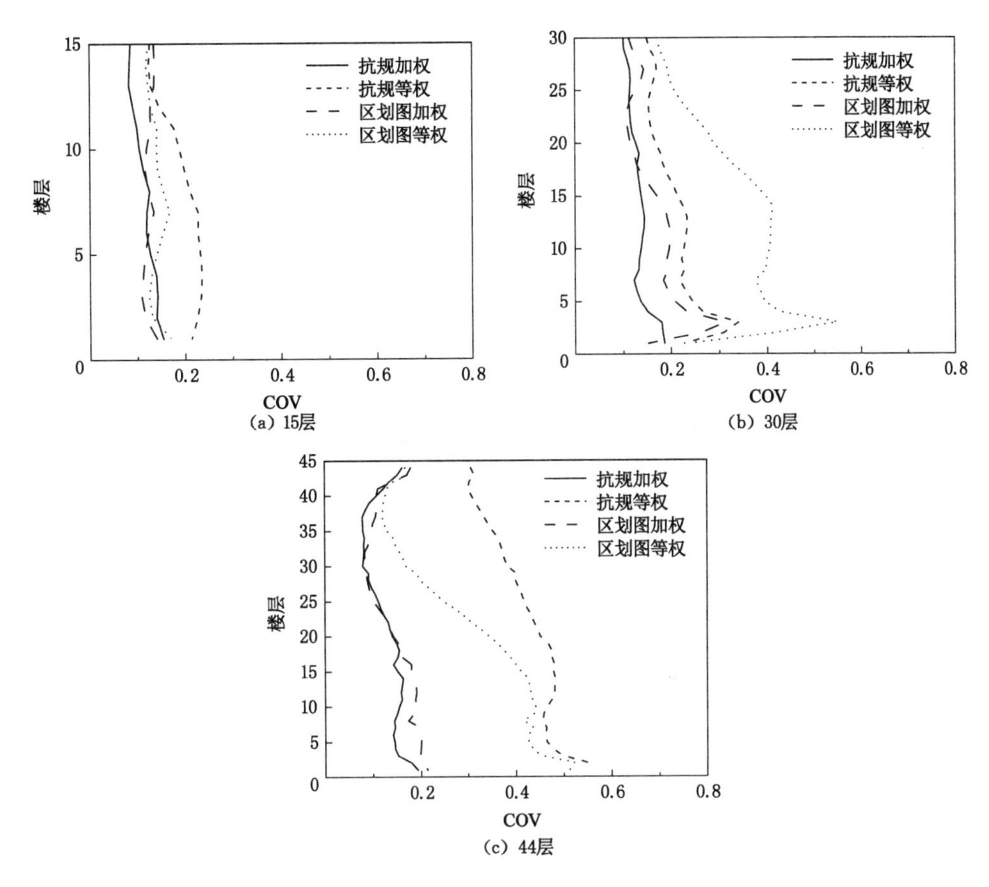

图 4-21　加权与等权方法基于两种目标谱时最大层间位移角的 COV

4.5.3　天然波与人工波的比较

以上选波研究中，备选波均出自天然强震记录数据库。基于小波算法[140]确定的人工波的反应谱可以在匹配周期范围内实现与目标谱的良好匹配，目前被公认为是估计结构反应均值效果最好的地震波，美国规范 ASCE 7-16 也明确地将基于小波算法取得的人工波作为备选地震波。但人工波也存在一定弊端，如其反应谱在超出匹配周期范围时会出现明显的畸变以及无法表征脉冲效应等。以我国台湾地区集集地震的地震波 TCU042-W 为例，图 4-22 中原始波经幅频调整后，在匹配周期以外(4.5 s 之后)出现了明显的偏移。因此，有必要将基于天然波选波的加权调幅法与基于小波算法生成的人工波方法进行比较，从而更为客观地评判加权调幅法在估计结构反应均值方面的准确性。

以 8 度地震烈度区(0.2g)罕遇地震作用的抗震规范设计谱为目标谱，将加权调幅法选择的天然波与基于小波算法[140]开发的 SeismoMatch 程序生成的人工波输入下(各 7 条)，结构时程分析结果进行比较。在这部分比较中还另外考虑了冀昆等[82]建议的与 8 度地震烈度区(0.2g)罕遇地震作用的抗震规范设计谱具备完全匹配的 7 条天然波作为输入。

图 4-23 和图 4-24 给出了前述结构的最大层间位移角均值和 COV 沿楼层的分布情况。由最大层间位移角均值可知，对于 15 层和 30 层钢筋混凝土结构，人工波方法和冀昆方法比

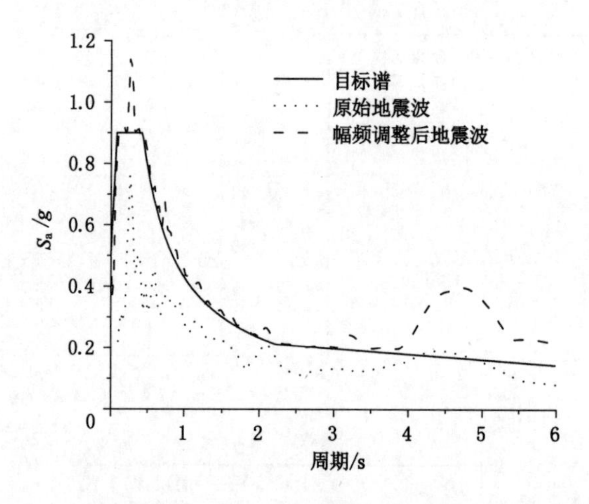

图 4-22　调幅后人工波与目标谱的匹配(TCU042-W 为例)

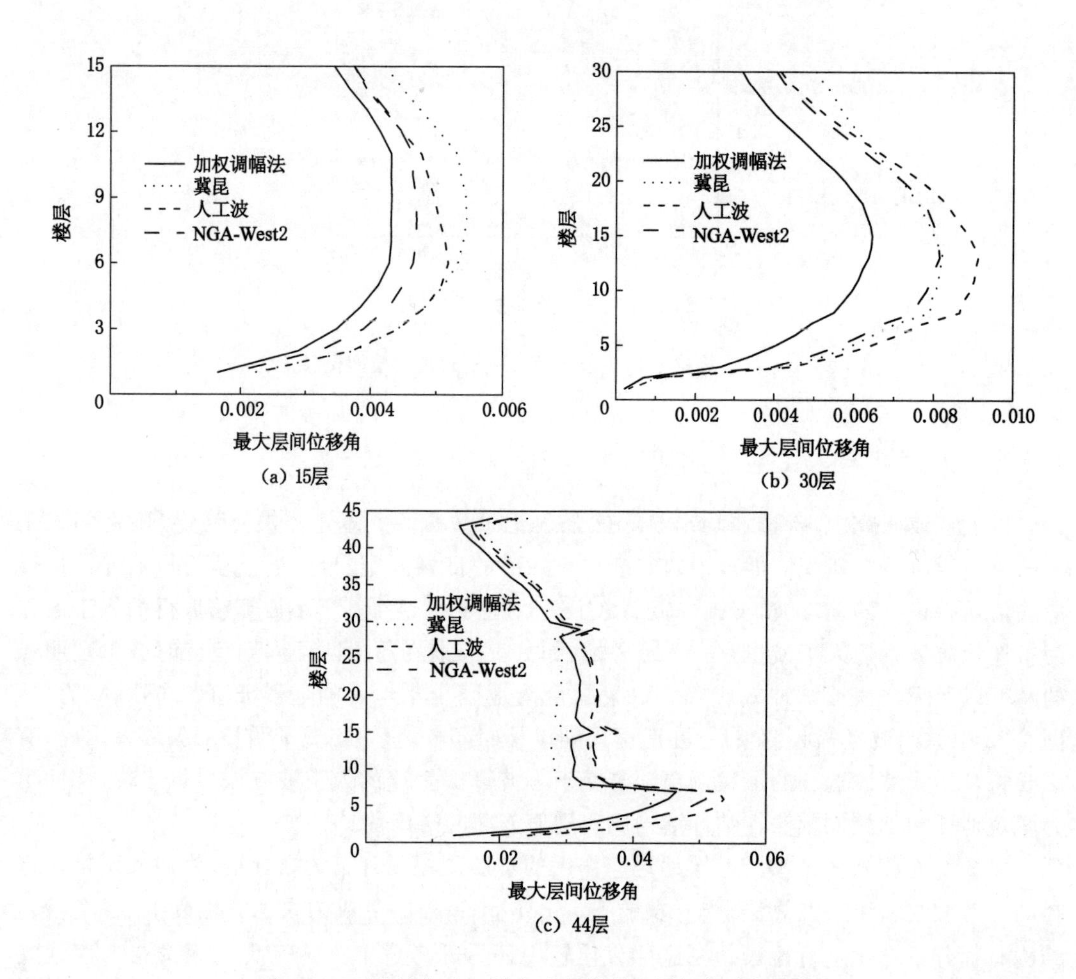

图 4-23　天然波与人工波方法所得最大层间位移角均值

较相近且稍大于加权调幅法；当建筑高达44层时，虽然3种方法选取的地震动记录并不相同，但他们所得最大层间位移角均值沿各楼层却非常地一致。由此可见，天然波和人工波方法所得结果较为一致，尤其对于长周期结构，加权调幅法和冀昆建议的地震波在估计结构反应均值方面均具有较高的准确性。由最大层间位移角的COV对比可知，加权调幅法和人工波方法所得3个结构的COV均较相近，且均明显小于冀昆方法。因此，加权调幅法和人工波方法在降低结构反应离散性方面均较有优势，加权调幅法在估计结构反应均值方面离散性仍然较低。

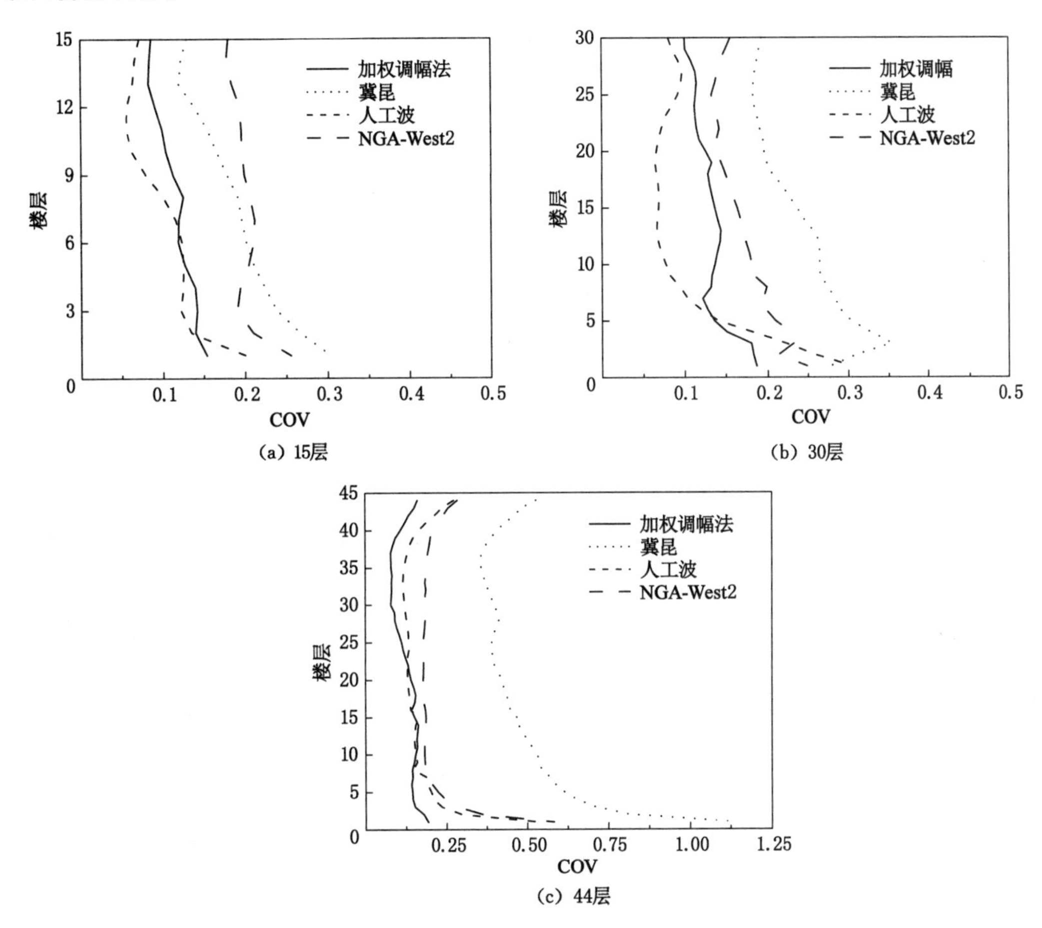

图4-24 天然波与人工波方法所得最大层间位移角的COV

4.5.4 备选波数据库容量的影响

前文提到的加权调幅选波方法的研究是在40条小型备选地震波数据库中完成的，样本(地震波)容量的大小是否会影响选波研究的效果也是一个值得关注的问题。本节将NGA-West2强震数据库中的选波工具模块引入，并与加权调幅法、冀昆方法和人工波方法等的结构时程分析结果进行对比。

利用NGA-West2强震数据库网站(https://ngawest2.berkeley.edu/)可自定义目标谱及选波限制条件等，其匹配误差是基于最小二乘法进行计算的。该数据库的选波模块是在对数坐标下完成,作者在文献[141-142]中已经指出算术和对数坐标下谱匹配选波的不同,后者会更多兼顾长周期段的贡献,而前者则必须要考虑权重系数(即本书的加权调幅法)。因此,基于该数据库在对数坐标下选波,权重系数的作用是有限的。关于坐标选择对于选波的影响将在第 5 章进行详细介绍。

仍以我国 8 度地震烈度区(0.2g)罕遇地震作用的抗震规范设计谱为目标谱,基于 NGA-West2 强震数据库优选 21 条地震波输入所得结构时程反应见图 4-23 和图 4-24。由图可知,几种方法所得最大层间位移角均值没有明显差别,大样本容量所得结构反应会稍大于小样本容量,且与人工波方法非常相近。由 COV 的对比关系可知,本书关于加权调幅法研究的结论是具备一般性的。

4.5.5 输入地震波数量的影响

为进一步探讨地震波数量对选波研究的影响,本小节将前文基于 NGA-West2 数据库优选的 21 条地震波随机等分成 3 组(每组 7 条地震波),将 21 条地震波组与 7 条地震波的 3 个随机组以及加权调幅法(7 条地震波)和冀昆方法(7 条地震波)所得最大层间位移角进行对比。由于人工波方法是公认的估计结构反应均值效果最好的地震波,因此以人工波方法所得最大层间位移角均值为基准(图 4-23),将上述几种分组所得最大层间位移角均值相对于人工波方法的相对误差进行对比,如图 4-25 所示。

由图可知,NGA-West2 方法(21 条地震波)与人工波方法(7 条地震波)的最大层间位移角均值非常接近,3 个结构的相对误差均在±20%以内,尤其对于 44 层结构,两者结果沿各楼层均非常一致。再对比 3 个随机组,它们的相对误差也均可控制在±20%以内。加权调幅法与冀昆方法的相对误差较 NGA-West2 方法稍大,但冀昆方法的相对误差总体仍可控制在±20%以内,加权调幅法的相对误差也仅是在 30 层结构的下部楼层(10 层以下)较大,在 30%～40%。总体来说,选取 7 条地震波的各个分组与 21 条地震波组的结果均较为接近,且相对误差也可控制在合理范围内,因而认为 7 条是时程分析选波较为合理的地震波数量。

4.5.6 减隔震结构的适用性

现有选波方法大多针对普通的底部固端结构(非隔震结构),对于减隔震建筑的地震动输入问题仍鲜有研究[69,141-143]。由于减隔震建筑中的隔震器件在强震中会产生塑性反应,对此类结构进行抗震设计必然要进行时程分析。因此,关于减隔震结构时程分析的地震波选择问题很有必要开展研究。

以某 4 层和 5 层的隔震结构为例(图 4-26 和图 4-27),仍考虑 8 度罕遇地震作用(0.2g),Ⅱ类场地。采用加权调幅法与冀昆方法和人工波方法进行地震波选择,对结构反应以及隔震支座反应进行对比分析,如图 4-28～图 4-30 所示。

研究表明,3 种方法所得上部结构最大层间位移角均值沿楼层的分布规律基本一致,但对薄弱层位置的估计有所不同,最大值之间仍有 6%～52%的差距;3 种方法所得隔震层支座的最大反应均值相差不大,相对误差在 13%～29%。就本书算例来看,加权调幅法在减隔震结构的时程分析中也具有可行性,但目前的适用性研究尚处于起步阶段,仍需深入开展。

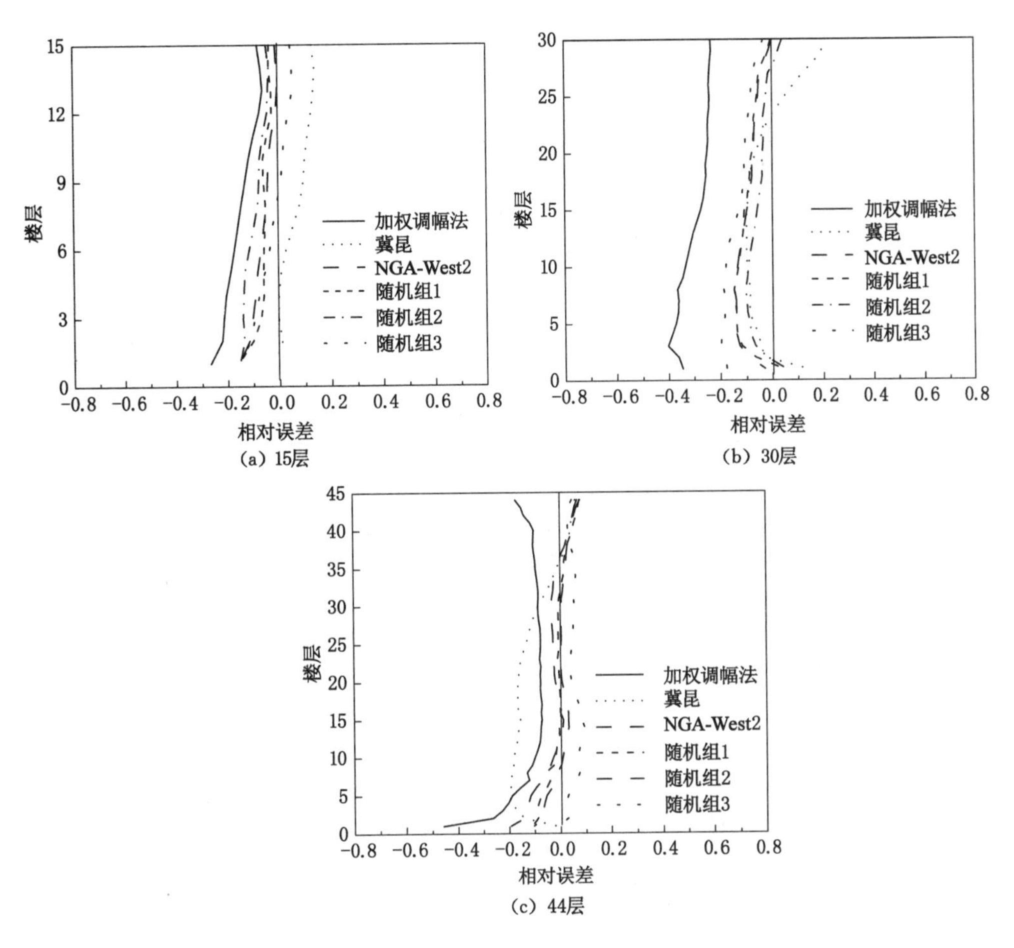

图 4-25 各数量分组所得最大层间位移角的相对误差

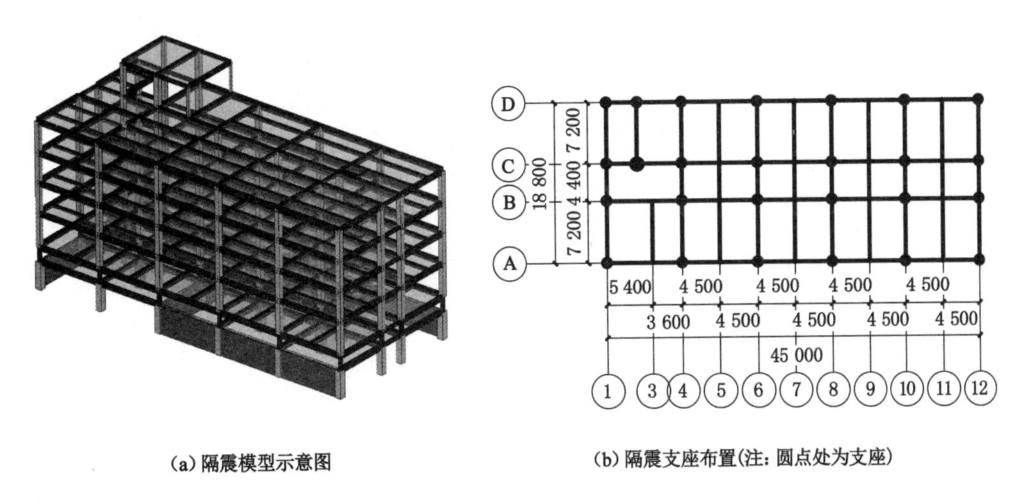

图 4-26 4 层隔震结构模型与支座布置

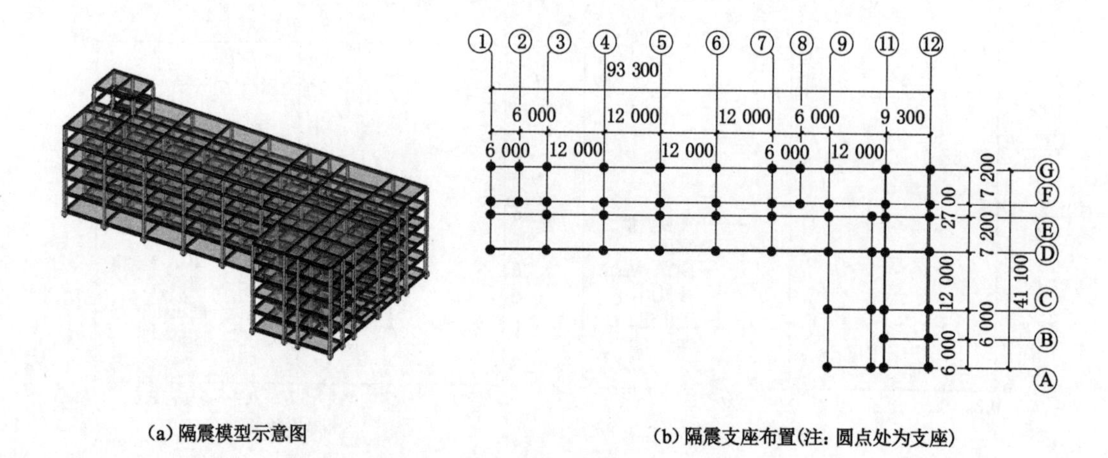

图 4-27　5 层隔震结构模型与支座布置

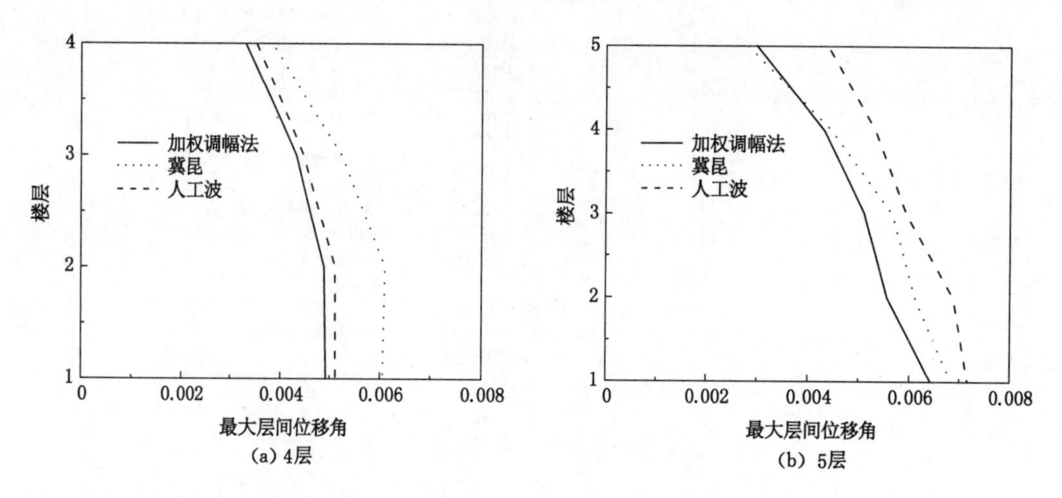

图 4-28　隔震结构最大层间位移角均值

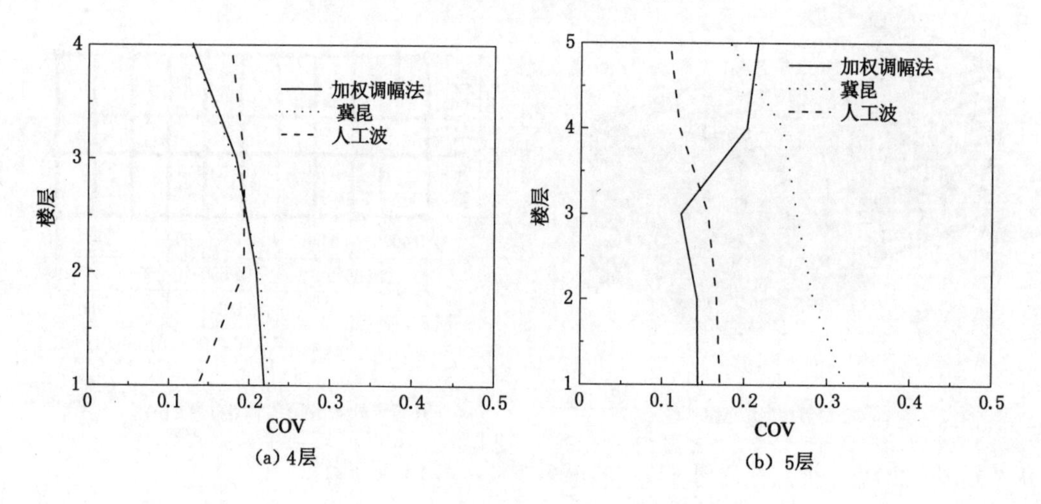

图 4-29　隔震结构最大层间位移角 COV

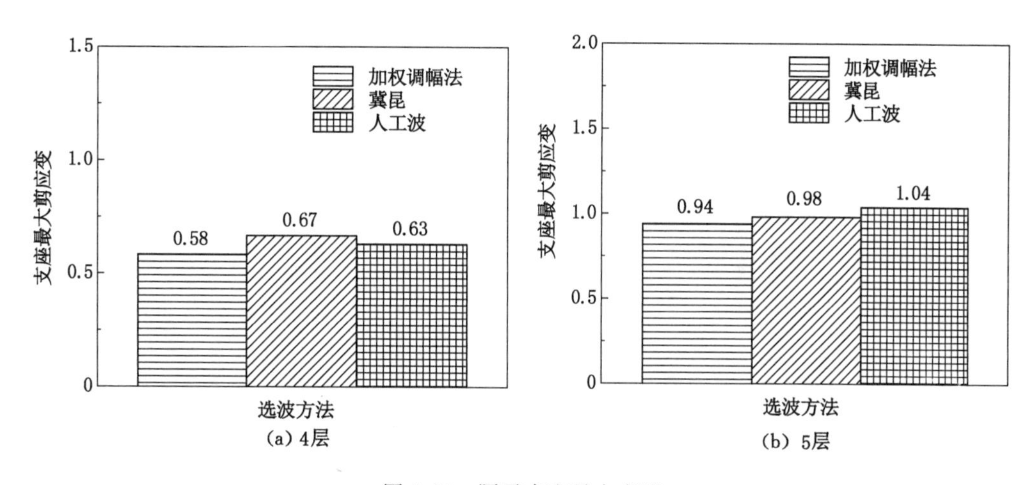

图 4-30　隔震支座最大变形

4.6　本章小结

本章针对谱匹配提出了一种"加权调幅"选波方法，即在计算所选波反应谱与目标谱的匹配误差指标和地震波调幅系数时，在较宽的周期范围内采用了加权形式的最小二乘法，引入了由归一化振型(质量)参与系数确定的权重系数，以充分考虑高阶振型对结构地震反应的不同贡献。仍以"美国联合钢结构计划"中提出的 3 组不同地震危险性水平(超越概率)下地震波的平均加速度反应谱为目标谱，以该计划提出的 3 层、9 层和 20 层抗弯钢框架结构为分析模型。将加权调幅法用于传统的加速度目标谱方法(WSM 方法)，并与等权方法(SM 方法)进行对比，分析了结构时程分析结果的差异。还将加权方法与 Newmark 目标谱结合(WNM 方法)进行了讨论。最后，以 3 个钢筋混凝土高层结构为例，对 WSM 方法展开了更为深入的探讨。主要针对以加速度反应谱为目标谱的加权调幅选波方法(WSM 方法)认识如下：

(1) WSM 方法所得地震波的调幅系数 SF 与 SM 方法相差不大，且其受结构动力特性的影响也较为有限，除个别地震波外，同一地震危险性水平(超越概率)下，各结构所得 SF 差别不大。

(2) 加权调幅选波方法在估计结构反应均值方面与通常的等权方法具有相同的准确性。当地震波数量取 7 条和 10 条时，各方法均可保证结构反应相对误差绝对值控制在 20%以内。

(3) 加权调幅选波方法的主要优势是，可以有效降低非线性时程反应分析结果的离散性，提高结构反应预估结果的可靠度。这一优势不会受到结构动力特性、非线性程度、排序方案以及地震波数量的影响。

(4) 加权调幅法与国内学者、人工波方法以及 NGA-West2 强震数据库选波模块方法的比较研究表明，加权调幅法在估计结构反应均值方面具有可靠的准确性，并进一步明确了其优势在于可明显降低结构反应的离散性。这种优势也不会受到目标谱选择的影响。

(5) 加权调幅法已初步用于减隔震结构的时程分析，现有算例分析表明，该方法具有一定的适用性。

5 地震波选择在算术与对数坐标下的差异性研究

5.1 引 言

在地震波选择的谱匹配过程中，通常采用备选波反应谱与目标谱值间的误差平方和或广义均方根误差作为评判匹配程度的量化指标。备选波反应谱与目标谱值有的采用算术值（算术坐标），有的采用对数值（对数坐标）。前者如本书讨论的 SM 方法和 WSM 方法，后者如本书提出的 NM 方法。工程师们通常以规范设计谱作为目标谱，对算术坐标比较熟悉及乐于接受。在概率地震危险性分析（PSHA）中，反应谱的衰减关系通常采用对数坐标进行表述，如一致概率谱（UHS）和条件均值谱（CMS），当以它们作为目标谱进行谱匹配计算时，要采用对数值。

对于同一条地震波，谱匹配时采用算术值和对数值所得的调幅系数是否一致？针对同一目标谱，采用两种坐标值所选地震波以及所得到的结构反应结果又是否相同呢？关于这些问题尚缺少相关的研究及认识。为此，本章将深入探讨谱匹配中采用不同的坐标值，对地震波调幅以及结构时程分析结果造成的差异性影响。

5.2 算术与对数坐标下的谱匹配

本章仍采用线性调幅，并且利用最小二乘法进行谱匹配计算；评判反应谱与目标谱间匹配程度的误差指标，并且采用误差平方和的形式。

在算术坐标下，匹配误差 SSE_a 和调幅系数 SF 的计算公式如下：

$$SSE_a = \sum_{i=1}^{n} [SF \cdot S_a(T_i) - S_a^t(T_i)]^2 \tag{5-1}$$

$$SF = \frac{\sum_{i=1}^{n} [S_a^t(T_i) \cdot S_a(T_i)]}{\sum_{i=1}^{n} [S_a(T_i)]^2} \tag{5-2}$$

式中，$S_a(T_i)$和 $S_a^t(T_i)$分别为备选波反应谱和目标谱在 T_i 周期点对应的谱值。

在对数坐标下，匹配误差 SSE_L 和调幅系数 SF 的计算公式如下：

$$SSE_L = \sum_{i=1}^{n} \{\ln[SF \cdot S_a(T_i)] - \ln S_a^t(T_i)\}^2 \tag{5-3}$$

$$\ln SF = \frac{1}{n}\sum_{i=1}^{n} [\ln S_a^t(T_i) - \ln S_a(T_i)] \tag{5-4}$$

式中,符号含义同前。

为探讨不同坐标体系下谱匹配结果的不同,本章均采用加速度反应谱作为目标谱,以不失一般性,谱匹配计算也不考虑加权系数。为简化表述,算术坐标下反应谱采用算术值形式的谱匹配方法,称为 ASM 方法(using arithmetic values of response spectra in spectral matching,与第 2 章的 SM 方法一致);对数坐标下反应谱采用对数值形式的谱匹配方法,称为 LSM 方法(using logarithmic values of response spectra in spectral matching)。

当目标谱采用 3 组 SAC 波(附录 A 中表 A-1～表 A-3)的均值反应谱时,图 5-1 比较了两种坐标体系(算术比例和对数比例)下的目标谱。由图可知,两种坐标体系下的加速度反应谱形有所差异:算术坐标比例下,短周期段谱值明显高于长周期段;而对数坐标比例下,谱形则相对平缓。这符合我们通常认识的对数坐标可以缩小量级之间差别的认知。

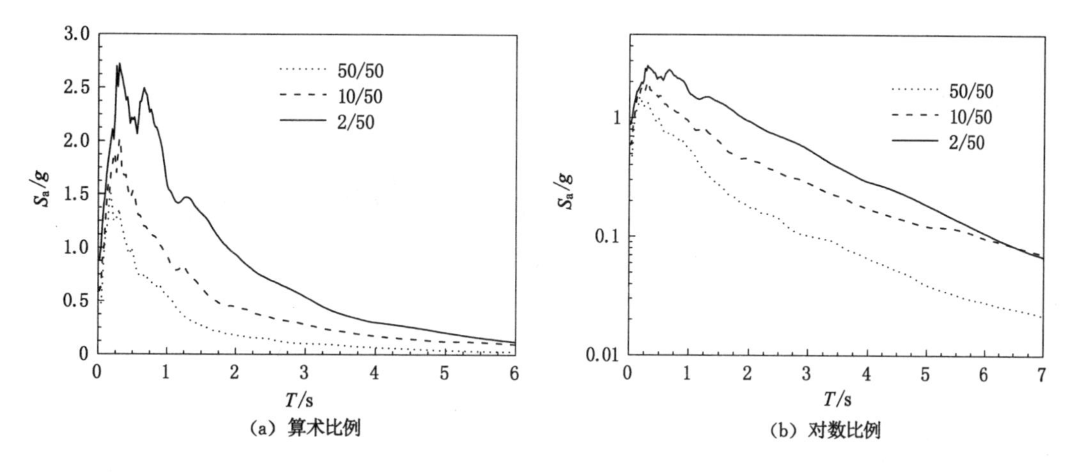

图 5-1　算术和对数比例下的目标谱(阻尼比为 2%)

5.3　地震波调幅的对比分析

本章仍采用“美国联合钢结构计划”的 3 层、9 层和 20 层抗弯钢框架结构为分析实例,以 3 组 SAC 地震波平均加速度反应谱作为目标谱(图 5-1)。

5.3.1　地震波调幅系数的比较

本节仍采用与前文相同的 40 条备选地震波(附录 A 中表 A-4)。图 5-2 给出了 3 个结构在各超越概率下 LSM 方法所得 40 条备选地震波的调幅系数 SF 相对于 ASM 方法的误差。注意,这里不同结构模型仅影响反应谱的匹配周期范围。由图可知,3 层结构在各超越概率下几乎所有地震波的相对误差均为正值;9 层和 20 层结构虽然在 50 年超越概率 50% 时出现了负值,但也有近乎一半的地震波仍为正值。总的来说,LSM 方法所得的 SF 明显大于 ASM 方法,相对误差甚至高达 50%～200%。此外,SF 的相对误差还会随着地震危险性水平的提高而增大(20 层结构 50 年超越概率 2%时除外)。

在计算 SF 时,Baker[8] 曾指出匹配周期段内离散周期点数量须大于 50 个,对于本节的匹配周期段,周期点间隔 0.05 s 即可满足要求。本节以 50 年超越概率 2%的 20 层结构为

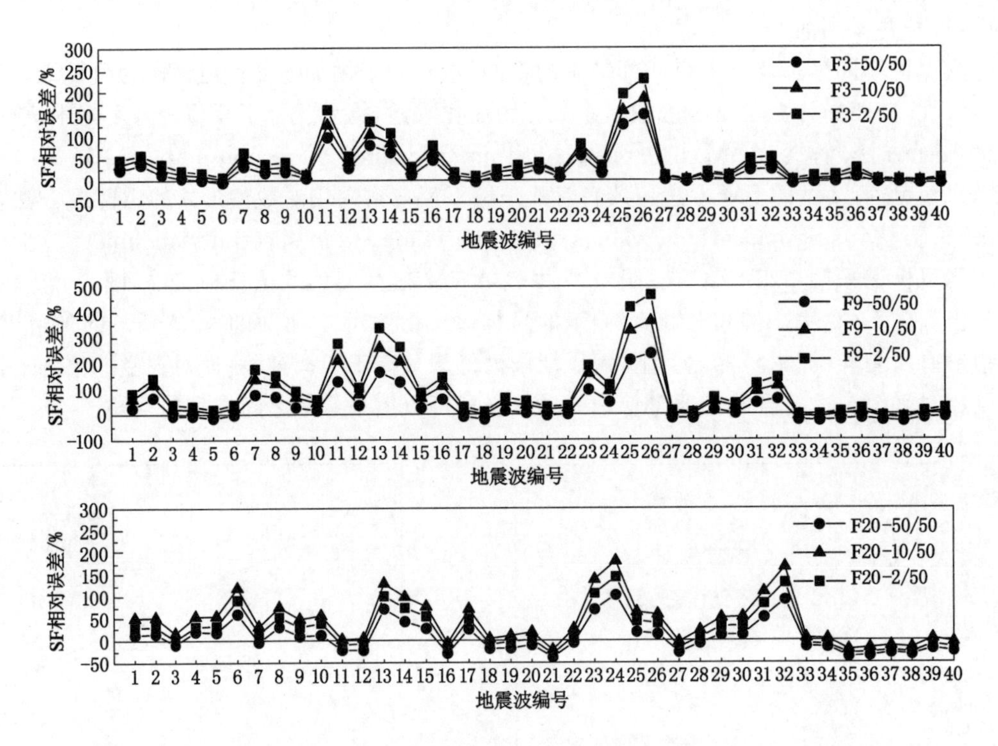

图 5-2　LSM 方法所得 SF 相对 ASM 方法的误差

例，对比了相同坐标下(算术或对数坐标)0.02 s 和 0.04 s 两种周期间隔所计算的 SF，二者完全相同(图 5-3)。本节采用了 0.02 s 的周期间隔，这样密的周期间隔可以保证：即使在对数坐标下，是否采用均匀的周期间隔点对 SF 的计算结果已无影响。

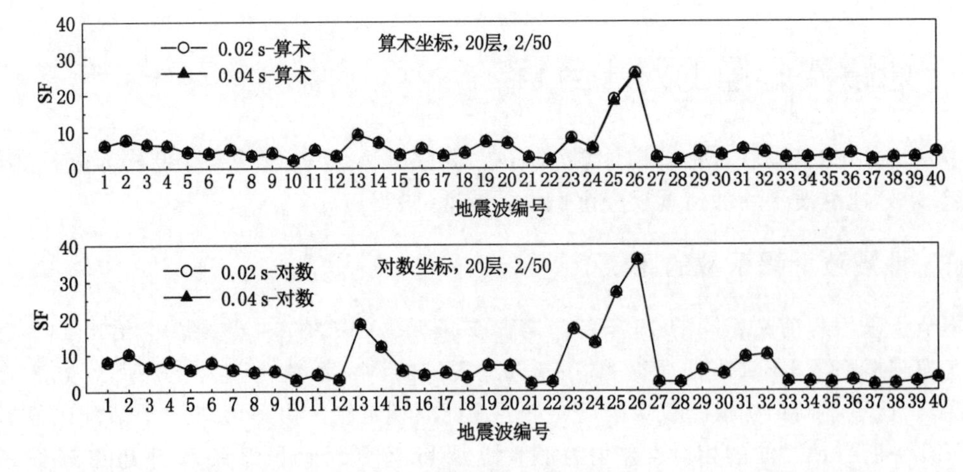

图 5-3　周期间隔对 SF 的影响

为进一步探讨两种方法所得 SF 具有较大差异的原因，本章基于高维向量理论及数值统计规律分别对 ASM 和 LSM 方法做如下说明。

5.3.2　ASM 方法基于高维向量的理论解释

当谱匹配采用算术值时，SF 的计算可采用高维向量理论来解释。首先，将 $S_a(T)$ 和 $S_a^t(T)$ 看作由各个离散周期点处的反应谱值组成的高维向量 $\boldsymbol{S}_a(T)$ 和 $\boldsymbol{S}_a^t(T)$。

$$\boldsymbol{S}_a(T) = [S_a(T_1), S_a(T_2), S_a(T_3), \cdots, S_a(T_i), \cdots] \tag{5-5}$$

$$\boldsymbol{S}_a^t(T) = [S_a^t(T_1), S_a^t(T_2), S_a^t(T_3), \cdots, S_a^t(T_i), \cdots] \tag{5-6}$$

那么，计算 SF 的式(5-2)中的 $\sum_{i=1}^{n}[S_a^t(T_i) \cdot S_a(T_i)]$ 就表示两个向量的内积，则：

$$\sum_{i=1}^{n}[S_a^t(T_i) \cdot S_a(T_i)] = \boldsymbol{S}_a^t(T) \cdot \boldsymbol{S}_a(T) = \| \boldsymbol{S}_a^t(T) \| \cdot \| \boldsymbol{S}_a(T) \| \cdot \cos\theta \tag{5-7}$$

$$\sum_{i=1}^{n}[S_a(T_i)]^2 = \| \boldsymbol{S}_a(T) \| \cdot \| \boldsymbol{S}_a(T) \| \tag{5-8}$$

式中，$\| \boldsymbol{S}_a(T) \|$ 和 $\| \boldsymbol{S}_a^t(T) \|$ 表示向量 $\boldsymbol{S}_a(T)$ 和 $\boldsymbol{S}_a^t(T)$ 的模（向量长度），可由式(5-9)和式(5-10)计算；θ 表示向量 $\boldsymbol{S}_a(T)$ 和 $\boldsymbol{S}_a^t(T)$ 的夹角，当目标谱和备选地震波指定后，夹角 θ 不会因 SF 的改变而改变。

$$\| \boldsymbol{S}_a(T) \| = \sqrt{S_a(T_1)^2 + \cdots + S_a(T_n)^2} \tag{5-9}$$

$$\| \boldsymbol{S}_a^t(T) \| = \sqrt{S_a^t(T_1)^2 + \cdots + S_a^t(T_n)^2} \tag{5-10}$$

将式(5-7)和式(5-8)代入式(5-2)，则算术坐标下 SF 的计算式为：

$$\text{SF} = \frac{\sum_{i=1}^{n}[S_a^t(T_i) \cdot S_a(T_i)]}{\sum_{i=1}^{n}[S_a(T_i)]^2} = \frac{\| \boldsymbol{S}_a^t(T) \| \cdot \| \boldsymbol{S}_a(T) \| \cdot \cos\theta}{\| \boldsymbol{S}_a(T) \| \cdot \| \boldsymbol{S}_a(T) \|} = \frac{\| \boldsymbol{S}_a^t(T) \|}{\| \boldsymbol{S}_a(T) \|} \cdot \cos\theta \tag{5-11}$$

既然夹角 θ 不会随 SF 而改变，由式(5-11)可知，SF 主要由向量 $\boldsymbol{S}_a^t(T)$ 和 $\boldsymbol{S}_a(T)$ 的长度比值来决定。

又将高维向量 $\boldsymbol{S}_a(T)$ 和 $\boldsymbol{S}_a^t(T)$ 写成如下向量和的形式：

$$\boldsymbol{S}_a(T) = \boldsymbol{S}_a(T_{S,M}) + \boldsymbol{S}_a(T_L) \tag{5-12}$$

$$\boldsymbol{S}_a^t(T) = \boldsymbol{S}_a^t(T_{S,M}) + \boldsymbol{S}_a^t(T_L) \tag{5-13}$$

式中，$\boldsymbol{S}_a(T_{S,M})$ 和 $\boldsymbol{S}_a^t(T_{S,M})$ 仅在短周期和中短周期处有非零项，在长周期处均为零项；$\boldsymbol{S}_a(T_L)$ 和 $\boldsymbol{S}_a^t(T_L)$ 仅在长周期处有非零项，在短周期和中短周期处均为零项。为简明表示，将中短周期与长周期交界处的周期点表示为 T_i，则以上高维向量可表示成下式的形式：

$$\boldsymbol{S}_a(T_{S,M}) = [S_a(T_1), S_a(T_2), S_a(T_3), \cdots, S_a(T_i), 0, 0, 0, \cdots 0] \tag{5-14}$$

$$\boldsymbol{S}_a(T_L) = [0, 0, 0, \cdots, 0, S_a(T_{i+1}), S_a(T_{i+2}), S_a(T_{i+3}), \cdots] \tag{5-15}$$

$$\boldsymbol{S}_a^t(T_{S,M}) = [S_a^t(T_1), S_a^t(T_2), S_a^t(T_3), \cdots, S_a^t(T_i), 0, 0, 0, \cdots 0] \tag{5-16}$$

$$\boldsymbol{S}_a^t(T_L) = [0, 0, 0, \cdots, 0, S_a^t(T_{i+1}), S_a^t(T_{i+2}), S_a^t(T_{i+3}), \cdots] \tag{5-17}$$

显然，有 $\boldsymbol{S}_a(T_{S,M}) \cdot \boldsymbol{S}_a(T_L) = 0$，$\boldsymbol{S}_a^t(T_{S,M}) \cdot \boldsymbol{S}_a^t(T_L) = 0$，则：

$$\| \boldsymbol{S}_a(T) \|^2 = \| \boldsymbol{S}_a(T_{S,M}) \|^2 + \| \boldsymbol{S}_a(T_L) \|^2 \tag{5-18}$$

$$\| \boldsymbol{S}_a^t(T) \|^2 = \| \boldsymbol{S}_a^t(T_{S,M}) \|^2 + \| \boldsymbol{S}_a^t(T_L) \|^2 \tag{5-19}$$

将式(5-18)和式(5-19)代入式(5-11)，可得：

$$\mathrm{SF}=\frac{\sqrt{\|\boldsymbol{S}_{\mathrm{a}}^{\mathrm{t}}(T_{\mathrm{S,M}})\|^{2}+\|\boldsymbol{S}_{\mathrm{a}}^{\mathrm{t}}(T_{\mathrm{L}})\|^{2}}}{\sqrt{\|\boldsymbol{S}_{\mathrm{a}}(T_{\mathrm{S,M}})\|^{2}+\|\boldsymbol{S}_{\mathrm{a}}(T_{\mathrm{L}})\|^{2}}}\cdot\cos\theta \tag{5-20}$$

对于整个反应谱周期范围来说,加速度反应谱值在短周期及中短周期段的谱值要明显大于长周期段,即 $\|\boldsymbol{S}_{\mathrm{a}}^{\mathrm{t}}(T_{\mathrm{S,M}})\|\gg\|\boldsymbol{S}_{\mathrm{a}}^{\mathrm{t}}(T_{\mathrm{L}})\|$,$\|\boldsymbol{S}_{\mathrm{a}}(T_{\mathrm{S,M}})\|\gg\|\boldsymbol{S}_{\mathrm{a}}(T_{\mathrm{L}})\|$。将式(5-20)采用数学的极限分析,则:

$$\mathrm{SF}\approx\sqrt{\frac{\|\boldsymbol{S}_{\mathrm{a}}^{\mathrm{t}}(T_{\mathrm{S,M}})\|^{2}}{\|\boldsymbol{S}_{\mathrm{a}}(T_{\mathrm{S,M}})\|^{2}}}\cdot\cos\theta=\frac{\|\boldsymbol{S}_{\mathrm{a}}^{\mathrm{t}}(T_{\mathrm{S,M}})\|}{\|\boldsymbol{S}_{\mathrm{a}}(T_{\mathrm{S,M}})\|}\cdot\cos\theta \tag{5-21}$$

由式(5-11)和式(5-21)可知算术坐标下 SF 主要由谱值较大的周期段来控制,对于整个反应谱周期范围来说,SF 主要由短周期段和中短周期段决定。式(5-21)还可以给出算术坐标下目标谱选波的物理含义:指定一个高维向量(对应目标谱),寻求另一个高维向量(对应备选波反应谱)的平行向量,使二者之间的"向量长度"相当。

由此也进一步说明,ASM 方法所计算的 SF 主要由短周期和中短周期段控制,而对长周期结构时程分析会带来潜在的不利影响。也就是说,当采用天然地震波进行较长周期结构抗震分析时(如本节的 20 层钢框架结构,$T_1=4.11$ s),采用加权的调幅方式(WSM 方法)在理论上更为合适,因其可增大长周期 T_1 周围周期段在计算匹配误差和调幅系数时的权重,削弱短周期和中短周期段在 SF 计算中的主控地位。

此外,将式(5-11)代入算术坐标下匹配误差 $\mathrm{SSE_a}$ 的计算公式,即式(5-1),$\mathrm{SSE_a}$ 可表示成式(5-22)的向量形式。由式(5-22)可见,若要保证所选地震波反应谱与目标谱有良好的匹配(即匹配误差最小),则需要所选地震波的反应谱向量与目标谱向量具有相同的方向,即两者的夹角 θ 尽量趋于零。

$$\mathrm{SSE_a}=\sum_{i=1}^{n}\left[(\mathrm{SF}\cdot S_{\mathrm{a}}(T_i)-S_{\mathrm{a}}^{\mathrm{t}}(T_i))^2\right]=\|\boldsymbol{S}_{\mathrm{a}}^{\mathrm{t}}(T)\|^{2}\cdot\left[1-(\cos\theta)^2\right] \tag{5-22}$$

5.3.3 LSM 方法所得调幅系数的数学解释及统计规律

对于采用对数坐标情况,参考式(5-4)很容易知道 SF(取对数)的数学解释为:周期离散化的目标谱和备选地震波的谱值,二者倍数(取对数后相减)的算术平均;也可以简单地理解为 SF 就是周期离散化后的目标谱和备选波反应谱之间倍数的几何平均。

图 5-4 统计了 3 种超越概率下目标谱与 40 条备选波反应谱间的对数差值[即 $\ln S_{\mathrm{a}}^{\mathrm{t}}(T_i)-\ln S_{\mathrm{a}}(T_i)$图中细线],以及它们在各周期点处的平均值(图中粗线),该平均值即可反映 SF 与各周期段的相关关系。图中还标注了 3 层、9 层和 20 层结构的匹配周期范围(分别为[0.16 s,1.5 s]、[0.29 s,3.23 s]和[0.86 s,6.17 s])。由图可知,随着地震危险性水平的提高,平均值也在逐渐增大。从 3 个结构全部覆盖的匹配周期范围(即[0.16 s,6.17 s])来看,当 50 年超越概率为 50%时,平均值随周期变化比较平缓,在[1.0 s,4.0 s]周期范围内数值稍大;当 50 年超越概率为 10%时,在比 2.0 s 更长的周期段,平均值随周期增大变化平缓,且其数值均大于 2.0 s 以前的周期段;当 50 年超越概率为 2%时,平均值出现了先升后降的变化趋势,峰值主要集中在[1.5 s,3.5 s]范围内,随后的长周期范围内平均值虽稍有下降趋势,但其值仍大于短周期和中短周期段(小于 1.5 s 范围)。

总的来说,SF 主要由长周期段的谱值来控制。那么对于长周期结构,采用对数坐标计算匹配误差及调幅系数似乎更为合理。这一规律也可间接证明,对数坐标的 Newmark 目

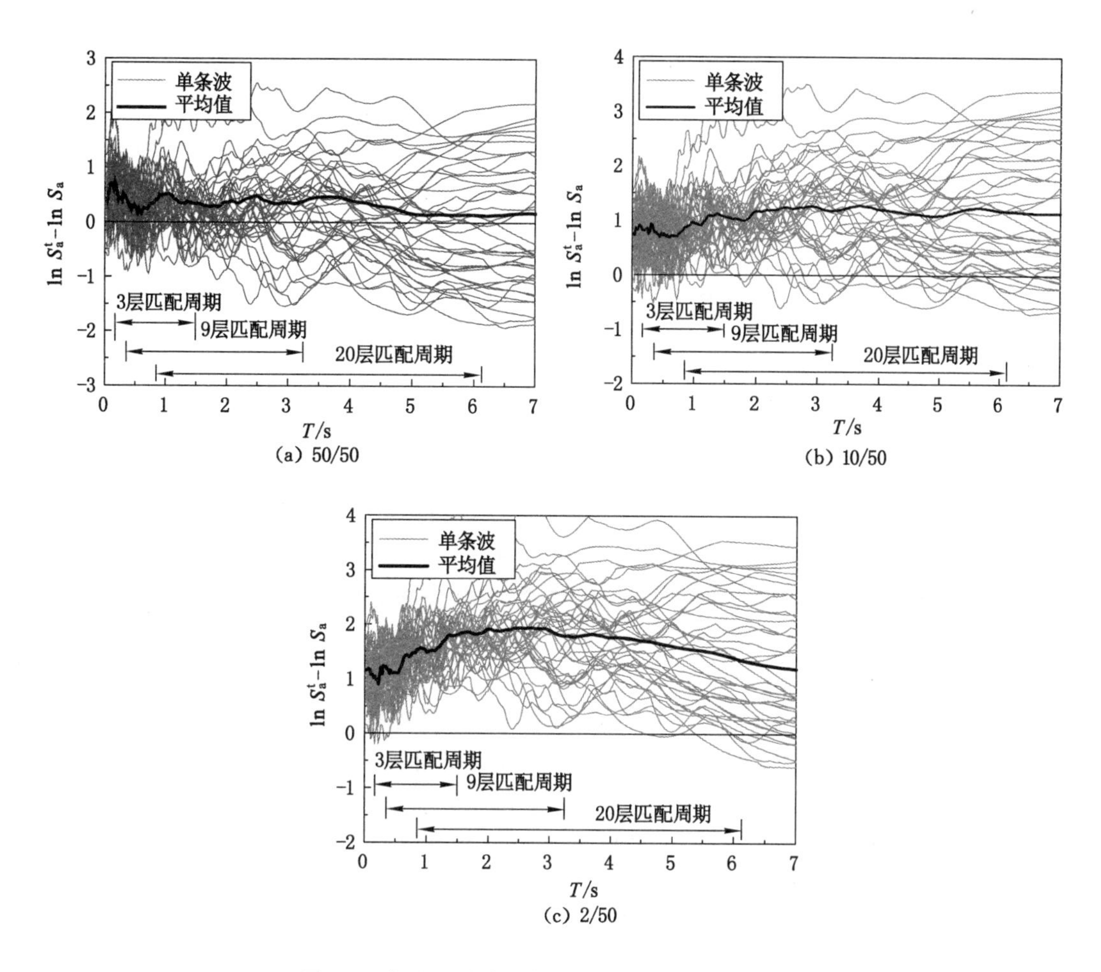

图 5-4　备选地震波反应谱与目标谱间的对数差值

标谱法(NM 方法)在降低结构反应离散性方面,为何对于长周期结构更有优势。

由上述理论及统计规律可知,ASM 和 LSM 两种方法所得的 SF 存在较大差异的原因在于:ASM 方法所得的 SF 主要由谱值较大的短周期和中短周期段控制,而 LSM 方法所得的 SF 由长周期段控制。需要注意的是,起不同控制作用的周期段皆要限制在匹配周期范围内,即匹配周期范围也是很重要的影响因素。这一点可由 9 层结构 SF 的相对误差明显高于 3 层和 20 层结构的现象(图 5-4)得以解释:3 层结构的匹配周期范围[0.16 s,1.5 s]主要分布于加速度谱值较大的短周期和中短周期范围内;20 层结构的匹配周期范围[0.86 s,6.17 s]主要分布于加速度谱值较小的中长周期和长周期范围内;而 9 层结构的匹配周期范围[0.29 s,3.23 s]覆盖了加速度谱值较大和较小的中短、中长和长周期范围。也就是说,3 层结构的匹配周期范围内皆谱值较大;20 层结构的匹配周期范围内皆谱值较小,而 9 层结构的匹配周期范围内存在谱值较大和谱值较小的不同控制区段,ASM 方法和 LSM 方法由于起控制作用的周期段不同导致的 SF 的差异,对于 9 层结构的影响要明显大于 3 层和 20 层结构。

由上述算术坐标和对数坐标下选波及调幅系数的比较，特别是实质性的数学解释和统计规律分析，可以进一步补充说明本书第 2 至第 4 章研究工作是合理的及必要的。

5.4 不同坐标下结构时程反应对比分析

本章仍采用“美国联合钢结构计划”的 3 层、9 层和 20 层抗弯钢框架结构为分析实例，以 3 组 SAC 地震波平均加速度反应谱作为目标谱，其结构设计和非线性建模情况等在前面章节已有详细介绍，在此不再赘述。

5.4.1 输入地震波选择

本书主要关心的是结构反应均值估计，由前述的分析可知，一般 7 条和 10 条是比较合理的地震波数量，本节选用 7 条地震波，并且在选波时限制 SF 不超过 4。由于 50 年超越概率为 2%时的地震波数量有限，因此对于 9 层和 20 层结构将 SF 的限制放宽到 6。

具体选波步骤如下：首先从备选波数据库（表 A-4 中的 40 条）中选出 SF 小于 4(6)的地震波分量；然后将它们按照匹配误差（SSE_S 或 SSE_L）由小到大排序；最后选取匹配误差最小的 7 条地震波作为时程分析输入。同样，为避免同一台站两水平分量的相关性影响，每个台站仅限选择一个地震波分量。

采用 ASM 方法和 LSM 方法选出的 7 条地震波分量见表 5-1～表 5-3。对于 3 层和 9 层结构，有 4～6 个台站的地震波分量同时被两种方法选中，而 20 层结构仅有 2～4 个台站。由此可见，ASM 方法和 LSM 方法的地震波排序有一定差别。对比两种方法均选中的地震波，除个别情况外（如 20 层结构 50 年超越概率为 2%时有 2 条地震波（H-CHI282、CCN090）的相对误差将近 30%），它们采用 LSM 方法所得的 SF 相对于 ASM 方法所得 SF 的误差均在±20%以内（表 5-1～表 5-3 的最右列）。

表 5-1　3 层结构采用 ASM 方法和 LSM 方法优选 7 条地震波

超越概率	排序	ASM 方法				LSM 方法				相对误差/%
		编号	分量	SF	SSE_S	编号	分量	SF	SSE_L	
50/50	1	36	TCU042-W	1.26	0.57	17	I-ELC180	1.037	1.256	2.0
	2	15	TCU045-N	0.94	0.64	20	TAF111	2.050	1.378	—
	3	17	I-ELC180	1.02	0.82	36	TCU042-W	1.341	1.440	6.5
	4	5	CCN090	1.40	0.85	5	CCN090	1.406	1.575	0.5
	5	3	BLD090	1.64	0.85	15	TCU045-N	1.044	1.840	11.4
	6	32	STN110	0.80	0.91	3	BLD090	1.854	1.981	12.8
	7	9	TCU047-N	0.91	0.92	32	STN110	1.003	2.222	24.8

表 5-1(续)

超越概率	排序	ASM 方法				LSM 方法				相对误差/%
		编号	分量	SF	SSE_S	编号	分量	SF	SSE_L	
10/50	1	18	I-ELC270	2.26	1.54	18	I-ELC270	2.34	1.03	3.9
	2	35	TCU042-N	2.42	1.72	35	TCU042-N	2.55	1.10	5.4
	3	34	SVL360	2.56	2.13	5	CCN090	2.52	1.10	10.0
	4	5	CCN090	2.29	2.26	34	SVL360	2.63	2.03	3.0
	5	15	TCU045-N	1.52	2.31	3	BLD090	3.32	2.08	—
	6	40	YER360	2.52	2.61	20	TAF111	3.67	2.18	—
	7	4	BLD360	3.12	2.89	29	H-CHI012	2.11	2.26	—
2/50	1	30	H-CHI282	3.01	6.01	30	H-CHI282	3.38	1.82	12.3
	2	18	I-ELC270	3.80	6.21	39	YER270	3.13	1.98	0.0
	3	6	CCN360	3.75	6.97	38	TCU107-W	3.84	2.46	2.0
	4	39	YER270	3.13	7.04	27	HCH090	3.44	2.74	11.6
	5	38	TCU107-W	3.77	9.26	22	CHY036-W	2.74	3.44	—
	6	15	TCU045-N	2.55	9.33	10	TCU047-W	2.55	4.52	—
	7	27	HCH090	3.09	9.90	8	CLW-TR	2.39	4.57	—

表 5-2　9 层结构采用 ASM 方法和 LSM 方法优选 7 条地震波

超越概率	排序	ASM 方法				LSM 方法				相对误差/%
		编号	分量	SF	SSE_S	编号	分量	SF	SSE_L	
50/50	1	15	TCU045-N	0.95	0.36	17	I-ELC180	0.90	1.69	−9.7
	2	17	I-ELC180	1.00	0.45	19	TAF021	2.06	1.74	12.1
	3	36	TCU042-W	1.19	0.46	30	H-CHI282	1.06	1.78	—
	4	3	BLD090	1.60	0.49	6	CCN360	1.28	1.93	—
	5	9	TCU047-N	0.92	0.50	9	TCU047-N	1.16	2.22	26.9
	6	32	STN110	0.82	0.55	15	TCU045-N	1.18	2.37	24.3
	7	19	TAF021	1.84	0.58	31	STN020	1.46	2.74	—
10/50	1	18	I-ELC270	2.20	1.04	18	I-ELC270	2.17	1.51	−1.3
	2	35	TCU042-N	2.35	1.07	3	BLD090	3.25	1.54	20.5
	3	5	CCN090	2.23	1.38	35	TCU042-N	2.32	1.77	−1.4
	4	40	YER360	2.54	1.48	5	CCN090	2.39	2.01	7.0
	5	3	BLD090	2.70	1.71	40	YER360	2.80	2.43	10.3
	6	15	TCU045-N	1.58	1.94	27	HCH090	1.83	2.85	—
	7	20	TAF111	2.98	1.98	30	H-CHI282	2.30	2.90	—

表 5-2(续)

超越概率	排序	ASM 方法				LSM 方法				相对误差/%
		编号	分量	SF	SSE_S	编号	分量	SF	SSE_L	
2/50	1	18	I-ELC270	3.83	3.96	5	CCN090	4.60	1.76	18.3
	2	35	TCU042-N	4.11	4.02	18	I-ELC270	4.18	1.79	9.1
	3	39	YER270	3.16	4.59	35	TCU042-N	4.48	1.95	9.0
	4	5	CCN090	3.89	4.98	39	YER270	3.47	2.09	9.8
	5	30	H-CHI282	3.17	5.50	28	HCH180	2.73	2.22	—
	6	27	HCH090	3.15	5.59	30	H-CHI282	4.44	3.41	40.0
	7	22	CHY036-W	2.36	7.29	21	CHY036-N	3.46	4.06	—

表 5-3　20 层结构采用 ASM 方法和 LSM 方法优选 7 条地震波

超越概率	排序	ASM 方法				LSM 方法				相对误差/%
		编号	分量	SF	SSE_S	编号	分量	SF	SSE_L	
50/50	1	17	I-ELC180	0.90	0.11	9	TCU047-N	1.21	3.42	—
	2	30	H-CHI282	0.93	0.12	30	H-CHI282	1.05	4.84	12.8
	3	6	CCN360	1.08	0.13	28	HCH180	0.54	5.08	—
	4	31	STN020	1.35	0.14	23	FAR000	3.75	6.32	—
	5	19	TAF021	1.89	0.16	2	AND360	2.25	6.69	—
	6	27	HCH090	0.75	0.19	20	TAF111	1.54	7.38	—
	7	15	TCU045-N	0.98	0.19	15	TCU045-N	1.24	9.01	27.2
10/50	1	28	HCH180	1.17	0.52	18	I-ELC270	2.22	4.02	4.5
	2	3	BLD090	3.32	0.69	28	HCH180	1.44	4.44	22.6
	3	18	I-ELC270	2.13	0.70	9	TCU047-N	3.22	4.71	—
	4	5	CCN090	2.24	0.82	38	TCU107-W	1.16	8.00	—
	5	16	TCU045-W	2.77	0.88	39	YER270	1.50	8.22	—
	6	40	YER360	2.22	0.88	29	H-CHI012	3.39	8.24	—
	7	11	TCU095-N	2.61	1.00	15	TCU045-N	3.30	9.58	—

表 5-3(续)

超越概率	排序	ASM 方法				LSM 方法				相对误差/%
		编号	分量	SF	SSE_S	编号	分量	SF	SSE_L	
2/50	1	5	CCN090	4.45	1.80	30	H-CHI282	4.74	5.78	33.2
	2	28	HCH180	2.30	2.06	28	HCH180	2.45	5.88	6.5
	3	18	I-ELC270	4.16	3.21	9	TCU047-N	5.49	6.02	—
	4	39	YER270	2.82	4.24	5	CCN090	5.91	9.19	32.7
	5	30	H-CHI282	3.56	4.65	18	I-ELC270	3.79	9.70	−8.8
	6	16	TCU045-W	5.34	5.37	15	TCU045-N	5.63	14.07	—
	7	38	TCU107-W	2.70	5.58	22	CHY036-W	2.54	15.15	—

5.4.2　结构反应对比分析

5.4.2.1　结构的目标反应

本章仅以层间位移角作为结构反应参数。由于通常假定结构反应服从对数正态分布，因此结构反应的几何均值与中值(median)基本一致，且研究者们常采用 median 代表结构的均值反应[4,8,90,92]。然而，抗震规范(如 Eurocode 8 [28]，ASCE7-16 [29])则多以算术均值作为结构反应均值，便于工程计算。因此，本章采用算术均值和几何均值两种目标反应作为参考(分别对应图 2-9 中的 mean 和 median)。

5.4.2.2　层间位移角相对误差

图 5-5 给出了基于 mean 和 median 的目标反应，3 个结构在各超越概率下，采用 ASM 方法和 LSM 方法所得层间位移角的相对误差沿楼层的分布情况。注意，当目标反应为几何均值时，优选 7 条波的结构反应均值也采用几何均值。由图可知，无论是对于算术均值的目标反应，还是对于几何均值的目标反应，在相同结构及超越概率下，LSM 方法所得最大层间位移角的相对误差(代数值)均大于 ASM 方法，这一点与前文 SF 的对比规律也很一致(LSM 方法所得的 SF 大于 ASM 方法的)，这使得该方法所得结构反应偏大。但即便如此，各分组的相对误差均可控制在±20%以内。由此可见，ASM 方法与 LSM 方法均可应用于结构反应均值(算术均值和几何均值)的估计。此外，20 层结构在 50 年超越概率为 2%时采用 ASM 方法选出的地震波分量 TCU045-W 会使结构产生很大的位移反应，当所选地震波数量不多时(此处为 7 条)，它会对统计结果产生明显的影响，因而在此分组统计结构反应时可将其排除在外。

5.4.2.3　层间位移角变异系数

图 5-6 给出了 ASM 方法和 LSM 方法所得层间位移角的 COV。由图可知，目标反应无论是算术均值还是几何均值，相同结构及超越概率下的 COV 相近。对于长周期结构(如 9 层和 20 层结构)，在相同超越概率下，LSM 方法的 COV 均小于 ASM 方法的。另外，当结构周期较长(如 20 层结构)且结构非线性程度较高(如 50 年超越概率为 10%和 2%)时，这

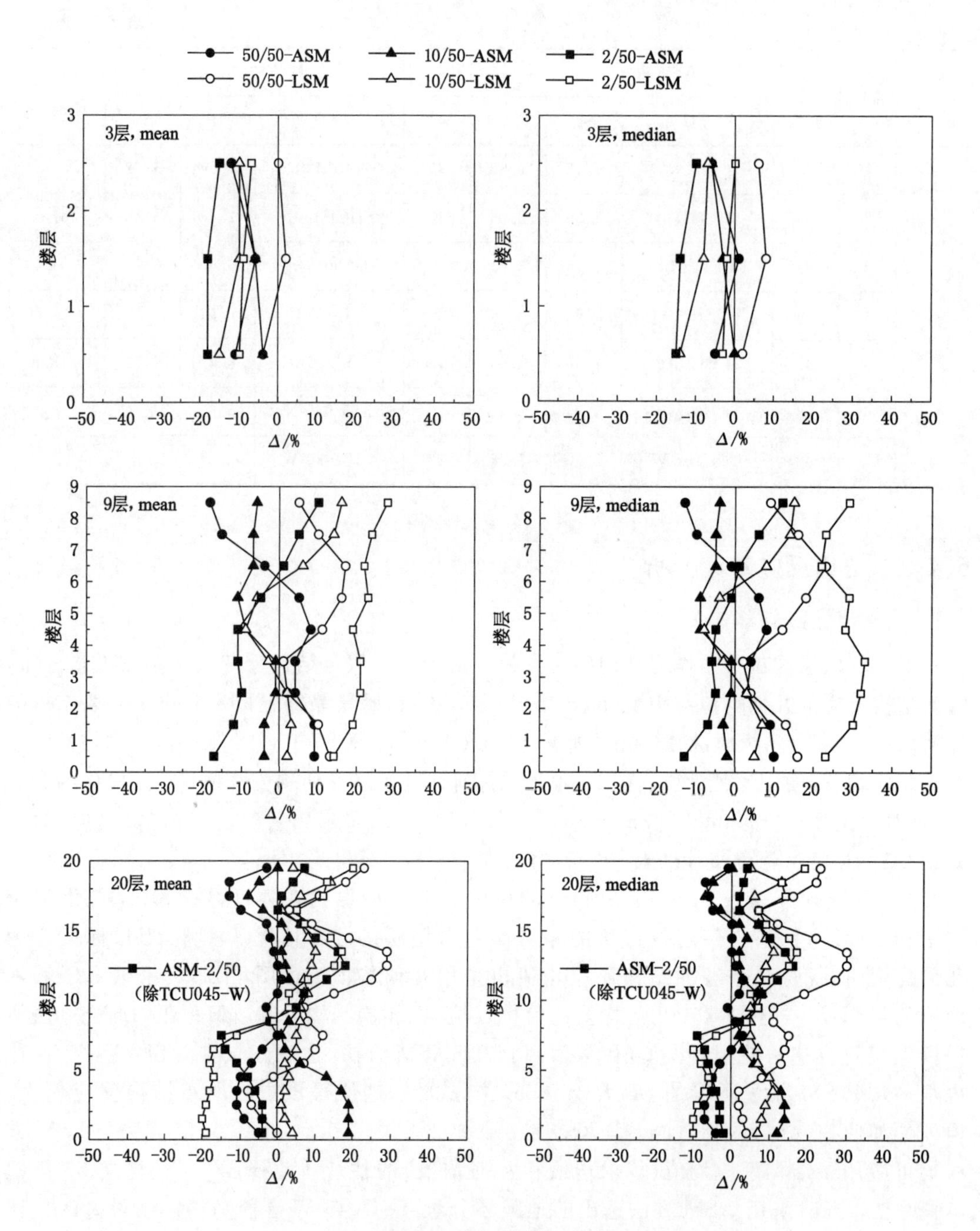

图 5-5　ASM 方法与 LSM 方法所得层间位移角的相对误差

(目标反应为 mean 和 median)

种趋势更加明显:20 层结构在 50 年超越概率为 2%时,LSM 方法所得各层处 COV 最大值仅为 ASM 方法的 30%。此外,LSM 方法所得 3 种超越概率下的 COV 值均相差不大,即结构非线性反应程度并不会影响“LSM 方法所得的 COV 较小”这一规律,而且也不会影响到 COV。相反的是,ASM 方法会较为明显地受到结构非线性反应程度的影响,COV 在结构非线性程度较高时会明显增大。由此可见，对于长周期结构（如 9 层和 20 层结构），LSM 方法较 ASM 方法可更为有效地降低结构反应的离散性。

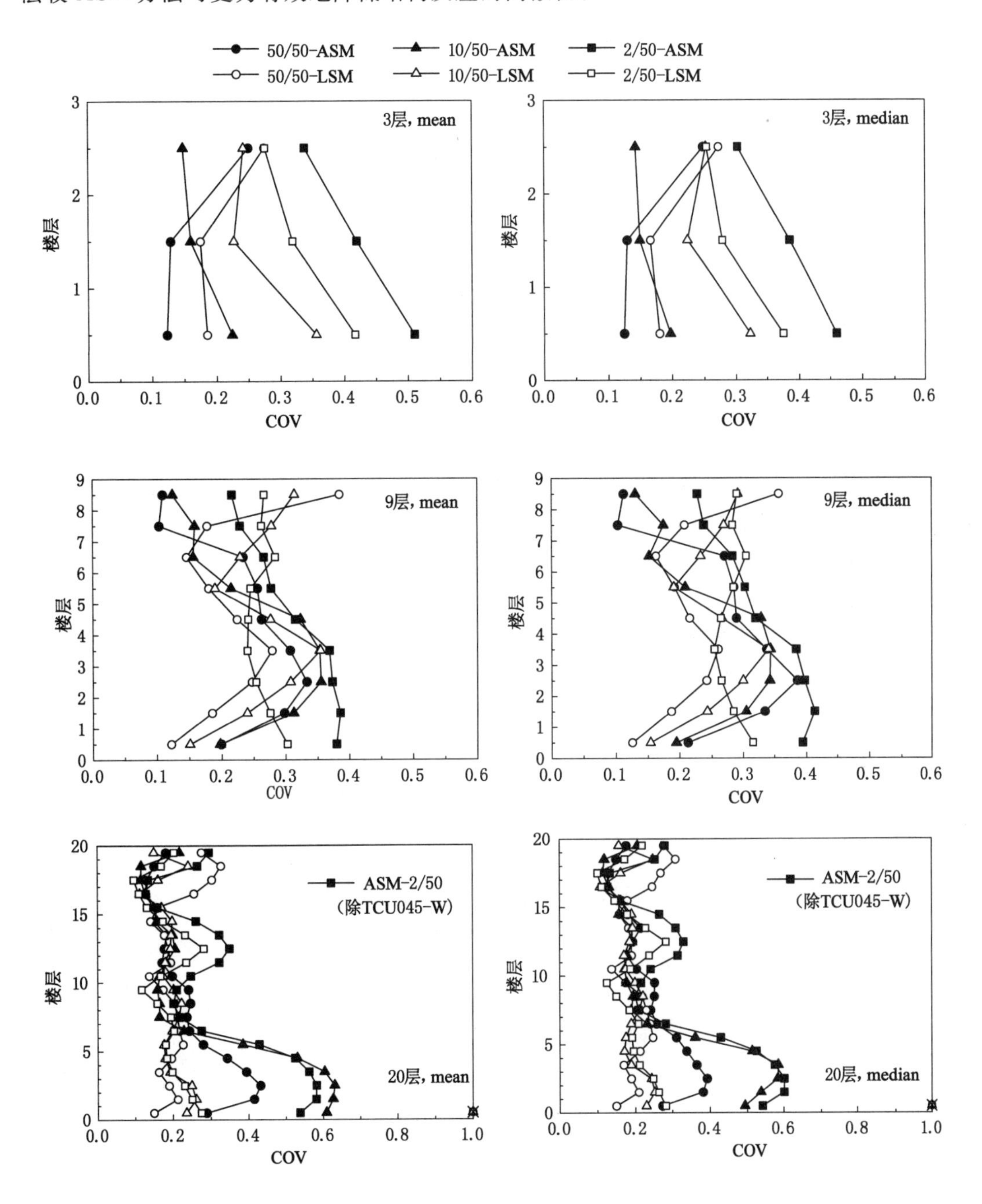

图 5-6　ASM 与 LSM 方法所得层间位移角的 COV

（目标反应为 mean 和 median）

虽然对于中长周期结构（如 3 层结构），规律稍有不同：50 年超越概率为 2%时，仍是 LSM 方法所得 COV 较小；但是 50 年超越概率 50%和 10%时，则 ASM 方法所得的 COV 较小。但以上研究当地震波数量参考 ASCE7-16 增大到 11 条时，3 层结构的规律与 9 层和

20 层结构均相同。除此之外，11 条地震波输入结构反应规律与 7 条地震波的规律均相同，受文章篇幅所限，在此并未给出。

5.5 本章小结

本章采用“美国联合钢结构计划”提出的 3 层、9 层和 20 层抗弯钢框架结构为实例，以 3 组 SAC 地震波平均加速度反应谱作为目标谱，在基于最小二乘法的谱匹配计算中，对比了备选波反应谱与目标谱采用算术值(ASM 方法)和对数值(LSM 方法)所得结构反应结果。指出算术坐标下目标谱选波的物理含义为：指定一个高维向量(对应目标谱)，寻求另一个高维向量(对应备选波反应谱)的平行向量，使二者之间的“向量长度”相当；对数坐标下谱匹配所得的 SF 的数学解释为：周期离散化的目标谱和备选地震波的谱值，二者倍数(取对数后相减)的算术平均；或者简单地理解为调幅系数就是周期离散化后的目标谱和备选波反应谱之间倍数的几何平均。针对具体研究算例，初步获得如下认识：

(1) 采用 LSM 方法所得地震波的 SF 多为“明显大于 ASM 方法”的情况。这是由于 ASM 方法所得的 SF 主要由反应谱值较大的短周期和中短周期段控制，而 LSM 方法所得的 SF 主要由长周期段的反应谱值起控制作用。

(2) ASM 方法和 LSM 方法对结构反应均值(算术均值和对数均值)估计的准确度均可控制在±20%以内。

(3) LSM 方法在降低结构反应离散性方面较 ASM 方法更有优势，且对于较长周期结构(如 20 层结构)且结构非线性程度较高(如 50 年超越概率为 10%和 2%)时，这种优势会更为明显。

6 条件 Newmark 三联谱的构建及比较

6.1 引 言

目前,国际上选波方法涉及的目标谱以条件均值谱(CMS)最为受到关注。CMS 的优势在于其以符合某地震危险性水平下设定周期点处的反应谱值(即一致概率谱 UHS 在设定周期处的谱值)为已知条件,考虑了其他周期点处反应谱值与该点处反应谱值之间的相关性,并引入与结构反应具有良好相关性的谱形系数以反映谱形变化,使得 CMS 既符合概率地震危险性分析(PSHA)的统计结果,又弥补了 UHS 不能反映一次地震发生的结构反应概率分布特点的弊端,并具有严密而合理的数学逻辑。

但 CMS 无法同时兼顾多个周期点反应谱具有一致的地震危险性水平,尚不能充分考虑高阶振型的同时反应贡献。CMS 仅为加速度反应谱,其更多地反映了 PGA 或 Sa 的地震衰减或统计特征,因此对于长周期结构选波还有局限[53]。

考虑到本书第 2 章提出的 Newmark 目标谱法(即 NM 方法)对于长周期结构选波较有优势,但 Newmark 三联谱这种直线分段式设计谱模型仍带有经验化特征[144],并没有与目前主流的 PSHA 相结合,理论基础仍不够完备。因此,本章尝试将如上两种反应谱的优势相结合,即将 CMS 的"条件分布"理念引入 Newmark 三联谱中,建立"条件 Newmark 三联谱",旨在为结构时程分析选波寻求对于长周期结构适用性更好的目标谱。

6.2 阻尼修正条件均值谱

Baker 建立的 CMS[8]所依据的 UHS 谱值以及衰减关系均是取阻尼比为 5%,即文献[8]建立的是阻尼比为 5%的 CMS。而不同建筑材料结构的阻尼比可能不同,如本书抗弯钢框架结构阻尼比为 2%。较小的阻尼比通常会产生较大的结构反应,当结构阻尼比较小时,直接采用文献[8]建立 CMS 并不合理,需要对 CMS 进行阻尼修正。

反应谱的阻尼修正,多采用原谱值乘以阻尼修正系数(DSF)的方法。目前已有多种计算 DSF 的方法,但适用的阻尼比及周期范围各有不同[145]。Eurocode 8[116]中计算 DSF 的公式较为简单,但最长适用周期仅为 6 s,且当 DSF<0.55 时该方法并不适用。Hatzigeorgiou 等[146]提出的方法可适用的阻尼比范围较为广泛(0.5%~50%),但适用周期范围也仅为 0.1~5 s。Rezaeian 等[147]提出的 DSF 计算公式,是基于大量的真实地震动数据统计得出,不会受到衰减关系的影响,且可以修正的阻尼比范围(0.5%~30%)以及可考虑的周期范围(0.01~10 s)均比较宽泛。

本节参考文献[147]的 DSF 计算公式,提出了阻尼修正 CMS 的方法,旨在为 CMS 用于不同阻尼比的结构时程分析的选波工作，提出切实可行的阻尼修正方法。

6.2.1 CMS的阻尼修正方法

6.2.1.1 CMS的建立

依据文献[8]在周期点 T^* 处反应谱值 $\ln S_a(T^*)$ 已知的条件下，各周期点处反应谱对数均值CMS的计算公式为：

$$\mu_{\ln S_a(T_i)\mid \ln S_a(T^*)} = \mu_{\ln S_a}(M,R,T_i) + \varepsilon(T_i)\cdot\sigma_{\ln S_a}(T_i) \tag{6-1}$$

式中，$\mu_{\ln S_a}(M,R,T_i)$ 和 $\sigma_{\ln S_a}(T_i)$ 是在设定震级 M 和距离 R 条件下，利用地震动衰减关系方程确定的 T_i 处的反应谱对数均值和标准差；$\varepsilon(T_i)$ 表示周期点 T_i 处反应谱值与衰减关系确定的谱值之差与衰减关系确定的标准差的倍数。

$\varepsilon(T_i)$ 的计算公式为：

$$\varepsilon(T_i) = \rho(T_i, T^*)\cdot\varepsilon(T^*) \tag{6-2}$$

式中，$\rho(T_i,T^*)$ 为 T_i 和 T^* 两周期点处 $\varepsilon(T)$ 的相关系数。

由于 $\varepsilon(T_i)$ 是导致反应谱——$\mu_{\ln S_a(T_i)\mid \ln S_a(T^*)}$ 不确定性的唯一的影响因素[38]，因此 T_i 和 T^* 两周期点处反应谱值的相关系数，与两周期点处 $\varepsilon(T)$ 的相关系数 $\rho(T_i,T^*)$ 是一致的。$\rho(T_i,T^*)$ 的表达式可参考文献[38]，即：

$$C_1 = 1-\cos\left[\frac{\pi}{2} - 0.366\ln\left(\frac{T_{\max}}{\max(T_{\min}, 0.109)}\right)\right] \tag{6-3}$$

$$C_2 = \begin{cases} 1-0.105\left(1-\dfrac{1}{1+e^{100T_{\max}-5}}\right)\left(\dfrac{T_{\max}-T_{\min}}{T_{\max}-0.0099}\right), & T_{\max}<0.2 \\ 0, & 其他 \end{cases} \tag{6-4}$$

$$C_3 = \begin{cases} C_2, & T_{\max}<0.109 \\ C_1, & 其他 \end{cases} \tag{6-5}$$

$$C_4 = C_1 + 0.5\left(\sqrt{C_3} - C_3\right)\left[1+\cos\left(\frac{\pi T_{\min}}{0.109}\right)\right] \tag{6-6}$$

$$\rho_{\varepsilon(T_1),\varepsilon(T_2)} = \begin{cases} C_1, & T_{\max}>0.109 \\ C_2, & T_{\max}<0.109 \\ \min(C_2, C_4), & T_{\max}<0.2 \\ C_4, & 其他 \end{cases} \tag{6-7}$$

由于指定的周期点 T^* 处相关系数为1，因此 T^* 处的谱形系数 $\varepsilon(T^*)$ 可采用下式计算：

$$\varepsilon(T^*) = \frac{\ln S_a(T^*) - \mu_{\ln S_a}(M,R,T^*)}{\sigma_{\ln S_a}(T^*)} \tag{6-8}$$

已知的 $S_a(T^*)$ 谱值为 T^* 处的UHS谱值，可通过USGS网站（https://earthquake.usgs.gov/hazards/interactive/）提供的交互式窗口，根据设计场地的地理位置、场地类别以及地震重现期等信息确定，场地对应的震级 M 和距离 R 也可通过该网站给出的PSHA设定解耦结果获得。USGS网站所涉及的参数均对应5%阻尼比情况。

6.2.1.2 阻尼修正CMS的建立

(1) 阻尼修正系数

反应谱的阻尼修正可通过阻尼修正系数(DSF)实现。DSF的定义如下：

$$\text{DSF} = \frac{S_a(T_i)_\beta}{S_a(T_i)_{5\%}} \tag{6-9}$$

式中，β 为设定阻尼比的百分比，%；$S_a(T_i)_\beta$ 表示设定阻尼比为 β 时 T_i 周期点处的反应谱；$S_a(T_i)_{5\%}$ 表示阻尼比为 5% 的 T_i 周期点处的反应谱。因此，修正后的反应谱值等于原谱值乘以阻尼修正系数。

本书采用 Rezaeian 等[147]提出的 DSF 的均值和标准差的计算公式，即：

$$\ln \text{DSF} = b_0 + b_1 \ln\xi + b_2 (\ln \xi)^2 + [b_3 + b_4 \ln \xi + b_5 (\ln \xi)^2]M + [b_6 + b_7 \ln \xi + b_8 (\ln \xi)^2]\ln(R_{rup} + 1) + \varepsilon \tag{6-10}$$

$$\sigma_{\ln \text{DSF}} = |a_0 \ln(\beta/5) + a_1[\ln(\beta/5)]^2| \tag{6-11}$$

式中，ξ 为原阻尼比的百分比，%，此处 $\varepsilon=5\%$；M 为震级；R_{rup} 为断层距，km；ε 为误差指标，此处可取 0[147]；a_0，a_1，$b_0 \sim b_8$ 分别为经验参数，根据不同的周期 T 有相应的经验取值[147]。附录 D 中表 D-1 和表 D-2 给出了上述参数的详细取值，以供参考。

(2) 阻尼修正 $\mu_{\ln S_a}(M,R,T_i)$ 和 $\sigma_{\ln S_a}(T_i)$

由式(6-9)可得 β 阻尼比的基于衰减关系确定的反应谱对数均值 $\mu_{\ln S_a,\beta}(M,R,T_i)$ 为：

$$\mu_{\ln S_a,\beta}(M,R,T_i) = \mu_{\ln S_a}(M,R,T_i) + \ln \text{DSF} \tag{6-12}$$

β 阻尼比的基于衰减关系确定的反应谱对数标准差 $\sigma_{\ln S_a,\beta}(T_i)$ 为[147]：

$$\sigma_{\ln S_a,\beta}(T_i) = \sqrt{\sigma^2_{\ln S_a}(T_i) + \sigma^2_{\ln \text{DSF}}(T_i) + 2\sigma_{\ln S_a}(T_i) \cdot \sigma_{\ln \text{DSF}}(T_i) \cdot \rho} \tag{6-13}$$

式中，$\sigma_{\ln DSF}(T_i)$ 为 T_i 处阻尼修正系数的对数标准差；ρ 为 $\sigma_{\ln S_a}(T_i)$ 与 $\sigma_{\ln \text{DSF}}(T_i)$ 之间的相关系数，当阻尼比 β 较小时，ρ 可忽略不计[147]。因此，式(6-13)也可简化为：

$$\sigma_{\ln S_a,\beta}(T_i) = \sqrt{\sigma^2_{\ln S_a}(T_i) + \sigma^2_{\ln \text{DSF}}(T_i)} \tag{6-14}$$

(3) 阻尼修正 $\varepsilon(T^*)$ 和 $\rho(T_i,T^*)$

由式(6-8)、式(6-12)和式(6-14)可计算 β 阻尼比的谱形系数 $\varepsilon(T^*)_\beta$：

$$\varepsilon(T^*)_\beta = \frac{\ln S_a(T^*) - \mu_{\ln S_a}(M,R,T^*)}{\sqrt{\sigma^2_{\ln S_a}(T^*) + \sigma^2_{\ln \text{DSF}}(T^*)}} \tag{6-15}$$

根据文献[147]可知，当 β 较小时，$\sigma_{\ln \text{DSF}}(T*) < 0.1$。因此，可近似认为 $\varepsilon(T^*)_\beta \approx \varepsilon(T^*)$，即阻尼修正前后 $\varepsilon(T^*)$ 不变。那么，也可认为 T_i 和 T^* 两周期点处 $\varepsilon(T)$ 的相关系数 $\rho(T_i,T^*)$ 在阻尼修正前后也保持不变。

(4) 阻尼修正 CMS

根据上述推导，将式(6-2)、式(6-12)和式(6-14)代入式(6-1)，可以得到阻尼修正后的 CMS，即：

$$\mu_{\ln S_a(T_i)_\beta \mid \ln S_a(T^*)_\beta} = \mu_{\ln S_a}(M,R,T_i) + \ln \text{DSF} + \rho(T_i,T^*) \cdot \varepsilon(T^*) \cdot \sqrt{\sigma^2_{\ln S_a}(T_i) + \sigma^2_{\ln \text{DSF}}(T_i)} \tag{6-16}$$

上述阻尼修正 CMS 的方法可不受衰减关系影响，适用的阻尼比范围(0.5%～30%)及周期范围(0.01～10 s)均较广泛，可用于各种类型的结构。

6.2.2　阻尼修正 CMS 目标谱实例

本节以“美国联合钢结构计划”的 9 层结构为例(阻尼比为 2%)，详细介绍阻尼修正的 CMS 目标谱的计算过程，考虑了 3 种地震危险性水平(即 50 年超越概率分别为 50%、10%

和 2%)。设 9 层结构一阶周期($T_1=2.15$ s,见表 2-1)为 T^*,但受 USGS 网站提供的 PSHA 设定解耦结果的限制,近似取 $T^*=2.0$ s。

6.2.2.1 阻尼修正系数的确定

3 种超越概率下,由式(6-10)计算所得各周期处阻尼比为 2% 的阻尼修正系数(DSF)的均值见图 6-1。由图可知,DSF 在 0.2~0.75 s 处达到峰值,后随周期增大逐步减少,但即便周期达到 10 s,DSF 也在 1.15 以上;各超越概率下 DSF 在 $T^*=2.0$ s 处约为 1.3。

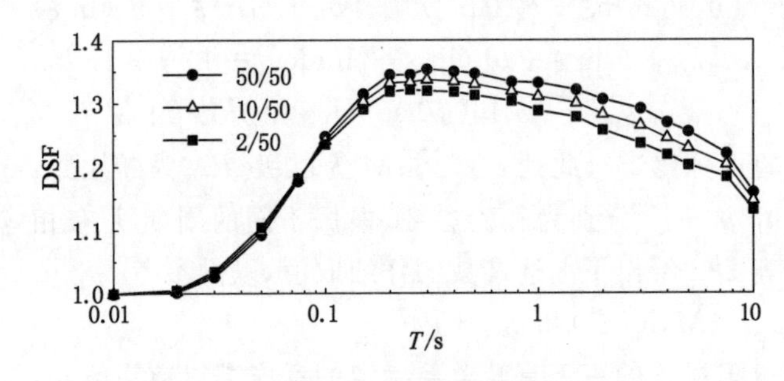

图 6-1 由式(6-10)推算的 DSF 均值

由式(6-11)计算所得各周期处 2%阻尼比的 ln DSF 的标准差如图 6-2 所示。由图可知,在 0.1 s 附近 ln DSF 的标准差达到峰值,后随周期增大,标准差有逐步减小趋势。总体而言,$\sigma_{\ln DSF}(T)<0.1$ 成立,这与文献[147]中的结论一致。在 2.0 s 处,ln DSF 标准差为 0.087。

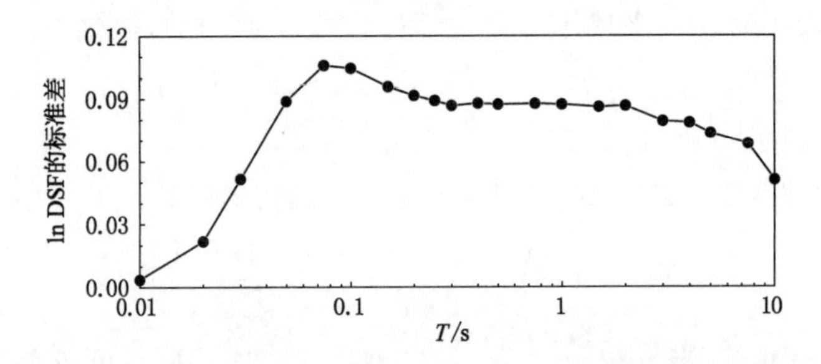

图 6-2 由式(6-11)推算的 ln DSF 的标准差

6.2.2.2 阻尼修正 CMS 目标谱

利用 USGS 网站(https://earthquake.usgs.gov/hazards/interactive/),将洛杉矶地区地理位置(纬度 34.025°,经度 −118.24°)、D 类场地 $V_{S30}=259$ m/s 以及地震重现期输入交互式窗口,即可得出 5%阻尼比的 UHS 谱值,将其乘以 DSF 即可得到 2%阻尼比的 UHS(图 6-3)。通过该网站的 PSHA 设定解耦结果,参考 CB08 衰减关系模型[117],可确定 3 种超越概率下的设定震级 M 和距离 R(表 6-1)。

表 6-1 设定震级 M 和距离 R

超越概率	50/50	10/50	2/50
M	7.10	7.06	6.98
R_{RUP}/km	39.98	22.7	12.96

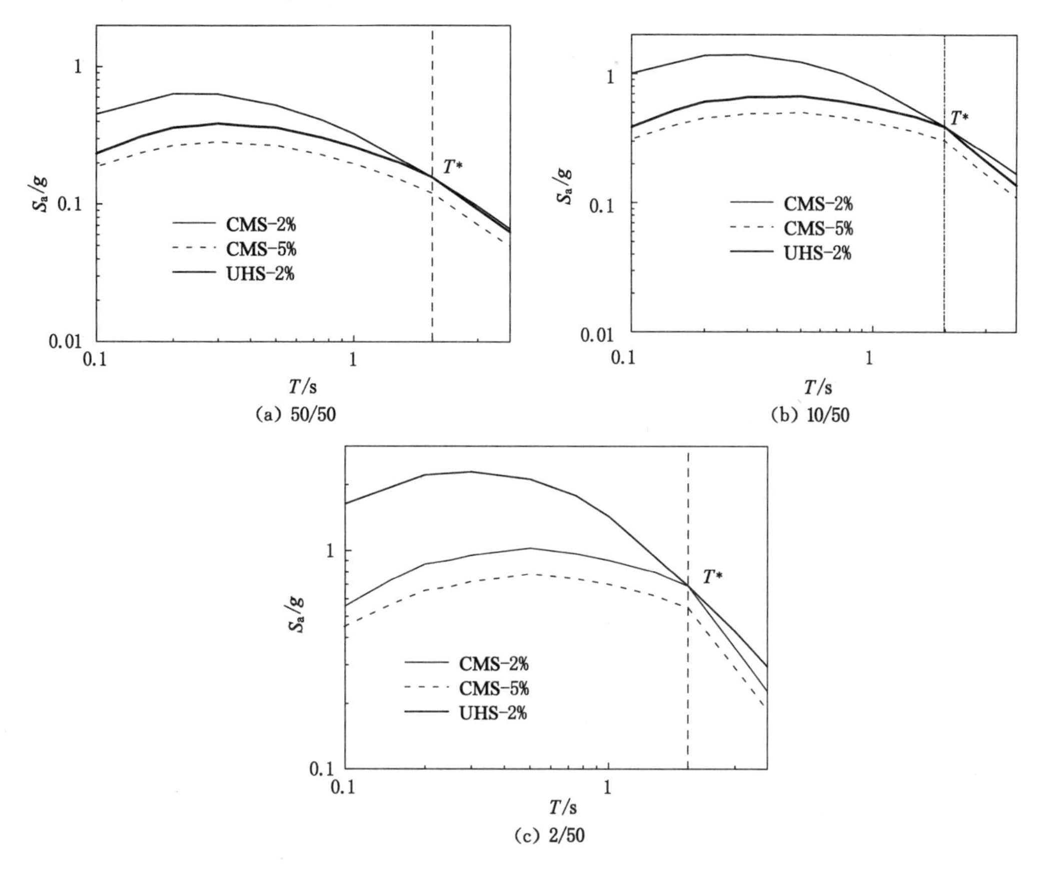

图 6-3 阻尼修正的 CMS 目标谱($T^*=2.0$ s)

由表 6-1 的设定 M 和 R，利用式(6-16)可得出 3 种超越概率下的 2%阻尼比的 CMS 目标谱，如图 6-3 所示。图中 $T^*=T_1\approx2.0$ s，同时图中也给出了 5%阻尼比的 CMS 以及 2%阻尼比修正的 UHS。2%阻尼比的 CMS 和 UHS 仅在 2.0 s 处相交在一起，其他周期点处 CMS 均小于 UHS。2%阻尼比的 CMS 在各周期处均大于 5%阻尼比的 CMS，且二者差值较大。由此可见，当结构阻尼比较小时，对 CMS 进行阻尼修正是很有必要的。

6.3 基于衰减关系的条件 Newmark 三联谱的构建

本节参照三联坐标系下的直线分段式设计谱模型(图 6-4)，依据衰减关系确定 Newmark 三联谱的均值和方差，并以指定周期点处谱值与 UHS 谱值相等为条件，建立基于衰减关系的条件 Newmark 三联谱(CNM-GMPE，Conditional Newmark spectrum based on ground motion prediction equations)。CNM-GMPE 的构建流程见图 6-5。

6.3.1 确定 Newmark 三联谱对数均值

设拟加速度谱 PS_a 服从对数正态分布，即 $\ln PS_a\sim N(\mu,\sigma^2)$。在阻尼比较小的情况下(不超过 20%)，可认为 $PS_a\approx S_a$。μ 和 σ^2 是由 S_a 的衰减关系(如 CB08[117])确定的对数均

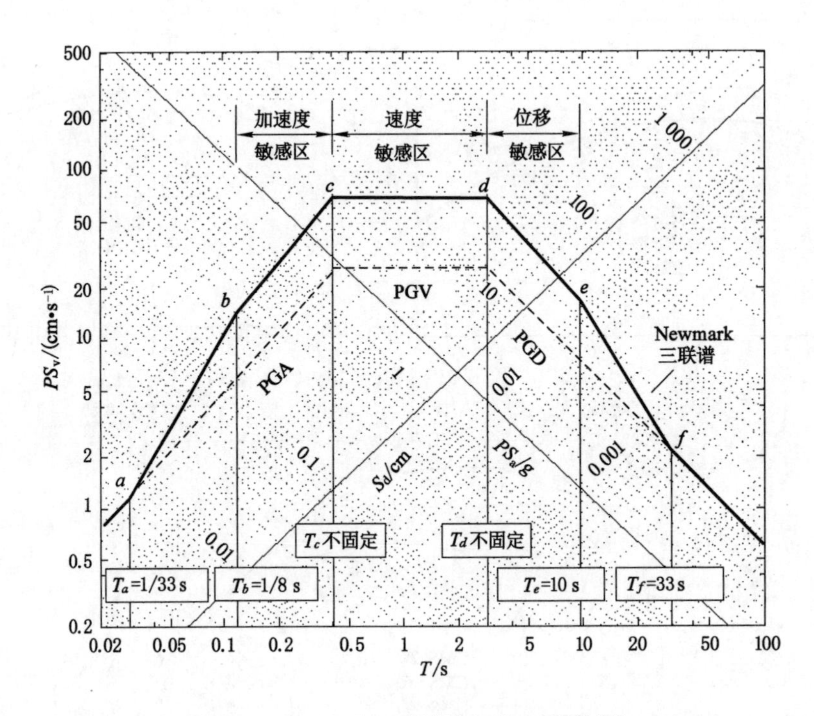

图 6-4　Newmark 三联谱的相关参数[120,126]

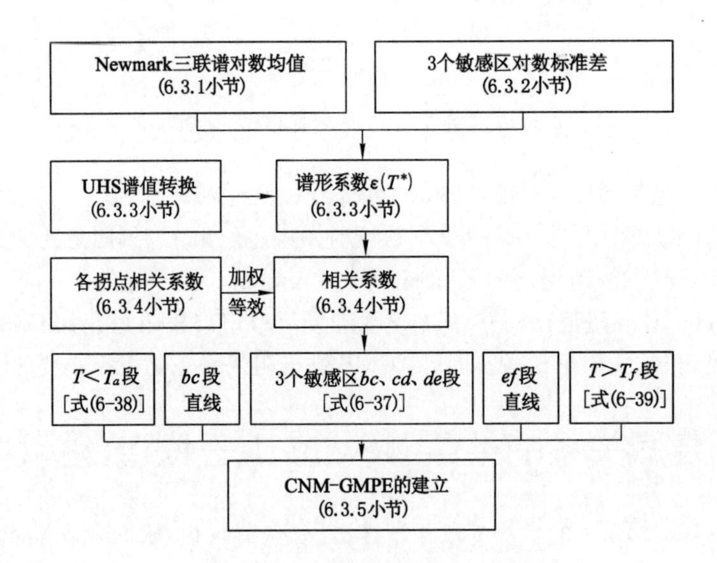

图 6-5　CNM-GMPE 构建流程图

值和方差，则拟速度谱 PS_v 均值为：

$$PS_v(T) = \frac{T}{2\pi} PS_a(T) = \frac{T}{2\pi} e^{\mu} \tag{6-17}$$

将根据式(6-17)所得 PS_v 均值绘制于三联坐标下，参考衰减关系所得地震动峰值 PGA、PGV、PGD，并依据平滑原则(图 2-3)，标定成 Newmark 三联谱。此平滑后的 Newmark 三联谱，即为依据 S_a 的衰减关系确定的 Newmark 三联谱均值。由此确定的拐点 T_c 和 T_d 可作为后续分析时 3 个反应谱敏感区的分界周期点。

假定 Newmark 三联谱服从对数正态分布，设拟速度谱的对数值服从 $N(\mu_N, \sigma_N^2)$，则平滑后的三联谱的 PS_v 的对数值即为 μ_N，即：

$$\ln PS_{v,平滑} = \mu_N \tag{6-18}$$

6.3.2　确定 3 个敏感区的对数标准差

进一步考虑将依据式(6-19)确定的 PS_v' 绘制于三联坐标下，并平滑成 Newmark 三联谱。

$$PS_v(T)' = \frac{T}{2\pi}e^{\mu+\sigma} \tag{6-19}$$

平滑后的三联谱满足式(6-20)，其中 σ_N 为三联谱的标准差，则：

$$\ln PS'_{v,平滑} = \mu_N + \sigma_N \tag{6-20}$$

$$\sigma_N = \ln PS'_{v,平滑} - \ln PS_{v,平滑} \tag{6-21}$$

注意：由于有 $PS_a(T) = \omega PS_v(T) = \omega^2 S_d(T)$ 的关系，加速度敏感区和位移敏感区的 σ_N 均可直接采用 $\ln PS'_{v,平滑}$ 减去 $\ln PS_{v,平滑}$，不必转换成拟加速度谱或位移谱的对数值再计算。

6.3.3　确定谱形系数

设定周期点 T^* 可取用结构的一阶周期 T_1。假定 T^* 落入速度敏感区内。条件 Newmark 三联谱的已知条件为 T^* 处谱值与 UHS 谱值转换的 $PS_v(T^*)$ 值相等。首先，由式(6-22)将 T^* 处的 UHS 谱值转换为 $PS_v(T^*)$，即：

$$PS_v(T^*) = \frac{T^*}{2\pi}S_a(T^*) \tag{6-22}$$

式中，$S_a(T^*)$ 为 T^* 处的 UHS 谱值。

那么，$\varepsilon(T^*)$ 可通过式(6-23)确定，即：

$$\varepsilon(T^*) = \frac{\ln PS_v(T^*) - \mu_N}{\sigma_N} \tag{6-23}$$

若 T^* 落入加速度或位移敏感区内，经过公式推导发现，仍可采用式(6-23)计算谱形系数 $\varepsilon(T^*)$；同时，由于 Newmark 三联谱的纵轴表达的是拟速度谱值，为统计方便，建议谱形系数 $\varepsilon(T^*)$ 均采用式(6-23)计算。

6.3.4　确定 3 个敏感区的相关系数

考虑到 Newmark 三联谱是由多条直线段(图 6-4 中的线段 ab、bc、cd、de、ef 段)组成的平滑谱的形式，尤其加速度、速度和位移敏感区内的反应谱值为定值。因此，在 3 个平滑的敏感区段(图 6-4 中的线段 bc、cd、de)内应采用一致等效的相关系数，即各敏感区段内相关系数也取定值。

本书依据加权等效的原则计算 3 个敏感区的等效相关系数，具体公式如下：

加速度敏感区：

$$\rho_a = \lambda_a(T^*) + \lambda_a(T_b) \cdot \rho(T_b, T^*) + \lambda_a(T_c) \cdot \rho(T_c, T^*) \tag{6-24}$$

$$\lambda_a(T^*) + \lambda_a(T_b) + \lambda_a(T_c) = 1, \quad \lambda_a(T^*) = \begin{cases} 0.5, & T^* \in [T_b, T_c] \\ 0, & T^* \notin [T_b, T_c] \end{cases} \tag{6-25}$$

速度敏感区：

$$\rho_v = \lambda_v(T^*) + \lambda_v(T_c) \cdot \rho(T_c, T^*) + \lambda_v(T_d) \cdot \rho(T_d, T^*) \tag{6-26}$$

$$\lambda_v(T^*) + \lambda_v(T_c) + \lambda_v(T_d) = 1, \quad \lambda_v(T^*) = \begin{cases} 0.5, & T^* \in [T_c, T_d] \\ 0, & T^* \notin [T_c, T_d] \end{cases} \tag{6-27}$$

位移敏感区：

$$\rho_d = \lambda_d(T^*) + \lambda_d(T_d) \cdot \rho(T_d, T^*) + \lambda_d(T_e) \cdot \rho(T_e, T^*) \tag{6-28}$$

$$\lambda_d(T^*) + \lambda_d(T_d) + \lambda_d(T_e) = 1, \quad \lambda_d(T^*) = \begin{cases} 0.5, & T^* \in [T_d, T_e] \\ 0, & T^* \notin [T_d, T_e] \end{cases} \tag{6-29}$$

式中，$\lambda_a(T^*)$、$\lambda_v(T^*)$、$\lambda_d(T^*)$分别为加速度、速度、位移敏感区 T^* 周期点分配的权重系数；$\lambda_a(T_b)$、$\lambda_a(T_c)$分别为计算加速度敏感区的等效相关系数 ρ_a 时 T_b 和 T_c 周期点分配的权重系数；$\lambda_v(T_c)$、$\lambda_v(T_d)$分别为计算速度敏感区的等效相关系数 ρ_v 时 T_c 和 T_d 周期点分配的权重系数；$\lambda_d(T_d)$、$\lambda_d(T_e)$分别为计算位移敏感区的等效相关系数 ρ_d 时 T_d 和 T_e 周期点分配的权重系数。

权重系数依据 T^*、T_b、T_c、T_d 和 T_e 处的相关系数确定。以 T^* 位于速度敏感区（图 6-4 中 cd 段）的情况为例：

加速度敏感区：

$$\lambda_a(T_b) = \frac{\rho(T_b, T^*)}{\rho(T_b, T^*) + \rho(T_c, T^*)} \tag{6-30}$$

$$\lambda_a(T_c) = \frac{\rho(T_c, T^*)}{\rho(T_b, T^*) + \rho(T_c, T^*)} \tag{6-31}$$

速度敏感区：

$$\lambda_v(T_c) = \frac{\rho(T_c, T^*)}{\rho(T_c, T^*) + \rho(T_d, T^*)} \times 0.5 \tag{6-32}$$

$$\lambda_v(T_d) = \frac{\rho(T_d, T^*)}{\rho(T_c, T^*) + \rho(T_d, T^*)} \times 0.5 \tag{6-33}$$

$$\lambda_v(T^*) = 0.5 \tag{6-34}$$

位移敏感区：

$$\lambda_d(T_d) = \frac{\rho(T_d, T^*)}{\rho(T_d, T^*) + \rho(T_e, T^*)} \tag{6-35}$$

$$\lambda_d(T_e) = \frac{\rho(T_e, T^*)}{\rho(T_d, T^*) + \rho(T_e, T^*)} \tag{6-36}$$

T^* 位于加速度或位移敏感区（图 6-4 中的 bc 或 de 段）时，权重系数可做类似处理。

6.3.5 CNM-GMPE 的建立

在各周期段，GNM-GMPE 可按如下方式建立。

(1) 在加速度、速度以及位移敏感区（图 6-4 中 bc、cd 和 de 段），CNM-GMPE 可采用式(6-37)计算，即：

$$\mu_{\ln PS_v(T_i)\mid \ln PS_v(T^*)} = \mu_N + \rho_N \cdot \varepsilon(T^*) \cdot \sigma_N, \quad T_b \leqslant T \leqslant T_e \tag{6-37}$$

式中，相关系数 ρ_N 要根据 T^* 所在敏感区取 ρ_a 或 ρ_v 或 ρ_d。依据式(6-37)确定 3 个敏感区的谱值后，拐点 T_c 和 T_d 的位置可能与 6.3.1 小节确定的 Newmark 三联谱的位置有所不同，可在保证 T_c 处 $PS_v(T_c)=\dfrac{T_c}{2\pi}PS_a(T_c)$，$T_d$ 处 $PS_v(T_d)=\dfrac{2\pi}{T_d}S_d(T_d)$的原则下对 T_c 和 T_d 重新修订。

(2) 在比 T_a 更短的周期范围内($T\leqslant 0.03$ s)，CNM-GMPE 的拟加速度谱值为 PGA，因此可利用式(6-38)计算拟速度谱值。其中，PGA 可由衰减关系(如 CB08[117])确定。

$$PS_v(T) = \frac{T \cdot \mathrm{PGA}}{2\pi}, \quad T \leqslant 0.03\ \mathrm{s} \tag{6-38}$$

(3) 在比 T_f 更长的周期范围内($T\geqslant 33$ s)，CNM-GMPE 的位移谱值为 PGD，因此可利用式(6-39)计算拟速度谱值。其中，PGD 也可由衰减关系(如 CB08[117])确定。

$$PS_v(T) = \frac{2\pi \cdot \mathrm{PGD}}{T}, \quad T \geqslant 33\ \mathrm{s} \tag{6-39}$$

(4) 在 T_a 与 T_b 之间以及 T_e 与 T_f 之间，CNM-GMPE 采用直线形式。

以上推导过程，未讨论关于阻尼比的影响，当涉及时可参考 6.2 节中计算阻尼修正系数的方法或相关文献进行处理，在此不再赘述。

6.4 基于放大系数的条件 Newmark 三联谱的构建

Newmark 三联谱最初的建立，是在 3 个反应谱敏感区内，基于 PGA、PGV 和 PGD 分别乘以放大系数确定的[120](图 6-4)。本节假定 PGA、PGV 和 PGD 以及放大系数均服从对数正态分布，从而确定 Newmark 三联谱的均值和方差，并以指定周期点处谱值与 UHS 谱值相等为条件，建立基于放大系数的条件 Newmark 三联谱(CNM-AF，Conditional Newmark spectrum based on amplification factors)，CNM-AF 的构建流程可参见图 6-6。

6.4.1 确定放大系数的对数均值和方差

Newmark 设计三联谱是通过 PGA、PGV 和 PGD 乘以放大系数来分别确定加速度、速度和位移敏感区的谱值。假定 PGA、PGV 和 PGD 以及放大系数均服从对数正态分布。设加速度、速度和位移敏感区的放大系数分别为 α_A、α_V、α_D，则 $\ln\alpha_A \sim N(\mu_A,\sigma_A)$、$\ln\alpha_V \sim N(\mu_V,\sigma_V)$、$\ln\alpha_D \sim N(\mu_D,\sigma_D)$。Li[118]依据现有美国地质调查局(USGS)规定的场地分类标准，采用 591 条地震记录重新对 Newmark 三联谱进行了统计修正。文献[118]统计的 D 类场地 2%阻尼比的 α_A、α_V、α_D 的均值[$E(\alpha_{A,V,D})$]和方差[$\mathrm{var}(\alpha_{A,V,D})$](表 6-2)，利用统计学式(6-40)和式(6-41)可确定放大系数的对数均值和方差，即：

$$\mu_{A,V,D} = \ln E(\alpha_{A,V,D}) - \frac{1}{2}\ln\left[1 + \frac{\mathrm{var}(\alpha_{A,V,D})}{E(\alpha_{A,V,D})^2}\right] \tag{6-40}$$

$$\sigma^2_{A,V,D} = \ln\left[+ \frac{\mathrm{var}(\alpha_{A,V,D})}{E(\alpha_{A,V,D})^2}\right] \tag{6-41}$$

式中，$\mu_{A,V,D}$表示 μ_A、μ_V、μ_D；$\sigma^2_{A,V,D}$表示 σ^2_A、σ^2_V、σ^2_D。

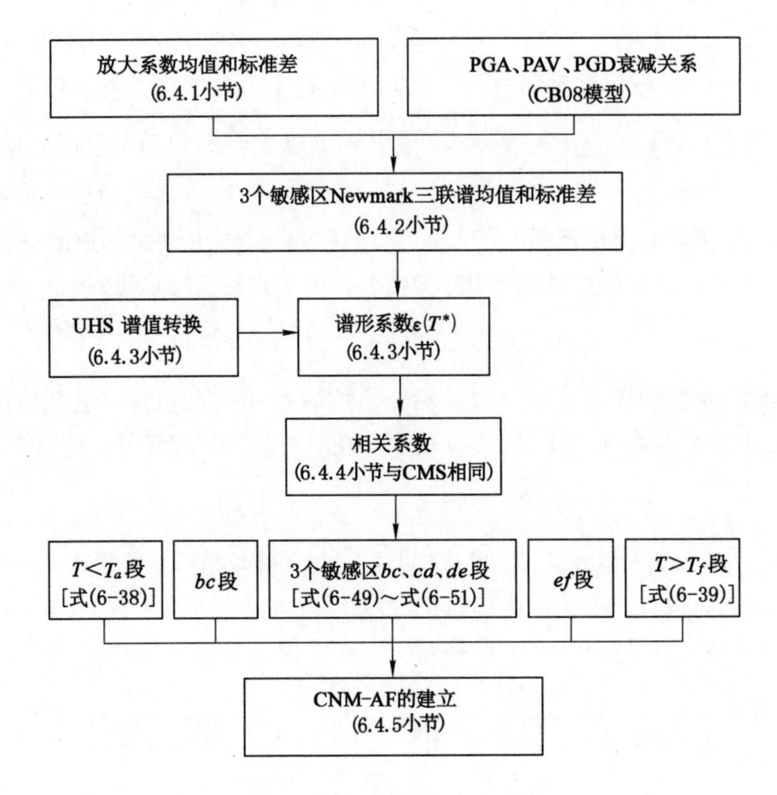

图 6-6　CNM-AF 构建流程图

表 6-2　文献[148]统计的放大系数的均值和方差(D 类场地,取 2%阻尼比)

超越概率	加速度敏感区		速度敏感区		位移敏感区	
	$E(\alpha_A)$	$var(\alpha_A)$	$E(\alpha_V)$	$var(\alpha_V)$	$E(\alpha_D)$	$var(\alpha_D)$
50/50	2.87	1.04	1.94	0.52	1.38	0.28
10/50	3.01	1.10	2.29	1.02	2.14	1.06
2/50	3.01	1.10	2.29	1.02	2.14	1.06

6.4.2　确定 3 个敏感区的 Newmark 三联谱值

由于 Newmark 设计三联谱是通过 PGA、PGV 和 PGD 乘以放大系数来分别确定加速度、速度和位移敏感区的谱值 PS_a、PS_v 和 S_d，则可根据 NGA 衰减关系确定的 PGA、PGV、PGD 的均值和方差以及表 6-2 确定的放大系数的均值和方差，确定具有一般统计意义的 3 个敏感区的 Newmark 三联谱值的分布，即：

$$\ln PS_a = \ln(\mathrm{PGA} \cdot \alpha_A) = \ln \mathrm{PGA} + \ln \alpha_A \sim N(\mu_{\ln \mathrm{PGA}} + \mu_A, \sigma^2_{\ln \mathrm{PGA}} + \sigma^2_A) \quad (6\text{-}42)$$

$$\ln PS_v = \ln(\mathrm{PGV} \cdot \alpha_V) = \ln \mathrm{PGV} + \ln \alpha_V \sim N(\mu_{\ln \mathrm{PGV}} + \mu_V, \sigma^2_{\ln \mathrm{PGV}} + \sigma^2_V) \quad (6\text{-}43)$$

$$\ln S_d = \ln(\mathrm{PGD} \cdot \alpha_D) = \ln \mathrm{PGD} + \ln \alpha_D \sim N(\mu_{\ln \mathrm{PGD}} + \mu_D, \sigma^2_{\ln \mathrm{PGD}} + \sigma^2_D) \quad (6\text{-}44)$$

式中，$\mu_{\ln \mathrm{PGA}}$、$\mu_{\ln \mathrm{PGV}}$、$\mu_{\ln \mathrm{PGD}}$分别为 PGA、PGV、PGD 的对数均值；$\sigma^2_{\ln \mathrm{PGA}}$、$\sigma^2_{\ln \mathrm{PGV}}$、$\sigma^2_{\ln \mathrm{PGV}}$分别为 PGA、PGV 和 PGD 的对数方差，均可由衰减关系（如 CB08 模型[12]）确定。

Newmark 三联谱的拐点周期（图 6-4）仍参考文献[126]取 $T_a=1/33$ s，$T_b=1/8$ s，$T_e=10$ s，$T_f=33$ s，T_c 和 T_d 根据 3 个敏感区的谱值由 3 条直线（bc 所在直线、cd 所在直线和 de 所在直线）的交点确定，保证在 T_c 处 $PS_{\mathrm{v}}(T_c)=\frac{T_c}{2\pi}PS_{\mathrm{a}}(T_c)$，在 T_d 处 $PS_{\mathrm{v}}(T_d)=\frac{2\pi}{T_d}S_{\mathrm{d}}(T_d)$。

6.4.3　确定谱形系数

若 T^* 落入加速度敏感区，CNM-AF 的已知条件为 T^* 处的拟加速度谱值与 UHS 谱值 $S_{\mathrm{a}}(T^*)$相等。当阻尼比较小时，可认为 $S_{\mathrm{a}}(T^*)\approx PS_{\mathrm{a}}(T^*)$。那么，加速度敏感区的谱形系数 $\varepsilon_{\mathrm{A}}(T^*)$可通过式(6-45)确定。

$$\varepsilon_{\mathrm{A}}(T^*)=\frac{\ln S_{\mathrm{a}}(T^*)-(\mu_{\ln \mathrm{PGA}}+\mu_{\mathrm{A}})}{\sqrt{\sigma^2_{\ln \mathrm{PGA}}+\sigma^2_{\mathrm{A}}}} \tag{6-45}$$

若 T^* 落入速度敏感区，已知条件为 T^* 处拟速度谱值与 UHS 谱值转换的拟速度谱值相等。由式(6-22)将 T^* 处的 UHS 谱值转换为 $PS_{\mathrm{v}}(T^*)$，则速度敏感区的谱形系数 $\varepsilon_{\mathrm{V}}(T^*)$可通过式(6-46)确定。

$$\varepsilon_{\mathrm{V}}(T^*)=\frac{\ln PS_{\mathrm{v}}(T^*)-(\mu_{\ln \mathrm{PGV}}+\mu_{\mathrm{v}})}{\sqrt{\sigma^2_{\ln \mathrm{PGV}}+\sigma^2_{\mathrm{v}}}} \tag{6-46}$$

若设 T^* 落入位移敏感区，已知条件为 T^* 处位移谱值与 *UHS* 谱值转换的位移谱值相等，可由式(6-47)将 T^* 处的 UHS 谱值转换为 $S_{\mathrm{d}}(T^*)$，即：

$$S_{\mathrm{d}}(T^*)=\left(\frac{T^*}{2\pi}\right)^2 S_{\mathrm{a}}(T^*) \tag{6-47}$$

那么，$\varepsilon_{\mathrm{D}}(T^*)$可通过式(6-48)确定，即：

$$\varepsilon_{\mathrm{D}}(T^*)=\frac{\ln S_{\mathrm{d}}(T^*)-(\mu_{\ln \mathrm{PGD}}+\mu_{\mathrm{D}})}{\sqrt{\sigma^2_{\ln \mathrm{PGD}}+\sigma^2_{\mathrm{D}}}} \tag{6-48}$$

6.4.4　确定相关系数

本书参考文献[38]确定相关系数，即采用与 CMS 相同的计算，见式(6-3)～式(6-7)。

6.4.5　CNM-AF 的建立

基于放大系数的条件 Newmark 三联谱（CNM-AF）取用与 6.4.2 小节确定的 Newmark 三联谱相同的拐点周期。在各周期段，CNM-AF 可按如下方式建立：

(1) 若 T^* 落入速度敏感区，在加速度、速度以及位移敏感区，CNM-AF 可分别采用式(6-49)～式(6-51)计算。需要说明的是，若 T^* 落入加速度或位移敏感区，则式(6-49)～式(6-51)中的$\varepsilon_{\mathrm{V}}(T^*)$须换成 $\varepsilon_{\mathrm{A}}(T^*)$或 $\varepsilon_{\mathrm{D}}(T^*)$。

$$\mu_{\ln PS_{\mathrm{a}}(T_i)\mid \ln PS_{\mathrm{v}}(T^*)}=\mu_{\ln \mathrm{PGA}}+\mu_{\mathrm{A}}+\rho(T_i,T^*)\cdot\varepsilon_{\mathrm{V}}(T^*)\cdot\sqrt{\sigma^2_{\ln \mathrm{PGA}}+\sigma^2_{\mathrm{A}}} \tag{6-49}$$

$$\mu_{\ln PS_{\mathrm{v}}(T_i)\mid \ln PS_{\mathrm{v}}(T^*)}=\mu_{\ln \mathrm{PGV}}+\mu_{\mathrm{V}}+\rho(T_i,T^*)\cdot\varepsilon_{\mathrm{V}}(T^*)\cdot\sqrt{\sigma^2_{\ln \mathrm{PGV}}+\sigma^2_{\mathrm{V}}} \tag{6-50}$$

$$\mu_{\ln S_{\mathrm{d}}(T_i)\mid \ln PS_{\mathrm{v}}(T^*)}=\mu_{\ln \mathrm{PGD}}+\mu_{\mathrm{D}}+\rho(T_i,T^*)\cdot\varepsilon_{\mathrm{V}}(T^*)\cdot\sqrt{\sigma^2_{\ln \mathrm{PGD}}+\sigma^2_{\mathrm{D}}} \tag{6-51}$$

(2) 在比 T_a 更短的周期范围内（$T\leqslant 0.03$ s），CNM-AF 的加速度谱值可参考式(6-38)。

(3) 在比 T_f 更长的周期范围内($T \geqslant 33$ s),CNM-AF 的加速度谱值可参考式(6-39)。

(4) 在 T_a 与 T_b 之间以及 T_e 与 T_f 之间,CNM-AF 采用直线形式。

以上推导过程,未讨论关于阻尼比的影响,当涉及时可参考 5.2 节中计算阻尼修正系数的方法或相关文献进行处理,在此不再赘述。

6.5 以CNM-GMPE、CNM-AF 和 CMS 为目标谱的选波方法对比分析

本章以 CNM-GMPE、CNM-AF 和 CMS 为目标谱进行地震波选择。仍采用"美国联合钢结构计划"中的 9 层抗弯钢框架结构为分析模型,其建构 CMS 目标谱的相关信息可参见 6.2 节。参考本书第 4 章 ASM 方法和 LSM 方法的选波原则,从备选波数据库(附录 A 中表 A-4)中优选出 7 条地震波进行结构时程反应对比分析。

6.5.1 目标谱的比较

通过 6.3 节和 6.4 节介绍两种条件 Newmark 三联谱的方法建立 9 层结构在 3 种超越概率下的目标谱,并与相同衰减关系及分析参数条件下建立的 2%阻尼比 CMS 转换的拟速度谱进行比较(图 6-7)。受衰减关系的限制,图中 CMS 仅计算到 10 s。由图可知,各超越概率下,CNM-AF 与 CMS 的谱值不仅在 T_1 处相等,且在各周期处二者的谱值均非常相近。这是二者均引入了条件分布的理念,并采用了部分相同的参数,如相关系数和衰减关系模型等。CNM-GMPE 虽与上述两种目标谱也很相近,但在结构 T_1 处的谱值均小于上述两种目标谱值。这是由于在反应谱敏感区内,其采用了一致等效的相关系数,使得 T_1 处的相关系数均小于 1.0,则 CNM-GMPE 的谱值会小于 CMS 和 CNM-AF 的。

需要说明的是,20 层结构的基本周期 T_1 为 4.11 s,可能用于比较上述目标谱计算结果更合适。但利用 USGS 网站无法直接获得 PSHA 设定解耦结果(USGS 网站最长周期为 2 s),即无法确定如表 6-1 的用于 20 层结构计算的设定震级 M 和距离 R。关于长周期结构如何获得 PSHA 设定解耦结果,目前还没有成熟的研究成果,这部分内容今后仍有待进一步研究。

6.5.2 地震波调幅及选择

图 6-8 为 9 层结构以 CMS、CNM-GMPE 和 CNM-AF 为目标谱,计算 40 条备选地震波所得的 SF。由图可知,CNM-GMPE 方法所得的 SF 最小,这主要是它在结构 T_1 处的目标谱值最小导致的。CNM-AF 方法与 CMS 方法所得的 SF 非常相近。

3 种目标谱方法所优选的 7 条地震波可参见表 6-3。由表可知,相同超越概率下优选的 7 条地震波中有 5～7 个台站同时被 CNM-AF 与 CMS 选中,且相同地震波分量的调幅系数也非常相近,可见两种方法所选的地震波基本一致;虽然有 4～5 个台站同时被 CNM-GMPE 与 CMS 选中,但对比相同的地震波分量,CNM-GMPE 方法比 CMS 方法所得的 SF 稍小,这有可能导致 CNM-GMPE 方法所得的结构反应偏小。

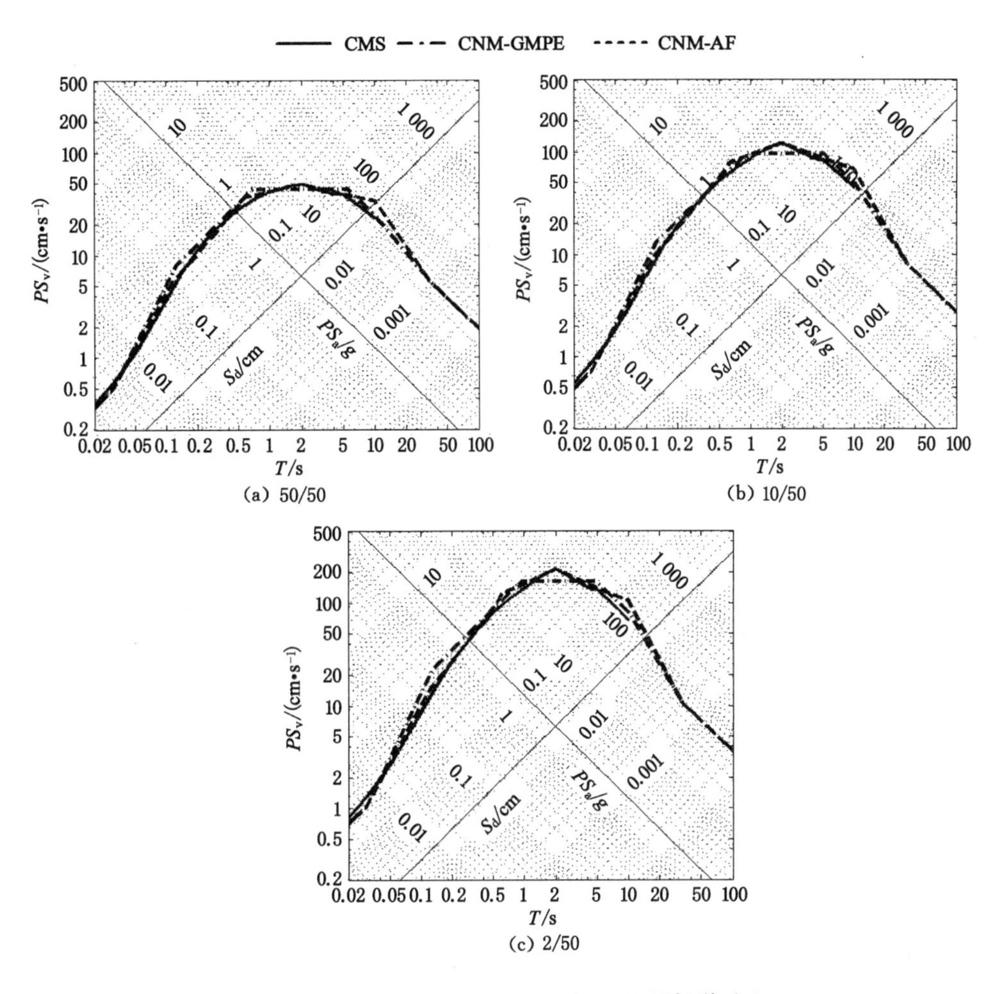

(a) 50/50

(b) 10/50

(c) 2/50

图 6-7 CNM-GMPE、CNM-AF 和 CMS 目标谱对比

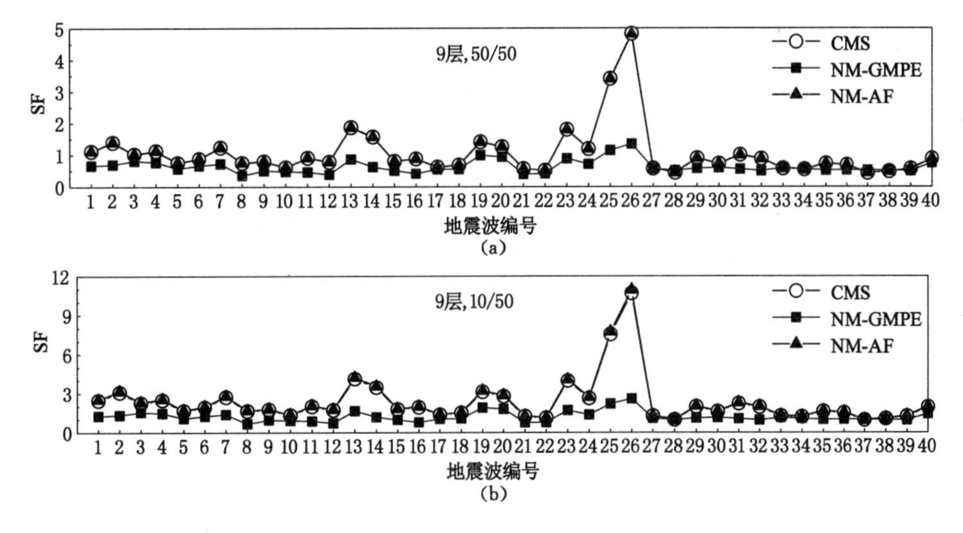

(a)

(b)

图 6-8 CNM-GMPE 方法、CNM-AF 方法和 CMS 方法所得的 SF 对比

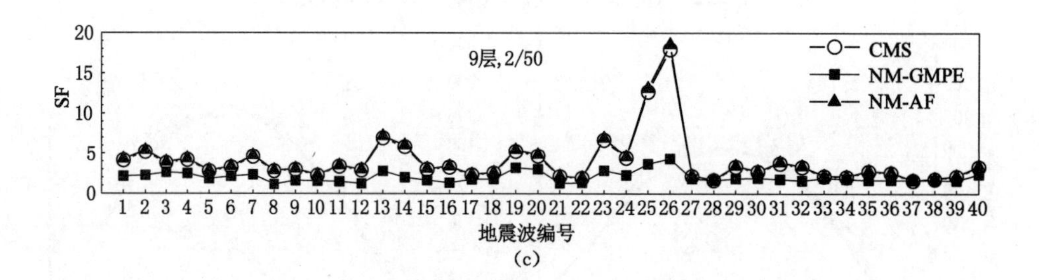

图 6-8(续)

表 6-3　采用 3 种目标谱方法优选 7 条波

超越概率	排序	CMS				CNM-GMPE				CNM-AF			
		编号	分量	SF	SSE	编号	分量	SF	SSE	编号	分量	SF	SSE
50/50	1	18	I-ELC270	0.68	1.72	36	TCU042－W	0.53	0.01	18	I-ELC270	0.68	1.50
	2	35	TCU042-N	0.73	2.00	18	I-ELC270	0.56	0.01	35	TCU042-N	0.73	1.85
	3	5	CCN090	0.75	2.27	10	TCU047-W	0.48	0.02	27	HCH090	0.58	2.13
	4	28	HCH180	0.45	2.51	22	CHY036-W	0.41	0.61	5	CCN090	0.75	2.34
	5	39	YER270	0.57	2.74	30	H-CHI282	0.60	0.85	3	BLD090	1.02	2.66
	6	3	BLD090	1.02	2.75	27	HCH090	0.57	1.74	39	YER270	0.56	2.75
	7	38	TCU107-W	0.48	2.76	40	YER360	0.74	1.96	38	TCU107-W	0.48	3.05
10/50	1	38	TCU107-W	1.07	1.70	39	YER270	0.96	0.03	38	TCU107-W	1.09	1.99
	2	18	I-ELC270	1.51	2.68	28	HCH180	0.98	0.15	28	HCH180	1.01	2.17
	3	28	HCH180	0.99	2.75	21	CHY036-N	0.76	0.19	18	I-ELC270	1.54	2.24
	4	35	TCU042-N	1.62	3.06	35	TCU042-N	1.00	0.48	35	TCU042-N	1.66	2.58
	5	5	CCN090	1.66	3.50	34	SVL360	1.07	0.64	39	YER270	1.28	3.08
	6	39	YER270	1.25	3.63	10	TCU047-W	0.93	3.13	5	CCN090	1.70	3.27
	7	3	BLD090	2.26	4.46	18	I-ELC270	1.07	3.50	3	BLD090	2.32	4.16
2/50	1	38	TCU107-W	1.79	1.44	39	YER270	1.61	0.01	38	TCU107-W	1.85	1.72
	2	28	HCH180	1.65	3.14	28	HCH180	1.64	0.02	28	HCH180	1.71	2.27
	3	18	I-ELC270	2.54	3.46	21	CHY036-N	1.27	0.05	18	I-ELC270	2.62	2.66
	4	35	TCU042-N	2.72	3.91	35	TCU042-N	1.68	0.20	35	TCU042-N	2.81	3.05
	5	39	YER270	2.10	4.37	34	SVL360	1.80	0.30	39	YER270	2.17	3.46
	6	5	CCN090	2.79	4.44	10	TCU047-W	1.56	4.04	5	CCN090	2.89	3.78
	7	3	BLD090	3.80	5.65	18	I-ELC270	1.80	4.46	3	BLD090	3.93	4.88

此外还发现，对于各个地震危险性水平，CNM-GMPE 方法所得的匹配误差(SSE)都明显小于 CNM-AF 方法和 CMS 方法的，说明 CNM-GMPE 方法所得的目标谱与地震波可实

现较好的谱形匹配。CNM-GMPE 方法采用在反应谱敏感区内一致等效的相关系数，使其在同一敏感区内谱值较为平滑，在 T_1 周期点处不会出现类似 CNM-AF 方法和 CMS 方法那样较为明显的尖点，这样的谱形比较符合真实地震波在长周期处谱值较为平缓的特点，这也许是其匹配误差明显较小的主要原因之一。

6.5.3　结构反应对比分析

本节也仅以层间位移角作为结构反应参数，对比分析 3 种目标谱方法所得层间位移角的均值、相对误差以及 COV 沿楼层的分布情况。

6.5.3.1　*层间位移角均值*

优选 7 条地震波所得结构层间位移角均值如图 6-9 所示。由图可知，CNM-AF 方法与 CMS 方法在各楼层处的均值均非常相近，但 CNM-GMPE 方法所得的要小，这主要是 CNM-GMPE 方法所得的 SF 偏小导致的。

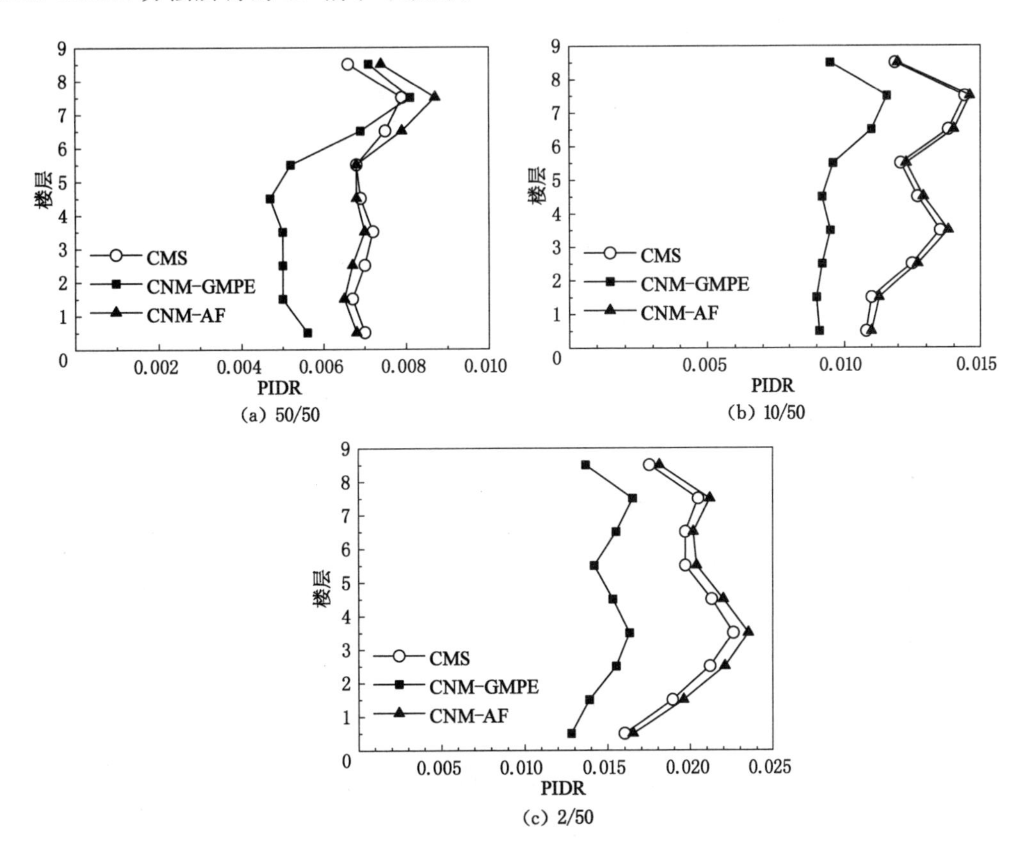

图 6-9　CNM-GMPE 方法、CNM-AF 方法和 CMS 方法所得的层间位移角

为进一步对比两种条件 Newmark 三联谱与 CMS 方法所得结构反应的差别，将 CNM-GMPE 方法和 CNM-AF 方法所得的结果相对于 CMS 方法的误差列于图 6-10 中。由图可知，CNM-AF 方法在各楼层处的相对误差均在 5%以内；CNM-GMPE 方法的相对误差沿楼层分布比较均匀且基本为负值，相对误差绝对值仅能控制到 30%以内。

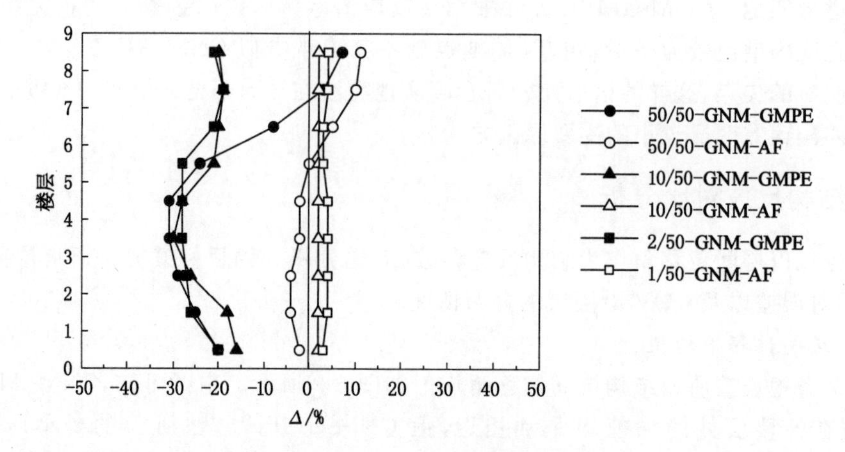

图 6-10　CNM-GMPE 和 CNM-AF 方法所得层间位移角相对于 CMS 的误差

6.5.3.2　层间位移角变异系数

基于 3 种目标谱方法优选 7 条波所得结构层间位移角的 COV 如图 6-11 所示。由图可知，CNM-AF 方法与 CMS 方法所得的 COV 在各楼层均比较相近，基本在 0.2 左右；虽然 CNM-GMPE 方法所选地震波的匹配误差最小，但其所得的 COV 却大于 CNM-AF 方法与 CMS 方法的。

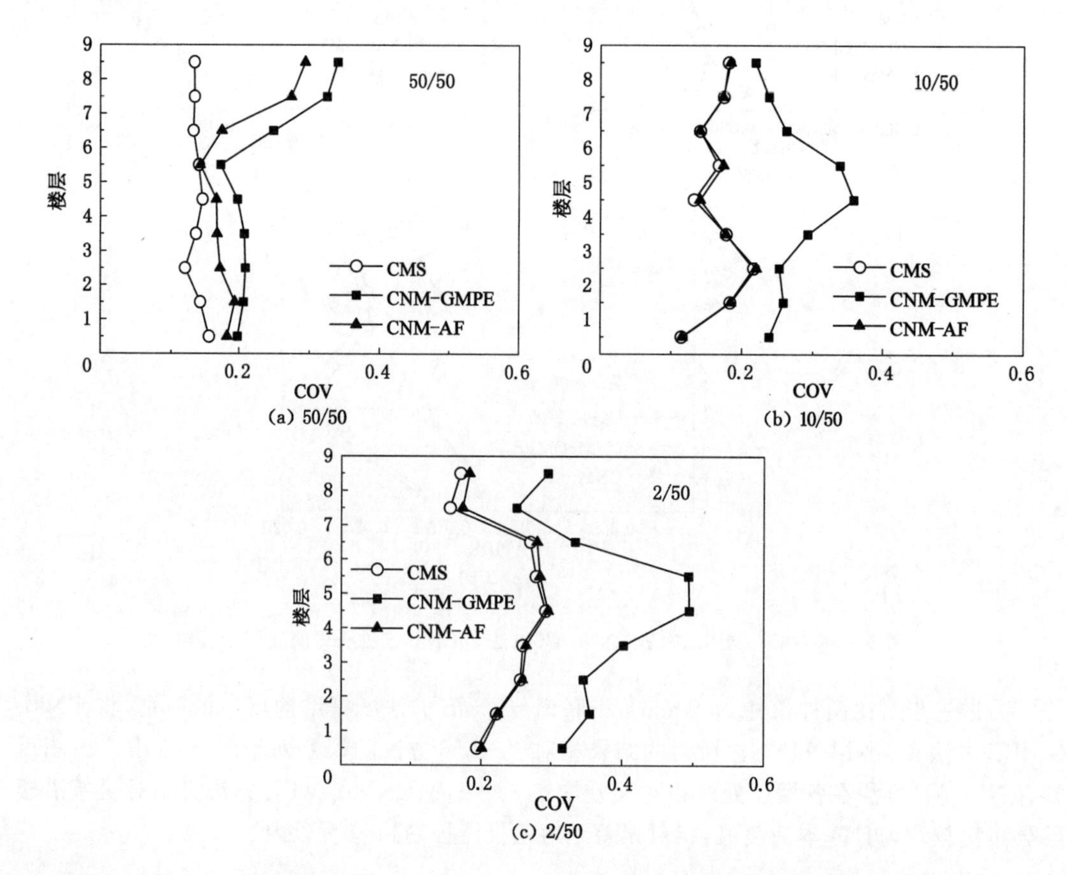

图 6-11　CNM-GMPE 方法、CNM-AF 方法和 CMS 方法所得层间位移角的 COV

总的来说，CMS 方法具有离散性较低的优势，这与文献[39]研究的结论一致；CNM-AF 方法与 CMS 方法类似，也具有较低的离散性；CNM-GMPE 方法虽然离散性最大，但其 COV 最大值也可控制在 0.4 左右。

6.6 本章小结

本章将 Newmark 三联谱与条件均值谱的“条件分布”理念相结合，提出了两种条件 Newmark 三联谱，即基于衰减关系的条件 Newmark 三联谱（CNM-GMPE）和基于放大系数的条件 Newmark 三联谱（CNM-AF）。本节还提出了 CMS 的阻尼修正方法，可不受衰减关系影响，适用的阻尼比范围（0.5%～30%）及周期范围（0.01～10 s）均比较广泛。基于“美国联合钢结构计划”的 9 层抗弯钢框架结构在不同地震危险性水平（超越概率）下的时程分析，初步获得如下结论：

（1）提出的基于放大系数的条件 Newmark 三联谱（CNM-AF）与 CMS 相比，依据二者所选出的地震波、调幅系数以及结构层间位移角均值和离散性均比较相近。

（2）提出的基于衰减关系的条件 Newmark 三联谱（CNM-GMPE）与 CMS 相比，选择地震波的调幅系数明显偏小，从而使其产生的结构反应也小于 CNM-AF 方法和 CMS 方法，其反应离散性也未因其良好的谱形匹配而明显低于其他方法。

7 结论与展望

7.1 结　　论

目前,时程分析已广泛应用于抗震设计及性能评估,但由于输入地震波不同,往往导致时程分析结果产生过大的离散性。如何选择合适的输入地震波以充分反映结构未来可能面临的地震地质背景,实现对结构反应的"准确、有效、一致"估计,则是时程分析面临的重要问题。本书详细总结了国内外关于时程分析地震波选择的相关研究,并对各个选波方法的特点做了简要评述。以目前主流的目标谱匹配法开展研究,针对目标谱选择,提出了以 Newmark 三联谱为目标谱的选波方法,并将条件均值谱的条件分布理念与 Newmark 三联谱相结合,构建了两种条件 Newmark 三联谱;针对谱匹配方法,提出了能够考虑高阶振型对结构反应不同贡献的加权调幅选波方法;同时,探讨了基于最小二乘法的谱匹配中,采用算术与对数坐标,对地震波调幅以及结构时程分析结果造成的差异性影响。

本书提出的各种选波方法及相关研究,以"美国联合钢结构计划"提出的 Benchmark 抗弯钢框架以及典型的钢筋混凝土高层结构为计算实例,以各种超越概率下的平均反应谱以及规范设计谱为目标谱,并以简单地震信息初选的小型地震波数据库中的地震波作为备选波,通过结构反应的对比分析,探讨了上述研究的可行性。主要研究结论如下:

(1) 将 Newmark 三联谱作为目标谱进行时程分析选波,可充分发挥其对短、中、长周期结构反应均具有良好相关性的特点。以 Newmark 三联谱为目标谱的选波方法——NM 方法相比于传统的以加速度反应谱为目标谱的方法——SM 方法,所得地震波的调幅系数较大,对于短周期及中短周期结构,二者调幅系数的差距较为明显。NM 方法对于低、中、高层结构非线性时程分析选波均具有可行性,当优选 7 条地震波和 10 条地震波时,各超越概率下均能保证结构反应相对于目标反应的误差绝对值小于 20%。因此,NM 方法在估计结构反应均值方面具有与 SM 方法相同的准确性。在降低结构反应离散性方面,虽然 NM 方法较 SM 方法在结构周期较长或结构非线性程度较高时所得的 COV 更小,但是与对数坐标下加速度目标谱方法相比,结构反应的 COV 更大。总的来说,Newmark 三联谱对于长周期结构反应的良好相关性并没有突显出来,对于 NM 选波方法,仍需科研人员开展更为深入的理论探究。

(2) 在反应谱平台段和结构基本周期附近误差双控指标中,引入由归一化振型参与系数确定的前几阶振型的权重系数,提出的双指标多频段方法可以较为合理地考虑高阶振型对结构反应的影响,对高层钢筋混凝土结构和高层抗弯钢框架结构的地震反应均值估计,均具有较高的准确性,对于弹性和弹塑性时程分析均适用,对于远断层地震动及近断层地震动输入也均适用。其中,近断层地震动的适用性研究尚处于初步尝试阶段,仍需科研人员进行深入探讨。由于该方法中关键参数的选择(如 Tg、ΔT_1 与 ΔT_2、误差限值等)并不具备可靠的理论依据,因此它是工程经验化的方法。

(3) WSM 方法所得的地震波的调幅系数与 SM 方法相差不大,且其受结构动力特性的影响也较为有限。WSM 方法在估计结构反应均值方面与 SM 方法具有相同的准确性,当优选 7 条地震波和 10 条地震波时,可保证结构反应相对误差绝对值控制在 20%以内。WSM 方法的主要优势在于:可以有效降低非线性时程反应分析结果的离散性,提高结构反应预估结果的可靠性,这一优势不会受到结构动力特性、非线性程度、排序方案以及地震波数量的影响。加权调幅法与国内学者、人工波方法以及 NGA-West2 强震数据库选波模块方法的比较研究表明,加权调幅法在估计结构反应均值方面具有可靠的准确性,进一步明确了其优势在于可明显降低结构反应的离散性,这种优势也不会受到目标谱选择的影响。加权调幅法已初步用于减隔震结构的时程分析,现有算例分析表明,该方法具有一定的适用性。

(4) 基于高维向量理论揭示了算术坐标下目标谱选波的物理含义:指定一个高维向量(对应目标谱),寻求另一个高维向量(对应备选波反应谱)的平行向量,使二者之间的"向量长度"相当。对数坐标下谱匹配所得调幅系数的数学解释为:周期离散化的目标谱和备选地震波的谱值,二者倍数(取对数后相减)的算术平均,或者简单地理解为周期离散化的目标谱和备选波反应谱之间倍数的几何平均。由上述高维向量理论及数据统计规律分析也可证明,ASM 方法所得的调幅系数主要由反应谱值较大的短周期和中短周期段控制,而 LSM 方法所得的调幅系数主要由长周期段的反应谱值起控制作用,从而使得 LSM 方法的调幅系数会明显大于 ASM 方法,该理论也进一步明确了前述 NM 方法和 WSM 方法研究的必要性与创新性。采用算术和对数坐标对结构反应均值估计的准确度均可控制在±20%以内,但对数坐标进行选波和调幅计算在降低结构反应离散性方面较 ASM 方法更有优势,且对于较长周期结构且结构非线性程度较高时,这种优势更为明显。

(5) 提出的条件 Newmark 三联谱,包括基于放大系数的条件 Newmark 三联谱(CNM-AF)和基于衰减关系的条件 Newmark 三联谱(CNM-GMPE),条件分布的引入可使其能够与主流的概率地震危险性分析理论相结合。本书提出的 CNM-AF 与 CMS 相比,依据二者所选出的地震波、调幅系数以及结构层间位移角均值和离散性均比较相近。依据提出的 CNM-GMPE 所选地震波的调幅系数明显偏小,从而使其产生的结构反应也小于 CNM-AF 方法和 CMS 方法,其结构反应离散性也未因其良好的谱形匹配而明显低于其他方法。书中还提出了 CMS 的阻尼修正方法,该方法可不受衰减关系影响,适用的阻尼比范围(0.5%～30%)及周期范围(0.01～10 s)均比较广泛。

7.2 创 新 点

本书针对结构时程分析选波问题,改进了目标谱选择及地震波调幅方法,主要的创新点如下:

(1) 针对目标谱选择,提出以 Newmark 三联谱为目标谱的选波方法,并构建了条件 Newmark 三联谱。

考虑到目前常用目标谱多局限于加速度反应谱,更多地反映了 PGA 或 S_a 的地震衰减或统计特征的现状,其对于短周期或中短周期结构具有较好的反应相关性。而对于长周期结构,采用位移谱反应相关性会更强。由此提出 Newmark 三联谱作为时程分析选择地震波的目标谱,它是基于 PGA、PGV、PGD 建立的放大系数谱,其与短、中、长周期结构反应均具有良好相关性。以 Newmark 三联谱为目标谱的选波方法相较于传统的加速度目标谱方法,在降低结构反应离散性方面较有优势。将条件均值谱(CMS)的条件分布理念与Newmark三联谱相结合,构建了两种条件 Newmark 三联谱,即基于衰减关系的条件Newmark三联谱和基于放大系数的条件 Newmark 三联谱。

(2) 针对谱匹配方法,提出能够考虑高阶振型对结构反应不同贡献的双指标多频段和加权调幅选波方法。

通常进行谱匹配时并不考虑各阶振型对结构反应的不同贡献,这与一阶振型对结构反应贡献最大的认知相悖;即使有些研究考虑引入加权系数,也未给出充足的取值依据及应用效果。本书引入了由归一化振型(质量)参与系数确定的权重系数,先后提出了双指标多频段工程经验选波方法以及理论更加完备的加权调幅选波方法,以充分考虑高阶振型对结构地震反应的不同贡献。两种方法均具有可行性,加权调幅法与等权方法以及国内学者、人工波方法、NGA-West2 强震数据库选波模块方法的比较研究表明,加权调幅法在估计结构反应均值方面具有可靠的准确性,其优势在于可明显降低结构反应的离散性。这种优势也不会受到结构动力特性、非线性程度、排序方案、地震波数量以及目标谱选择的影响。加权调幅法已初步用于减隔震结构的时程分析,现有算例分析表明,该方法具有一定的适用性。

(3) 针对采用不同坐标系,结合最小二乘法解释了谱匹配中采用算术坐标和对数坐标,对选波和结构时程分析结果带来的差异性。

结合谱匹配的最小二乘法,本书基于高维向量理论揭示了算术坐标下目标谱选波的物理含义,并给出了对数坐标下计算调幅系数的数学解释。前者可描述为:指定一个高维向量(对应目标谱),寻求另一个高维向量(对应备选波反应谱)的平行向量,使二者之间的“向量长度”相当。后者的数学解释为:周期离散化的目标谱和备选地震波的谱值,二者倍数(取对数后相减)的算术平均,或者简单地理解为周期离散化的目标谱和备选波反应谱之间倍数的几何平均。算术坐标下谱匹配所得调幅系数主要由反应谱值较大的短周期和中短周期段控制,因此更适于分析短周期和中短周期结构;而对数坐标下谱匹配所得调幅系数主要由长周期段的反应谱值起控制作用,该方法更适于分析长周期结构。

7.3 展　　望

受作者水平和研究时间所限,现有的研究中还存在很多不足,今后还有以下几个方面的研究工作有待深入或改进:

(1) 本书仅以结构均值反应作为需求参数,对于结构反应分布的估计以及结构倒塌概率的分析都未考虑。这部分对于基于性能的结构抗震分析,也是一项非常重要的研究工作,有待进一步深入探讨。若以结构反应概率分布为需求参数,则地震波数量的需求将会大大增加,大数据统计分析方法(如遗传算法、神经网络等)则将在与此相关的研究中起到重要作用。

(2) 本书选波研究所用的备选波均是普通的远断层地震动,并未将近断层地震动纳入其中，目标谱统计中也仅是在 50 年超越概率为 2%时选用了部分近断层地震动，并且在双指标多频段选波方法论证中初步尝试考虑了近断层地震动。近断层地震动具有其自身的特点(如脉冲效应等)，尤其对于长周期结构，很有必要考虑近断层地震动的影响。因此，本书提出的诸多选波方法，对于近断层地震动的适用性研究还有待深入。

(3) 对于本书提出的诸多选波方法的研究尚处于起步阶段，故仅选用了规则的基础固结的建筑结构作为分析实例，采用二维模型，并未对非规则结构的适用性开展研究，对于减隔震结构的适用性也仅是开展了初步的研究。这部分扩展研究不仅需要考虑基于三维分析模型，相关的基础理论及方法(如三维模型结构如何确定权重系数等)也有必要进一步探讨。

附　　录

附录 A　SAC 地震波及备选地震波

表 A-1　SAC 地震波(50/50 组)

分量	地震事件	台站	震级 M_W	震中距/km	PGA/g	PGV①/($cm \cdot s^{-4}$)	PGD①/cm
LA41	Coyote Lake	gil2	5.7	8.8	0.59	69.52	11.05
LA42	Coyote Lake	gil2	5.7	8.8	0.33	26.71	6.68
LA43	Imperial Valley,1979	E06	6.5	1.2	0.14	42.43	22.97
LA44	Imperial Valley,1979	E06	6.5	1.2	0.11	22.57	14.27
LA45(b)	Kern County	holl	7.7	107.0	0.14	12.49	3.44
LA46(b)	Kern County	holl	7.7	107.0	0.16	12.42	7.36
LA47	Landers	frti	7.3	64.0	0.34	40.84	33.70
LA48	Landers	frti	7.3	64.0	0.31	25.00	12.73
LA49	Morgan Hill	gil3	6.2	15.0	0.32	26.94	6.88
LA50	Morgan Hill	gil3	6.2	15.0	0.55	22.81	5.74
LA51	Parkfield	cs05	6.1	3.7	0.78	42.59	6.53
LA52	Parkfield	cs05	6.1	3.7	0.63	36.87	5.43
LA53	Parkfield	cs08	6.1	8.0	0.69	31.18	6.19
LA54	Parkfield	cs08	6.1	8.0	0.79	32.08	9.08
LA55	North Palm Springs	plma	6.0	9.6	0.52	36.72	7.19
LA56	North Palm Springs	plma	6.0	9.6	0.38	25.42	5.85
LA57	San Fernando	hsbf	6.5	1.0	0.25	21.67	12.84
LA58②	San Fernando	hsbf	6.5	1.0	0.23	13.14	5.53
LA59	Whittier	DOWN	6.0	17.0	0.77	98.51	12.58
LA60	Whittier	DOWN	6.0	17.0	0.48	59.99	7.80

注:① PGV 和 PGD 由软件 QuakeManager 计算[43];

② 由于 LA45.LA46 和 LA58 的 PGD 值出现明显偏差,它们的 PGV 和 PGD 由软件 SeismoSpect 进行校正。

表 A-2　SAC 地震波(10/50 组)

分量	地震事件	台站	震级 M_W	震中距/km	PGA/g	PGV①/(cm・s^{-1})	PGD①/cm
LA01	Imperial Valley,1940	ivir	6.9	10.0	0.46	62.40	27.72
LA02	Imperial Valley,1940	ivir	6.9	10.0	0.68	59.90	14.27
LA03	Imperial Valley,1979	E05	6.5	4.1	0.39	83.00	33.42
LA04	Imperial Valley,1979	E05	6.5	4.1	0.49	77.10	48.19
LA05	Imperial Valley,1979	E06	6.5	1.2	0.30	89.20	48.28
LA06	Imperial Valley,1979	E06	6.5	1.2	0.23	47.44	30.00
LA07	Landers	bars	7.3	36.0	0.42	66.08	33.15
LA08	Landers	bars	7.3	36.0	0.43	65.68	39.57
LA09	Landers	yerm	7.3	25.0	0.52	91.31	56.32
LA10	Landers	yerm	7.3	25.0	0.36	60.35	46.33
LA11	Loma Prieta	GIL3	7.0	12.0	0.67	79.14	28.30
LA12	Loma Prieta	GIL3	7.0	12.0	0.97	56.03	16.44
LA13	Northridge	newh	6.7	6.7	0.68	95.55	19.81
LA14	Northridge	newh	6.7	6.7	0.66	80.95	35.58
LA15	Northridge	rrs	6.7	7.5	0.53	98.51	17.84
LA16	Northridge	rrs	6.7	7.5	0.58	100.76	26.62
LA17	Northridge	sylm	6.7	6.4	0.57	80.19	17.33
LA18	Northridge	sylm	6.7	6.4	0.82	118.93	26.88
LA19	North Palm Springs	dhsp	6.0	6.7	1.02	68.27	15.64
LA20	North Palm Springs	dhsp	6.0	6.7	0.99	103.83	25.57

注:①　PGV 和 PGD 由软件 QuakeManager 计算[43]。

表 A-3　SAC 地震波(2/50 组)

分量	地震事件	台站	震级 M_W	震中距/km	PGA/g	PGV①/(cm・s^{-1})	PGD①/cm
LA21	Kobe		6.9	3.4	1.28	142.70	37.8
LA22	Kobe		6.9	3.4	0.92	123.16	34.22
LA23	Loma Prieta		7.0	3.5	0.42	73.76	23.13
LA24	Loma Prieta		7.0	3.5	0.47	136.91	58.74
LA25	Northridge	rrs	6.7	7.5	0.87	160.31	29.04
LA26	Northridge	rrs	6.7	7.5	0.94	163.98	43.32
LA27	Northridge	sylm	6.7	6.4	0.93	130.49	28.21
LA28	Northridge	sylm	6.7	6.4	1.33	193.53	43.74
LA29	Tabas	TAB	7.4	1.2	0.81	71.05	35.38
LA30	Tabas	TAB	7.4	1.2	0.99	138.83	94.59
LA31	Elysian Park(simulated)		7.1	18.0	1.30	119.91	35.89
LA32	Elysian Park(simulated)		7.1	18.0	1.19	141.06	45.52

表 A-3(续)

分量	地震事件	台站	震级 M_W	震中距/km	PGA/g	PGV①/(cm·s⁻¹)	PGD①/cm
LA33	Elysian Park(simulated)		7.1	11.0	0.78	110.96	50.37
LA34	Elysian Park(simulated)		7.1	11.0	0.68	108.48	49.93
LA35	Elysian Park(simulated)		7.1	11.0	0.99	222.86	89.52
LA36	Elysian Park(simulated)		7.1	11.0	1.10	245.50	82.56
LA37	Palos Verdes(simulated)		7.1	1.5	0.71	177.44	77.25
LA38	Palos Verdes(simulated)		7.1	1.5	0.78	194.04	92.41
LA39	Palos Verdes(simulated)		7.1	1.5	0.50	85.50	22.63
LA40	Palos Verdes(simulated)		7.1	1.5	0.63	169.3	67.84

注:① PGV 和 PGD 由软件 QuakeManager 计算[43]。

表 A-4 20 个台站双向水平记录备选波

编号	分量	地震事件	台站	M_W	断层距/km	PGA/g	PGV/(cm·s⁻¹)	PGD/cm
1	AND270	Loma Prieta (1989-10-18)	1652 Anderson Dam	7.0	21.40	0.24	20.3	7.7
2	AND360					0.24	18.4	6.7
3	BLD090	Northridge (1994-01-17)	24157 LA-Baldwin Hills	6.7	31.30	0.24	14.9	6.2
4	BLD360					0.17	17.6	4.8
5	CCN090	Northridge (1994-01-17)	24389 LA-Century City	6.7	25.75	0.26	21.1	6.7
6	CCN360					0.22	25.2	5.7
7	CLW-LN	Landers (1992-06-28)	23 Coolwater	7.3	21.20	0.28	25.6	13.7
8	CLW-TR					0.42	42.3	13.8
9	TCU047-N	ChiChi (1999-09-20)	Tcu047	7.6	33.01	0.41	40.2	22.2
10	TCU047-W					0.30	41.6	51.1
11	TCU095-N	ChiChi (1999-09-20)	Tcu095	7.6	43.44	0.71	49.1	24.5
12	TCU095-W					0.38	62.0	51.8
13	WST000	Northridge (1994-01-17)	90021 LA-N Westmoreland	6.7	29.00	0.40	20.9	2.3
14	WST270					0.36	20.9	4.3
15	TCU045-N	ChiChi (1999-09-20)	Tcu045	7.6	24.06	0.50	39.0	14.3
16	TCU045-W					0.47	36.7	50.7
17	I-ELC180	Imperial Valley (1940-05-19)	117 El Centro Array #9	6.9	8.30	0.31	29.8	13.3
18	I-ELC270					0.21	30.2	23.9
19	TAF021	Kern County (1952-07-21)	1095 Taft Lin-coln School	7.7	41.00	0.16	15.3	9.2
20	TAF111					0.18	17.5	9.0
21	CHY036-N	ChiChi (1999-09-20)	CHY036	7.6	20.38	0.21	41.4	34.2
22	CHY036-W					0.29	38.9	21.2
23	FAR000	Northridge (1994-01-17)	90016 LA-N Faring Rd	6.7	23.90	0.27	15.8	3.3
24	FAR090					0.24	29.8	4.7

表 A-4(续)

编号	分量	地震事件	台站	M_W	断层距/km	PGA/g	PGV/(cm·s^{-1})	PGD/cm
25	GLP177	Northridge (1994-01-17)	90063 Glendale-Las Palmas	6.7	25.40	0.36	12.3	1.9
26	GLP267					0.21	7.4	1.7
27	HCH090	Loma Prieta (1989-10-18)	1028 Hollister City Hall	7.0	28.20	0.25	38.5	17.8
28	HCH180					0.22	45.0	26.1
29	H-CHI012	Imperial Valley (1979-10-15)	6621 Chihuahua	6.5	28.70	0.27	24.9	9.1
30	H-CHI282					0.25	30.1	12.9
31	STN020	Northridge (1994-01-17)	90091 LA- Saturn St	6.7	30.00	0.47	34.6	6.5
32	STN110					0.44	39.0	6.4
33	SVL270	Loma Prieta (1989-10-18)	1695 Sunnyvale-Colton Ave.	7.0	28.80	0.21	37.3	19.1
34	SVL360					0.21	36.0	16.9
35	TCU042-N	ChiChi (1999-09-20)	TCU042	7.6	23.34	0.20	39.3	23.9
36	TCU042-W					0.24	44.8	46.9
37	TCU107-N	ChiChi (1999-09-20)	TCU107	7.6	20.35	0.16	47.4	32.8
38	TCU107-W					0.12	36.8	39.8
39	YER270	Landers (1992-06-28)	22074 Yermo Fire Station	7.3	24.90	0.25	51.5	43.8
40	YER360					0.15	29.7	24.7

表 A-5　10 个台站双向水平记录备选波(远断层)

编号	分量	地震事件	台站	M_W	断层距/km	PGA/g	PGV/(cm·s^{-1})	PGD/cm
1	CHI012	Imperial Valley (1979-10-15)	6621 Chihuahua	6.9	29	0.27	24.9	9.1
2	CHI282					0.25	30.1	12.9
3	SVL270	Loma Prieta (1989-10-18)	1695 Sunnyvale Colton Ave	7.1	29	0.21	37.3	19.1
4	SVL360					0.21	36.0	16.9
5	HCH090	Loma Prieta (1989-10-18)	1028 Hollister City Hall	7.1	28.2	0.25	38.5	17.8
6	HCH180					0.22	45.0	26.1
7	YER270	Landers (1992-06-28)	22074 Yermo Fire Station	7.4	24.9	0.25	51.5	43.8
8	YER360					0.15	29.7	24.7
9	GLP177	Northridge (1994-01-17)	90063 Glendale Las Palmas	6.7	25.4	0.36	12.3	1.9
10	GLP267					0.21	7.4	1.7

表 A-5(续)

编号	分量	地震事件	台站	M_W	断层距/km	PGA/g	PGV/(cm·s^{-1})	PGD/cm
11	FAR000	Northridge (1994-01-17)	90016 LA-N Faring Rd	6.7	23.9	0.27	15.8	3.3
12	FAR090					0.24	29.8	4.7
13	STN020	Northridge (1994-01-17)	90091 LA-Saturn St	6.7	30.0	0.47	34.6	6.5
14	STN110					0.44	39.0	6.4
15	TCU042-N	ChiChi (1999-09-20)	TCU042	7.6	23.34	0.20	39.3	23.9
16	TCU042-W					0.24	44.8	46.9
17	TCU107-N	ChiChi (1999-09-20)	TCU107	7.6	20.35	0.16	47.4	32.8
18	TCU107-W					0.12	36.8	39.8
19	CHY036-N	ChiChi (1999-09-20)	CHY036	7.6	20.38	0.21	41.4	34.2
20	CHY036-W					0.29	38.9	21.2

表 A-6 10 个台站双向水平记录备选波(近断层)

编号	分量	地震事件	台站	M_W	断层距/km	PGA/g
1	EMO000	Imperial Valley (1979-10-15)	ElCentro-MelolandGeot. Array	6.9	0.1	0.32
2	E07140	Imperial Valley (1979-10-15)	El Centro Array #7	6.9	0.6	0.34
3	PTS225	Superstition Hills (1987-11-24)	Parachute Test Site	6.5	1.0	0.43
4	LGP000	Loma Prieta (1989-10-18)	LGPC	6.9	3.9	0.57
5	ERZ-EW	Erzincan, Turkey (1992-03-13)	Erzincan	6.7	4.4	0.49
6	JEN022	Northridge (1994-01-17)	Jensen Filter Plant	6.7	5.4	0.41
7	WPI046	Northridge (1994-01-17)	Newhall-W Pico Canyon Rd.	6.7	5.5	0.29
8	RRS228	Northridge (1994-01-17)	Rinaldi Receiving	6.7	6.5	0.87

表 A-6(续)

编号	分量	地震事件	台站	M_W	断层距/km	PGA/g
9	SCS052	Northridge (1994-01-17)	Sylmar-Converter	6.7	5.4	0.62
10	SCE011	Northridge (1994-01-17)	Sylmar-Converter East	6.7	5.2	0.85
11	SYL090	Northridge (1994-01-17)	Sylmar-Olive View Med FF	6.7	5.3	0.6
12	PRI000	Kobe,Japan (1995-01-16)	Port Island(0 m)	6.9	3.3	0.35
13	TAK000	Kobe,Japan (1995-01-16)	Takatori	6.9	1.5	0.62
14	YPT060	Kocaeli,Turkey (1999-08-17)	Yarimca	6.9	4.8	0.23
15	TCU052-E	ChiChi (1999-09-20)	TCU052	7.5	0.7	0.36
16	TCU065-E	ChiChi (1999-09-20)	TCU065	7.5	0.6	0.79
17	TCU068-E	ChiChi (1999-09-20)	TCU068	7.5	0.3	0.51
18	TCU084-E	ChiChi (1999-09-20)	TCU084	7.5	11.2	1.01
19	TCU102-E	ChiChi (1999-09-20)	TCU102	7.5	1.5	0.3
20	DZC180	Duzce,Turkey (2019-08-17)	Duzce	7.2	6.6	0.4

附录 B　抗弯钢框架模型参数

本书以美国“美国联合钢结构计划”中设计提出的 3 层、9 层和 20 层的抗弯钢框架结构为实例，展示了该结构的平面结构布置及材料强度等内容。抗弯钢框架模型分别见图 B-1 至图 B-3。

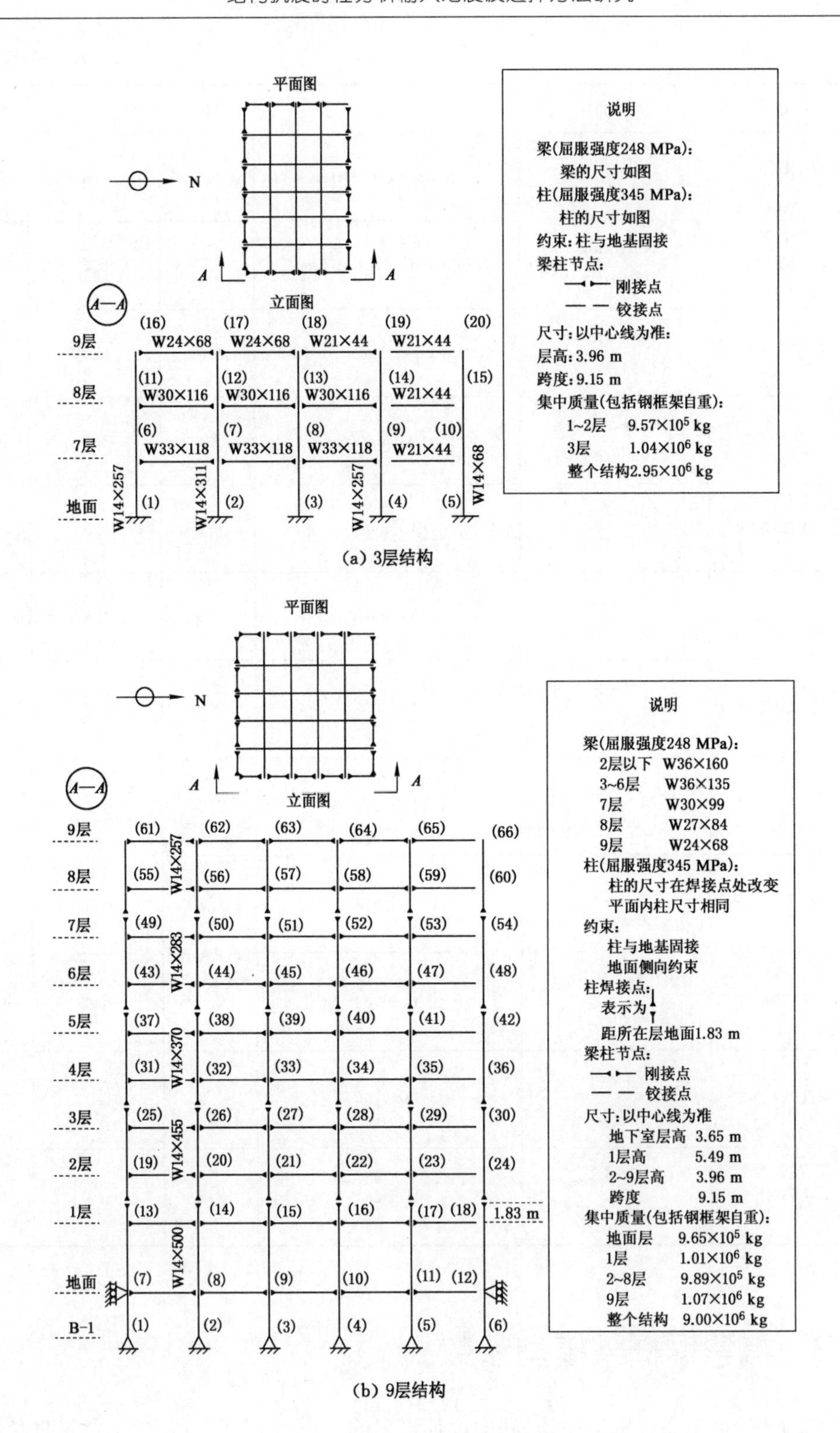

图 B-1　抗弯钢框架结构模型[128]

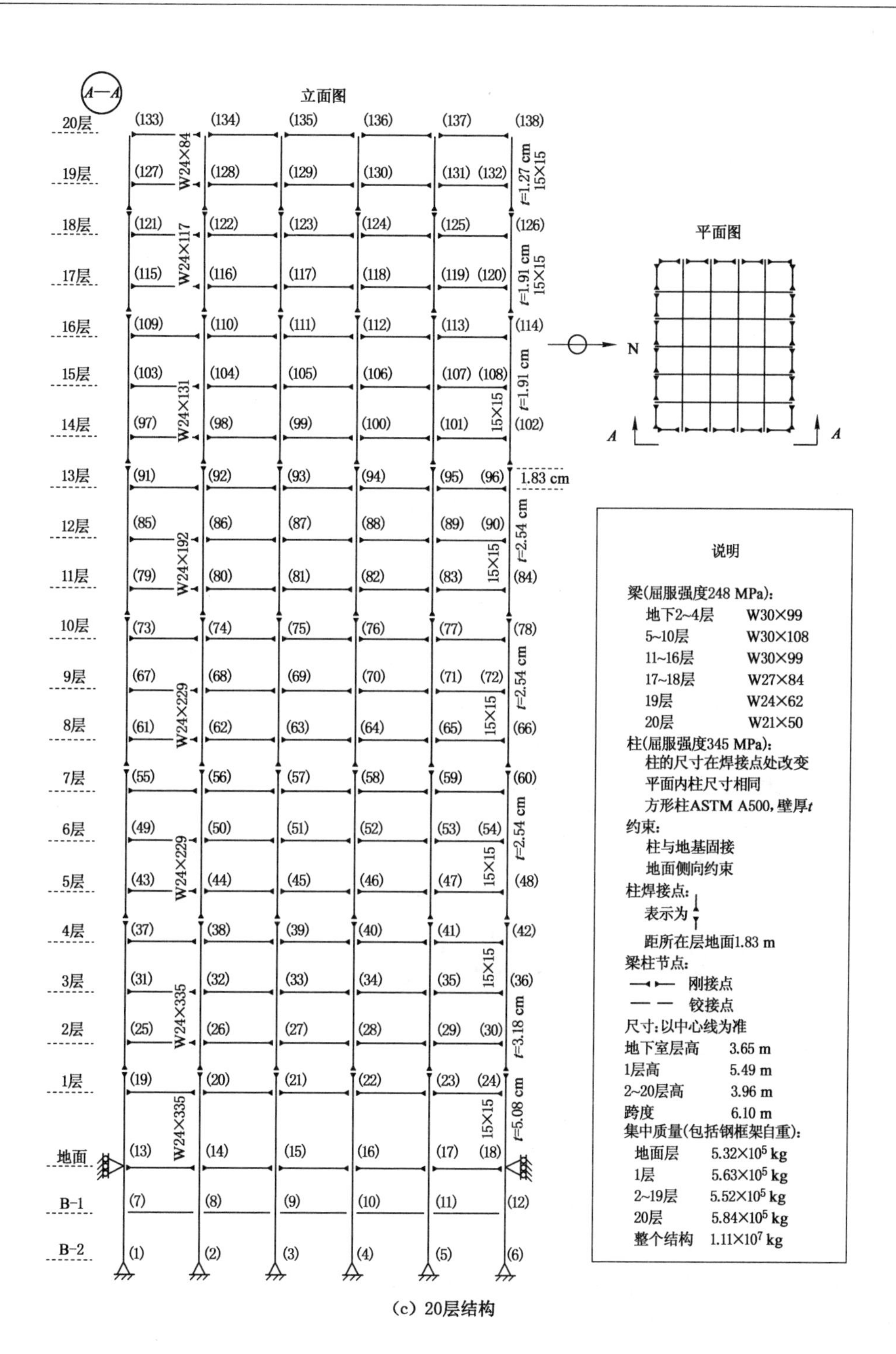
A—A
立面图
20层
19层
18层
17层
16层
15层
14层
13层
12层
11层
10层
9层
8层
7层
6层
5层
4层
3层
2层
1层
地面
B-1
B-2
W24×84
W24×117
W24×131
W24×192
W24×229
W24×229
W24×335
W24×335
t=1.27 cm 15×15
t=1.91 cm 15×15
t=1.91 cm 15×15
1.83 cm
t=2.54 cm 15×15
t=2.54 cm 15×15
t=2.54 cm 15×15
15×15
t=3.18 cm
t=5.08 cm 15×15
平面图
N
A
A
说明
梁(屈服强度248 MPa):
地下2~4层 W30×99
5~10层 W30×108
11~16层 W30×99
17~18层 W27×84
19层 W24×62
20层 W21×50
柱(屈服强度345 MPa):
柱的尺寸在焊接点处改变
平面内柱尺寸相同
方形柱ASTM A500,壁厚t
约束:
柱与地基固接
地面侧向约束
柱焊接点:
表示为
距所在层地面1.83 m
梁柱节点:
刚接点
铰接点
尺寸:以中心线为准
地下室层高 3.65 m
1层高 5.49 m
2~20层高 3.96 m
跨度 6.10 m
集中质量(包括钢框架自重):
地面层 5.32×10⁵ kg
1层 5.63×10⁵ kg
2~19层 5.52×10⁵ kg
20层 5.84×10⁵ kg
整个结构 1.11×10⁷ kg

(c) 20层结构

图 B-1(续)

附录 C 归一化振型参与系数的推导

多自由度体系的运动方程可以用如下公式表示：

$$\boldsymbol{M}\ddot{\boldsymbol{u}}+\boldsymbol{C}\dot{\boldsymbol{u}}+\boldsymbol{K}\boldsymbol{u}=\boldsymbol{P}-\boldsymbol{M}\boldsymbol{I}\ddot{u}_{\mathrm{g}} \tag{C-1}$$

式中，$\boldsymbol{M}$、$\boldsymbol{C}$、$\boldsymbol{K}$ 和 $\boldsymbol{P}$ 分别为结构的质量矩阵、阻尼矩阵、刚度矩阵和结构所受的外力向量；$\boldsymbol{I}$ 为单位矩阵；$\boldsymbol{u}$ 为相对位移向量；$\ddot{u}_{\mathrm{g}}$ 为地震加速度。

将相对位移向量用振型 $\boldsymbol{\Phi}_i(i=1,\cdots,n)$ 展开：

$$\boldsymbol{u}(t)=\sum_{i=1}^{n}\boldsymbol{\Phi}_i\boldsymbol{q}_i(t)=\boldsymbol{\Phi}\boldsymbol{q}(t) \tag{C-2}$$

式中，$\boldsymbol{q}$ 为振型幅值的广义坐标矢量。

将式(C-2)代入式(C-1)，并利用振型之间的正交性，可以得到解耦后的各振型反应的运动方程：

$$\ddot{\boldsymbol{q}}_i+2\zeta_i\omega_i\dot{\boldsymbol{q}}_i+\omega^2\boldsymbol{q}_i=\frac{P_i^*(t)}{M_i^*}\qquad(i=1,2,\cdots,n) \tag{C-3}$$

式中，$M_i^*=\boldsymbol{\Phi}_i^{\mathrm{T}}\boldsymbol{M}\boldsymbol{\Phi}_i$，为广义质量；$C_i^*=\boldsymbol{\Phi}_i^{\mathrm{T}}\boldsymbol{C}\boldsymbol{\Phi}_i$，为广义阻尼；$k_i^*=\boldsymbol{\Phi}_i^{\mathrm{T}}\boldsymbol{K}\boldsymbol{\Phi}_i$，为广义刚度；$P_i^*=\boldsymbol{\Phi}_i^{\mathrm{T}}(\boldsymbol{P}-\boldsymbol{M}\boldsymbol{I}\ddot{u}_{\mathrm{g}})$，为广义荷载；$\zeta_i=C_i^*/(2\omega_iM_i^*)$，为振型阻尼比；$\omega_i=\sqrt{k_i^*/M_i^*}$，为自振圆频率。

若仅考虑地震作用，不考虑外力，则：

$$\frac{P_i^*}{M_i^*}=-\frac{\boldsymbol{\Phi}_i\boldsymbol{M}\boldsymbol{I}}{\boldsymbol{\Phi}_i^*\boldsymbol{M}\boldsymbol{\Phi}_i}\ddot{u}_{\mathrm{g}}=-\lambda_i\ddot{u}_{\mathrm{g}} \tag{C-4}$$

$$\lambda_i=\frac{\boldsymbol{\Phi}_i\boldsymbol{M}\boldsymbol{I}}{\boldsymbol{\Phi}_i^{\mathrm{T}}\boldsymbol{M}\boldsymbol{\Phi}_i}=\frac{\sum_{j=1}^{N}M_ju_i(j)}{\sum_{j=1}^{N}M_ju_i^2(j)} \tag{C-5}$$

式中，λ_i 为第 i 阶振型参与系数。

若令：

$$\boldsymbol{u}=\sum_{i=1}^{n}\boldsymbol{\Phi}_i\lambda_i\boldsymbol{q}_i(t) \tag{C-6}$$

式(C-3)变为：

$$\ddot{\boldsymbol{q}}_i+2\zeta_i\omega_i\dot{\boldsymbol{q}}_i+\omega_i^2\boldsymbol{q}_i=-\ddot{u}_{\mathrm{g}}\qquad(i=1,2,\cdots,n) \tag{C-7}$$

式(C-7)与单自由度体系的运动方程完全相同，可以将 $\lambda_i\boldsymbol{\Phi}_i$ 代替 $\boldsymbol{\Phi}_i$ 作为振型。定义无量纲的振型函数 $Y=(Y_1,Y_2,\cdots,Y_n)$ 为：

$$Y_i(j)=u_i(j)\frac{\sum_{j=1}^{N}M_j}{\sum_{j=1}^{N}M_ju_i(j)} \tag{C-8}$$

此时，振型参与系数变为：

$$\lambda_i = \frac{\sum_{j=1}^{N} M_j Y_i(j)}{\sum_{j=1}^{N} M_j Y_i^2(j)} = \frac{\left[\sum_{j=1}^{N} M_j u_i(j)\right]^2}{\left(\sum_{j=1}^{N} M_j\right) \sum_{j=1}^{N} M_j u_i^2(j)} \tag{C-9}$$

$$M_i^* = \lambda_i \sum_{j=1}^{N} M_j Y_i(j) = \frac{\left[\sum_{j=1}^{N} M_j Y_i(j)\right]^2}{\sum_{j=1}^{N} M_j Y_i^2(j)} \tag{C-10}$$

将式(C-8)代入式(C-10)，可得：

$$M_i^* = \frac{\left[\sum_{j=1}^{N} M_j u_i(j)\right]^2}{\sum_{j=1}^{N} M_j u_i^2(j)} \tag{C-11}$$

对比式(C-10)和式(C-11)可以看出，采用无量纲的振型 Y 后，振型参与系数为：

$$\lambda_i = \frac{M_i^*}{\sum_{j=1}^{N} M_j} \tag{C-12}$$

式(C-12)可以称为归一化的振型参与系数，其物理意义是：如果将第 i 阶振型看作一个单质点体系，则振型参与系数就是该体系的广义质量 M_i^* 与原体系总质量 $\sum_{j=1}^{N} M_j$ 之比。

归一化的振型参与系数具有两个明显的特点：

(1) λ_i 总为正值，且 $\sum_{i=1}^{n} \lambda_i = 1$；

(2) 随着振型序号 i 增大，λ_i 逐渐减小。

附录 D　阻尼修正相关参数

阻尼修正相关参数见表 D-1 至表 D-2。

表 D-1　用于确定 DSF 均值的回归系数[147]

T/s	b_0	b_1	b_2	b_3	b_4	b_5	b_6	b_7	b_8
0.01	1.73×10^{-3}	-2.07×10^{-4}	-6.29×10^{-4}	1.08×10^{-6}	-8.24×10^{-5}	7.36×10^{-5}	-1.07×10^{-3}	9.08×10^{-4}	-2.02×10^{-4}
0.02	5.53×10^{-2}	-3.77×10^{-2}	-2.15×10^{-3}	-4.30×10^{-3}	3.21×10^{-3}	-3.32×10^{-4}	-4.75×10^{-3}	2.52×10^{-3}	2.29×10^{-4}
0.03	1.22×10^{-1}	-7.02×10^{-2}	-2.28×10^{-3}	-3.21×10^{-3}	6.91×10^{-5}	9.82×10^{-4}	-1.30×10^{-2}	7.82×10^{-3}	2.27×10^{-4}
0.05	2.39×10^{-1}	-1.06×10^{-1}	-2.63×10^{-2}	-8.57×10^{-4}	-7.43×10^{-3}	4.87×10^{-3}	-1.69×10^{-2}	8.08×10^{-3}	1.71×10^{-3}
0.075	3.05×10^{-1}	-7.32×10^{-2}	-7.29×10^{-2}	2.02×10^{-4}	-1.64×10^{-2}	1.03×10^{-2}	-9.26×10^{-4}	-6.40×10^{-3}	4.42×10^{-3}
0.1	2.69×10^{-1}	4.18×10^{-3}	-1.07×10^{-1}	5.80×10^{-3}	-2.49×10^{-2}	1.34×10^{-2}	2.35×10^{-2}	-2.37×10^{-2}	5.84×10^{-3}
0.15	1.41×10^{-1}	1.00×10^{-1}	-1.18×10^{-1}	3.01×10^{-2}	-4.09×10^{-2}	1.41×10^{-2}	3.16×10^{-2}	-2.47×10^{-2}	3.15×10^{-3}
0.2	5.01×10^{-2}	1.45×10^{-1}	-1.11×10^{-1}	4.69×10^{-2}	-4.77×10^{-2}	1.18×10^{-2}	3.10×10^{-2}	-2.29×10^{-2}	2.41×10^{-3}
0.25	2.28×10^{-2}	1.43×10^{-1}	-9.73×10^{-2}	5.20×10^{-2}	-4.70×10^{-2}	9.47×10^{-3}	2.71×10^{-2}	-2.02×10^{-2}	1.31×10^{-3}

表 D-1(续)

T/s	b_0	b_1	b_2	b_3	b_4	b_5	b_6	b_7	b_8
0.3	-1.58×10^{-2}	1.48×10^{-1}	-8.83×10^{-2}	5.21×10^{-2}	-4.36×10^{-2}	7.33×10^{-3}	3.87×10^{-2}	-2.66×10^{-2}	1.76×10^{-3}
0.4	2.24×10^{-2}	1.03×10^{-1}	-7.41×10^{-2}	4.63×10^{-2}	-3.58×10^{-2}	4.65×10^{-3}	3.63×10^{-2}	-2.45×10^{-2}	1.18×10^{-3}
0.5	3.19×10^{-2}	7.04×10^{-2}	-5.57×10^{-2}	4.25×10^{-2}	-2.94×10^{-2}	1.88×10^{-3}	3.87×10^{-2}	-2.47×10^{-2}	3.13×10^{-4}
0.75	1.04×10^{-2}	5.33×10^{-2}	-3.72×10^{-2}	4.47×10^{-2}	-2.40×10^{-2}	-2.40×10^{-3}	3.47×10^{-2}	-2.59×10^{-2}	2.90×10^{-3}
1	-8.84×10^{-2}	8.92×10^{-2}	-2.14×10^{-2}	4.98×10^{-2}	-2.36×10^{-2}	-4.70×10^{-3}	5.02×10^{-2}	-3.43×10^{-2}	2.32×10^{-3}
1.5	-1.57×10^{-1}	9.33×10^{-2}	3.28×10^{-3}	5.85×10^{-2}	-2.36×10^{-2}	-8.02×10^{-3}	4.81×10^{-2}	-3.30×10^{-2}	2.10×10^{-3}
2	-2.96×10^{-1}	1.50×10^{-1}	2.09×10^{-2}	7.30×10^{-2}	-2.96×10^{-2}	-9.95×10^{-3}	5.24×10^{-2}	-3.32×10^{-2}	6.86×10^{-4}
3	-4.07×10^{-1}	1.97×10^{-1}	3.28×10^{-2}	8.35×10^{-2}	-3.54×10^{-2}	-1.01×10^{-2}	5.57×10^{-2}	-2.91×10^{-2}	-3.17×10^{-3}
4	-4.49×10^{-1}	2.07×10^{-1}	4.42×10^{-2}	8.75×10^{-2}	-3.59×10^{-2}	-1.14×10^{-2}	5.07×10^{-2}	-2.43×10^{-2}	-4.67×10^{-3}
5	-4.98×10^{-1}	2.17×10^{-1}	5.36×10^{-2}	9.03×10^{-2}	-3.48×10^{-2}	-1.29×10^{-2}	5.19×10^{-2}	-2.30×10^{-2}	-5.68×10^{-3}
7.5	-5.25×10^{-1}	2.06×10^{-1}	7.79×10^{-2}	9.88×10^{-2}	-3.76×10^{-2}	-1.51×10^{-2}	2.91×10^{-2}	-4.93×10^{-3}	-9.02×10^{-3}
10	-3.89×10^{-1}	1.43×10^{-1}	6.12×10^{-2}	7.14×10^{-2}	-2.36×10^{-2}	-1.30×10^{-2}	2.33×10^{-2}	-5.46×10^{-3}	-5.92×10^{-3}

表 D-2　用于确定 DSF 标准差的回归系数[15]

T/s	a_0	a_1	T/s	a_0	a_1
0.01	-3.70×10^{-3}	2.30×10^{-4}	0.5	-1.01×10^{-1}	-6.22×10^{-3}
0.02	-2.19×10^{-2}	2.11×10^{-3}	0.75	-1.01×10^{-1}	-5.86×10^{-3}
0.03	-5.21×10^{-2}	4.60×10^{-3}	1	-1.02×10^{-1}	-7.31×10^{-3}
0.05	-9.57×10^{-2}	1.31×10^{-3}	1.5	-1.02×10^{-1}	-8.75×10^{-3}
0.075	-1.21×10^{-1}	-5.79×10^{-3}	2	-1.03×10^{-1}	-9.22×10^{-3}
0.1	-1.24×10^{-1}	-1.08×10^{-2}	3	-9.63×10^{-2}	-1.07×10^{-2}
0.15	-1.15×10^{-1}	-1.14×10^{-2}	4	-9.83×10^{-2}	-1.37×10^{-2}
0.2	-1.08×10^{-1}	-8.85×10^{-3}	5	-9.42×10^{-2}	-1.53×10^{-2}
0.25	-1.04×10^{-1}	-7.35×10^{-3}	7.5	-8.95×10^{-2}	-1.63×10^{-2}
0.3	-1.01×10^{-1}	-6.90×10^{-3}	10	-6.89×10^{-2}	-1.43×10^{-2}
0.4	-1.02×10^{-1}	-6.71×10^{-3}			

参考文献

[1] BOMMER J J,ACEVEDO A B. The use of real earthquake accelerograms as input to dynamic analysis[J]. Journal of earthquake engineering,2004,8(增刊 1):43-91.

[2] 王亚勇.结构抗震设计时程分析法中地震波的选择[J].工程抗震,1988,12(4):15-22.

[3] 李英民,白绍良,赖明.工程结构的地震动输入问题[J].工程力学,2003,20(增刊 1):76-87.

[4] REYES J C, KALKAN E. Required Number of Records for ASCE/SEI 7 Ground-Motion Scaling Procedure [R]. Berkeley, CA.: Earthquake Engineering Research Institute,2011.

[5] KATSANOS E I, SEXTOS A G, MANOLIS G D. Selection of earthquake ground motion records:a state-of-the-art review from a structural engineering perspective[J]. Soil dynamics and earthquake engineering,2010,30(4):157-169.

[6] 崔江余,杜修力.重大工程设定地震动确定[J].世界地震工程,2000,16(4):25-28.

[7] MALHOTRA P K. Seismic response spectra for probabilistic analysis of nonlinear systems[J]. Journal of structural engineering,2011,137(11):1272-1281.

[8] BAKER J W. Conditional mean spectrum:tool for ground-motion selection[J]. Journal of structural engineering,2011,137(3):322-331.

[9] BAKER J W,LEE C. An improved algorithm for selecting ground motions to match a conditional spectrum[J]. Journal of earthquake engineering,2018,22(4):708-723.

[10] WATSON-LAMPREY J,ABRAHAMSON N. Selection of ground motion time series and limits on scaling[J]. Soil dynamics and earthquake engineering, 2006, 26(5): 477-482.

[11] TOTHONG P,LUCO N. Probabilistic seismic demand analysis using advanced ground motion intensity measures[J].Earthquake engineering & structural dynamics,2007,36(13):1837-1860.

[12] NAU J M,HALL W J. Scaling methods for earthquake response spectra[J]. Journal of structural engineering,1984,110(7):1533-1548.

[13] SHOME N, CORNELL C A, BAZZURRO P, et al. Earthquakes, records, and nonlinear responses[J]. Earthquake spectra,1998,14(3):469-500.

[14] IERVOLINO I,CORNELL C A. Record selection for nonlinear seismic analysis of structures[J]. Earthquake spectra,2005,21(3):685-713.

[15] STEWART J P,CHIOU S J,BRAY J D,et al. Ground motion evaluation procedures for performance-based design[J]. Soil dynamics and earthquake engineering, 2002,

22(9/10/11/12):765-772.

[16] BOMMER J J,SCOTT S G,SARMA S K. Hazard-consistent earthquake scenarios [J]. Soil dynamics and earthquake engineering,2000,19(4):219-231.

[17] BOMMER J J, MARTÍNEZ-PEREIRA A. The effective duration of earthquake strong motion[J]. Journal of earthquake engineering,1999,3(2):127-172.

[18] BOMMER J J, MARTÍNEZ-PEREIRA A. Strong-motion parameters: definition, usefulness and predictability [C]// International Association for Earthquake Engineering (IAEE). Proceedings of the 12th World Conference on Earthquake Engineering. New Zealand, Auckland: Earthquake Engineering Research Institute, 2000:1-20.

[19] BOMMER J J, RUGGERI C. The specification of acceleration time-histories in seismic design codes[J]. European earthquake engineering,2002,16(1):3-17.

[20] ASCE. Seismic analysis of safety-related nuclear structures and commentary[M]. Reston,VA:American Society of Civil Engineers,2000.

[21] EPPO. Hellenic antiseismic code: EAK 2000[S]. Athens,Greece: Ministry of Public Works,2000.

[22] HANCOCK J,BOMMER J J. A state-of-knowledge review of the influence of strong-motion duration on structural damage[J]. Earthquake spectra,2006,22(3):827-845.

[23] 肖明葵,刘纲,白绍良. 基于能量反应的地震动输入选择方法讨论[J]. 世界地震工程,2006,22(3):89-94.

[24] 王亚勇,刘小弟,程民宪. 建筑结构时程分析法输入地震波的研究[J]. 建筑结构学报,1991,12(2):51-60.

[25] [s. n]. Quantification of building seismic rerformance factors:ATC-63[S]. Redwood City:Applied Technology Council,2008.

[26] BAKER J W,ALLIN CORNELL C. A vector-valued ground motion intensity measure consisting of spectral acceleration and epsilon [J]. Earthquake engineering & structural dynamics,2005,34(10):1193-1217.

[27] GOULET C A, HASELTON C B, MITRANI-REISER J, et al. Evaluation of the seismic performance of a code-conforming reinforced-concrete frame building-from seismic hazard to collapse safety and economic losses[J]. Earthquake engineering & structural dynamics,2007,36(13):1973-1997.

[28] European Committee for Standardization. Eurocode 8: design of structures for earthquake resistance: part 1 general rules, seismic actions and rules for buildings, draft No. 5, document CEN/TC250/SC8/N317 [S]. Brussels: Comite Europeen de Normalisation,2002.

[29] [s. n.] Minimum design loads and associated criteria for buildings and other structures, 2 volume set: ASEC/SEI 7-16[S]. Beaverton: American Society of Civil Engineers,Structural Engineering Institute,2017.

[30] Building Seismic Safety Council for the Federal Emergency Management Agency.

NEHRP recommended provisions for seismic regulations for new buildings and other structures:FEMA 368[S]. Washington:Building Seismic Safety Council,1994.

[31] New Zealand Standards Committee. Structural design actions: part 5 earthquake actions-New Zealand code and supplement: NZS 1170. 5[S]. Wellington: Standards New Zealand,2004.

[32] Ordinanza del Presidente del Consiglio dei Ministri. Norme tecniche per il progetto:la valutazione e l'adeguamento sismico degli edifici :n. 3274[S]. Italy:Gazzetta Ufficiale della Repubblica Italiana,2003.

[33] 建筑科学研究院. 建筑抗震设计规范(附条文说明)(2016 年版):GB 50011—2001[S]. 北京:中国建筑工业出版社,2004.

[34] 李琳,温瑞智,周宝峰,等. 基于条件均值反应谱的特大地震强震记录的选取及调整方法[J]. 地震学报,2013,35(3):380-389.

[35] CORNELL C A. Engineering seismic risk analysis[J]. Bulletin of the seismological society of america,1968,58(5):1583-1606.

[36] International Code Council. International building code: IBC 2006[S]. Whittier: Building Officials and Code Administrators International Conference of Building Officials,2006.

[37] BAKER J W,ALLIN CORNELL C. Spectral shape,epsilon and record selection[J]. Earthquake engineering & structural dynamics,2006,35(9):1077-1095.

[38] BAKER J W,JAYARAM N. Correlation of spectral acceleration values from NGA ground motion models[J]. Earthquake spectra,2008,24(1):299-317.

[39] PEER GMSM Working Group. Evaluation of ground motion selection and modification methods:predicting median interstory drift response of buildings[R]. Berkeley,CA:Pacific Earthquake Engineering Research Center,University of California,2009.

[40] Building Seismic Safety Council for the Federal Emergency Management Agency. NEHRP recommended provisions for seismic regulations for new buildings and other structures:FEMA 368[S]. Washington:Building Seismic Council,2011.

[41] WANG G,YOUNGS R,POWER M,et al. Design ground motion library:an interactive tool for selecting earthquake ground motions[J]. Earthquake spectra,2015,31(2):617-635.

[42] MARASCO S,CIMELLARO G P. A new energy-based ground motion selection and modification method limiting the dynamic response dispersion and preserving the Median demand[J]. Bulletin of earthquake engineering,2018,16(2):561-581.

[43] HACHEM M M. QuakeManager: a software framework for ground motion record management,selection,analysis and modification[C]// International Association for Earthquake Engineering (IAEE). Proceedings of the 14th World Conference on Earthquake Engineering,Proceedings of the 14th World Conference on Earthquake Engineering. Beijing,China:Earthquake Engineering Research Institute,2008:1-20.

[44] SHANTZ T. Selection and scaling of earthquake records for nonlinear dynamic analysis of first mode dominate bridge structures[C]// International Association for

Earthquake Engineering (IAEE). Proceedings of the 8th National Conference on Earthquake Engineering, San Francisco: Earthquake Engineering Research Institute, 2006:1-22.

[45] MOUSAVI M, GHAFORY-ASHTIANY M, AZARBAKHT A. A new indicator of elastic spectral shape for the reliable selection of ground motion records [J]. Earthquake engineering & structural dynamics, 2011, 40(12): 1403-1416.

[46] KWONG N S, CHOPRA A K. A generalized conditional mean spectrum and its application for intensity-based assessments of seismic demands [J]. Earthquake spectra, 2017, 33(1): 123-143.

[47] 吕大刚,刘亭亭,李思雨,等.目标谱与调幅方法对地震动选择的影响分析[J].地震工程与工程振动,2018,38(4):21-28.

[48] 陈波.结构非线性动力分析中地震动记录的选择和调整方法研究[D].北京:中国地震局地球物理研究所,2013.

[49] 韩建平,魏世龙,张鑫.地震动记录选择与调整对RC框架结构地震响应影响研究[J].土木工程学报,2016,49(增刊1):43-48.

[50] 胡进军,李琼林,吕景浩,等.基于CMS的核电厂安全壳设计地震动确定方法[J].振动与冲击,2018,37(24):38-45.

[51] 朱瑞广.主余震序列地震动的条件均值谱与挑选方法研究[D].哈尔滨:哈尔滨工业大学,2017.

[52] 温瑞智,尹建华,冀昆,等.结构需求概率危险性分析中强震记录选取研究[J].土木工程学报,2018,51(增刊2):35-40.

[53] 尹建华,冀昆,任叶飞,等.条件均值谱选取记录的结构抗倒塌易损性分析[J].哈尔滨工业大学学报,2018,50(12):119-124.

[54] JI K, BOUAANANI N, WEN R Z, et al. Introduction of conditional mean spectrum and conditional spectrum in the practice of seismic safety evaluation in China [J]. Journal of seismology, 2018, 22(4): 1005-1024.

[55] SMERZINI C, GALASSO C, IERVOLINO I, et al. Ground motion record selection based on broadband spectral compatibility [J]. Earthquake spectra, 2014, 30 (4): 1427-1448.

[56] LUCO N, CORNELL C A. Structure-specific scalar intensity measures for near-source and ordinary earthquake ground motions [J]. Earthquake spectra, 2007, 23(2): 357-392.

[57] GHAFORY-ASHTIANY M, AZARBAKHT A, MOUSAVI M. State of the art: structure-specific strong ground motion selection by emphasizing on spectral shape indicators [C]// International Association for Earthquake Engineering (IAEE). Proceedings of the 15th World Conference on Earthquake Engineering, Lisbon, Portugal: Earthquake Engineering Research Institute, 2012: 10-20.

[58] KALKAN E, CHOPRA A K. Practical guidelines to select and scale earthquake records for nonlinear response history analysis of structures [R]. Berkeley, CA:

Earthquake Engineering Research Institute,2010.

[59] 王德才,华贝,叶献国.匹配目标谱模拟地震动记录时频特征对比分析[J].工程抗震与加固改造,2016,38(6):122-128.

[60] MARTÍNEZ-RUEDA J E. Scaling procedure for natural accelerograms based on a system of spectrum intensity scales[J]. Earthquake spectra,1998,14(1):135-152.

[61] KAPPOS A J,KYRIAKAKIS P. A re-evaluation of scaling techniques for natural records[J]. Soil dynamics and earthquake engineering,2000,20(1/2/3/4):111-123.

[62] SHOME N,CORNELL C A. Probabilistic seismic demand analysis of nonlinear structures [R]. Berkeley:U. S. Pacific Earthquake Engineering Research Center,1999.

[63] CATALÁN A, BENAVENT-CLIMENT A, CAHÍS X. Selection and scaling of earthquake records in assessment of structures in low-to-moderate seismicity zones [J]. Soil dynamics and earthquake engineering,2010,30(1/2):40-49.

[64] 周颖,唐少将.考虑高阶振型的工程地震动选取方法[J].地震工程与工程振动,2014,34(S1):69-75.

[65] HUANG Y N. Performance assessment of conventional and base-isolated nuclear power plants for earthquake and blast loadings[D]. Buffalo,NY:State University of New York,2008.

[66] OZDEMIR G,CONSTANTINOU M C. Evaluation of equivalent lateral force procedure in estimating seismic isolator displacements[J]. Soil dynamics and earthquake engineering, 2010,30(10):1036-1042.

[67] CONSTANTINOU M C,KALPAKIDIS I V,FILIATRAULT A,et al. LRFD-based analysis and design procedures for bridge bearings and seismic Isolators,MCEER-11-0004[R]. New York: U. S. Multidisciplinary Center for Earthquake Engineering Research,2011.

[68] PANT D R,CONSTANTINOU M C,WIJEYEWICKREMA A C. Re-evaluation of equivalent lateral force procedure for prediction of displacement demand in seismically isolated structures[J]. Engineering structures,2013,52:455-465.

[69] PANT D R,MAHARJAN M. On selection and scaling of ground motions for analysis of seismically isolated structures [J]. Earthquake engineering and engineering vibration,2016,15(4):633-648.

[70] PANT D R. Influence of scaling of different types of ground motions on analysis of code-compliant four-story reinforced concrete buildings isolated with elastomeric bearings[J]. Engineering structures,2017,135:53-67.

[71] PAN P,ZAMFIRESCU D,NAKASHIMA M,et al. Base-isolation design practice in Japan:introduction to the post-Kobe approach[J]. Journal of earthquake engineering, 2005,9(1):147-171.

[72] KOBAYASHI M,KOBAYASHI T. A study on performance evaluation and improvement for seismically isolated buildings considering historical transition of design earthquake ground motion[J]. AIJ journal of technology and design,2015,21(48):499-504.

[73] 高学奎,朱晞. 近场地震动输入问题的研究[J]. 华北科技学院学报,2005,2(3):80-83.

[74] KATSANOS E I,SEXTOS A G. Structure-specific selection of earthquake ground motions for the reliable design and assessment of structures [J]. Bulletin of earthquake engineering,2018,16(2):583-611.

[75] AMBRASEYS N N,DOUGLAS J,RINALDIS D,et al. Dissemination of European strong-motion data:vol. 2[DB/CD]. UK:Engineering and Physical Sciences Research Council,2004.

[76] IERVOLINO I,GALASSO C,COSENZA E. REXEL:computer aided record selection for code-based seismic structural analysis[J]. Bulletin of earthquake engineering,2010,8(2):339-362.

[77] HASELTON C B,WHITTAKER A S,HORTACSU A,et al. Selecting and scaling earthquake ground motions for performing response-history analyses [C]// International Association for Earthquake Engineering (IAEE). Proceedings of the 15th World Conference on Earthquake Engineering, Portugal, Lisbon: Earthquake Engineering Research Institute,2012:1-10.

[78] NAEIM F,LEW M. On the use of design spectrum compatible time histories[J]. Earthquake Spectra,1995,11(1):111-127.

[79] Structral Engineering Institue. Minimum design loads for buildings and other structures: ASCE/SEI 7-10[S]. Reston:American Socitey of Civil Engineers,2010.

[80] BEYER K,BOMMER J J. Selection and scaling of real accelerograms for Bi-directional loading:a review of current practice and code provisions[J]. Journal of earthquake engineering,2007,11(sup1):13-45.

[81] LOMBARDI L,DE LUCA F,MACDONALD J. Design of buildings through Linear Time-History Analysis optimising ground motion selection: a case study for RC-MRFs[J]. Engineering structures,2019,192:279-295.

[82] 冀昆,温瑞智,任叶飞. 适用于我国抗震设计规范的天然强震记录选取[J]. 建筑结构学报,2017,38(12):57-67.

[83] 杨溥,李英民,赖明. 结构时程分析法输入地震波的选择控制指标[J]. 土木工程学报,2000,33(6):33-37.

[84] 刘良林,王全凤,沈章春. 基于弹性总输入能的地震波选择方法[J]. 华侨大学学报(自然科学版),2009,30(2):191-194.

[85] 王东升,岳茂光,李晓莉,等. 高墩桥梁抗震时程分析输入地震波选择[J]. 土木工程学报,2013,46(增刊1):208-213.

[86] 叶献国,王德才. 结构动力分析实际地震动输入的选择与能量评价[J]. 中国科学:技术科学,2011,41(11):1430-1438.

[87] KRINITZSKY E L,CHANG F K. Specifying peak motions for design earthquakes [R]. Vicksburg: State-of-the-Art for Assessing Earthquake Hazards in the United States,1977.

[88] VANMARCKE E H. Representation of earthquake ground motion:scaled accelerograms and

equivalent response spectra[R]. Vicksburg: State-of-the-Art for Assessing Earthquake Hazards in the United States,1979.

[89] LUCO N,BAZZURRO P. Does amplitude scaling of ground motion records result in biased nonlinear structural drift responses? [J]. Earthquake engineering & structural dynamics,2007,36(13):1813-1835.

[90] DU W Q,NING C L,WANG G. The effect of amplitude scaling limits on conditional spectrum-based ground motion selection[J]. Earthquake engineering & structural dynamics,2019,48(9):1030-1044.

[91] KOTTKE A,RATHJE E M. A semi-automated procedure for selecting and scaling recorded earthquake motions for dynamic analysis[J]. Earthquake spectra,2008,24(4):911-932.

[92] WANG G. A ground motion selection and modification method capturing response spectrum characteristics and variability of scenario earthquakes[J]. Soil dynamics and earthquake engineering,2011,31(4):611-625.

[93] ALIMORADI A,PEZESHK S,NAEIM F,et al. Fuzzy pattern classification of strong ground motion records[J]. Journal of earthquake engineering,2005,9(3):307-332.

[94] HANCOCK J,BOMMER J J,STAFFORD P J. Numbers of scaled and matched accelerograms required for inelastic dynamic analyses[J]. Earthquake engineering & structural dynamics,2008,37(14):1585-1607.

[95] 叶列平,马千里,缪志伟.结构抗震分析用地震动强度指标的研究[J].地震工程与工程振动,2009,29(4):9-22.

[96] HOUSNER G W. Spectrum intensities of strong motion earthquakes[C]// International Association for Earthquake Engineering (IAEE). Proceedings of the Symposium on Earthquake and Blast Effects on Structures, Los Angeles, CA: Earthquake Engineering Research Institute,1952:20-36.

[97] Arias A. A Measure of Earthquake Intensity[R]. Cambridge:Massachusetts Institute of Technology Press,1970.

[98] 叶献国.地震强度指标定义的客观评价[J].合肥工业大学学报(自然科学版),1998,21(6):11-15.

[99] RIDDELL R,GARCIA J E. Hysteretic energy spectrum and damage control[J]. Earthquake engineering & structural dynamics,2001,30(12):1791-1816.

[100] 李英民,丁文龙,黄宗明.地震动幅值特性参数的工程适用性研究[J].重庆建筑大学学报,2001,23(6):16-21.

[101] KURAMA Y C,FARROW K T. Ground motion scaling methods for different site conditions and structure characteristics[J]. Earthquake engineering & structural dynamics,2003,32(15):2425-2450.

[102] 韩建平,周伟.基于汶川地震记录的地震动强度指标与 SDOF 体系响应的相关性[J].土木工程学报,2010,43(S1):10-15.

[103] 卢啸,陆新征,叶列平,等.适用于超高层建筑的改进地震动强度指标[J].建筑结构学报,2014,35(2):15-21.

[104] 苏宁粉,周颖,吕西林,等.增量动力分析中地震动强度参数的有效性研究[J].西安建筑科技大学学报(自然科学版),2016,48(6):846-852.

[105] 周颖,苏宁粉,吕西林.高层建筑结构增量动力分析的地震动强度参数研究[J].建筑结构学报,2013,34(2):53-60.

[106] ZHANG Y T,HE Z,YANG Y F. A spectral-velocity-based combination-type earthquake intensity measure for super high-rise buildings[J]. Bulletin of earthquake engineering, 2018,16(2):643-677.

[107] TAN Q,LI Y M,QIN Y,et al. A spectral intensity index of ground motions for input selection with consideration of higher modes effect for super high-rise buildings[C]// International Association for Earthquake Engineering (IAEE). Proceedings of the 16th World Conference on Earthquake Engineering, Santiago, Chile: Earthquake Engineering Research Institute,2017:20-36.

[108] FEMA 335C. State of the art report on systems rerformance of steel moment frames subject to earthquake ground shaking[R]. Sacramento:SAC Joint Venture,2000.

[109] MASI A,VONA M,MUCCIARELLI M. Selection of natural and synthetic accelerograms for seismic vulnerability studies on reinforced concrete frames[J]. Journal of structural engineering,2011,137(3):367-378.

[110] BRADLEY B A. A generalized conditional intensity measure approach and holistic ground-motion selection[J]. Earthquake engineering & structural dynamics,2010, 39(12):1321-1342.

[111] 谢礼立,翟长海.最不利设计地震动研究[J].地震学报,2003,25(3):250-261.

[112] 曲哲,叶列平,潘鹏.建筑结构弹塑性时程分析中地震动记录选取方法的比较研究[J].土木工程学报,2011,44(7):10-21.

[113] O'DONNELL A P,KURAMA Y C,KALKAN E,et al. Experimental evaluation of four ground-motion scaling methods for dynamic response-history analysis of nonlinear structures[J]. Bulletin of earthquake engineering,2017,15(5):1899-1924.

[114] CARBALLO J E. Probabilistic seismic demand analysis spectrum matching and design[D]. Palo Alto:Stanford University,2000.

[115] International Organization for Standardization. Petroleum and natural gas industries-specific requirements for offshore structures: part 2 seismic design procedures and criteria:ISO/DIS 19901-2[S] Geneva,Switzerland:ISO,1990.

[116] European Committee for Standardization. Design of structures for earthquake resistance:Eurocode 8[S]. Brussels:CEN,2005.

[117] CAMPBELL K W,BOZORGNIA Y. NGA ground motion model for the geometric mean horizontal component of PGA, PGV, PGD and 5% damped linear elastic response spectra for periods ranging from 0.01 to 10 s[J]. Earthquake spectra, 2008,24(1):139-171.

[118] LI B. Response spectra for seismic analysis and design[D]. Waterloo: University of Waterloo,2015.

[119] NEWMARK N M,HALL W J. Seismic design criteria for nuclear reactor facilities [C]// International Association for Earthquake Engineering (IAEE). Proceedings of the fourth world conference on earthquake engineering, Santiago, Chile: Earthquake Engineering Research Institute,1969:1-20.

[120] Newmark N M, Hall W J. Earthquake spectra and design[R]. Berkeley: Pacific Earthquake Engineering Research Center,1982.

[121] MALHOTRA P K. Response spectrum of incompatible acceleration, velocity and displacement histories[J]. Earthquake engineering & structural dynamics, 2001, 30(2):279-286.

[122] Atomic Energy Commission. Design response spectra for seismic design of nuclear power, USNRC2014[S]. Washington: Aromic Energy Commission,1973.

[123] 国家地震局. 核电厂抗震设计标准:GB 50267—2019[S]. 北京:中国标准出版社,2015.

[124] 王东升,李宏男,王国新,等. 弹塑性地震反应谱的长周期特性研究[J]. 地震工程与工程振动,2006,26(2):49-55.

[125] PALERMO M,SILVESTRI S,GASPARINI G,et al. A statistical study on the peak ground parameters and amplification factors for an updated design displacement spectrum and a criterion for the selection of recorded ground motions [J]. Engineering structures,2014,76:163-176.

[126] U. S. Nuclear Regulatory Commission. Statistical studies of vertical and horizontal earthquake spectra: NUREG-0003 [S]. Urbana, Illinois: Nuclear Regulatory Commission,1976.

[127] GUPTA A,KRAWINKLER H. Seismic demands for performance evaluation of steel moment resisting frame structures, SAC Task 5. 4. 3[R]. Palo Alto: U. S. Blume Earthquake Engineering Center,1999.

[128] OHTORI Y, CHRISTENSON R E, SPENCER B F Jr, et al. Benchmark control problems for seismically excited nonlinear buildings[J]. Journal of engineering mechanics,2004,130(4):366-385.

[129] CHOPRA A K. Estimating seismic demands for performance-based engineering of buildings[C]// International Association for Earthquake Engineering (IAEE). Proceedings of the 13th World Conference on Earthquake Engineering. Vancouver, B. C. ,Canada:Earthquake Engineering Research Institute,2004:1-20.

[130] Dassault Systems Simulia Corp. Abaqus 6. 12 user's Manual[DB/OL]. (2012-02-08) [2019-07-08]. https://www. 3ds. com/products-services/simulia.

[131] MIRANDA E, RUIZ-GARCÍA J. Evaluation of approximate methods to estimate maximum inelastic displacement demands[J]. Earthquake engineering & structural dynamics,2002,31(3):539-560.

[132] MIRANDA E, ASLANI H. Probabilistic response assessment for building specific loss estimation [R]. Berkeley: U. S. Pacific Earthquake Engineering Research

Center,2003.

[133] 张锐,王东升,陈笑宇,等.考虑高阶振型影响的时程分析加权调整选波方法[J].土木工程学报,2019,52(9):53-68.

[134] 张锐,成虎,吴浩,等.时程分析考虑高阶振型影响的多频段地震波选择方法研究[J].工程力学,2018,35(6):162-172.

[135] 胡聿贤.地震工程学[M].北京:地震出版社,1988.

[136] 王亚勇.结构时程分析输入地震动准则和输出结果解读[J].建筑结构,2017,47(11):1-6.

[137] 蔡丽桢,王东升,张锐,等.钢筋混凝土高层建筑抗震时程分析选波方法比较研究[J].世界地震工程,2021,37(2):203-213.

[138] 国家质量监督检验检疫总局,中国国家标准化管理委员会.中国地震动参数区划图:GB 18306—2015[S].北京:中国标准出版社,2016.

[139] 任叶飞,张颖楚,冀昆,等.全国省会城市建筑结构时程分析推荐地震动输入[J].建筑结构,2018,48(增刊2):284-290.

[140] HANCOCK J,WATSON-LAMPREY J,ABRAHAMSON N A,et al. An improved method of matching response spectra of recorded earthquake ground motion using wavelets[J]. Journal of earthquake engineering,2006,10(sup001):67-89.

[141] ZHANG R,WANG D S,CHEN X Y,et al. Weighted and unweighted scaling methods for ground motion selection in time-history analysis of structures[J]. Journal of earthquake engineering,2020,24(17):1-36.

[142] 王东升,张锐,陈笑宇,等.目标谱选波方法在算术与对数坐标下的差异分析[J].地震工程与工程振动,2020,40(2):43-53.

[143] 胡进军,梁琰,杨永强.隔震结构的地震动输入研究现状简析[J].建筑结构,2018,48(增刊2):457-462.

[144] 徐龙军,李爽,谢礼立.核电厂抗震设计谱确定方法分析[J].土木工程学报,2012,45(增刊1):1-8.

[145] REZAEIAN S,BOZORGNIA Y,Idriss I M,et al. Spectral damping scaling factors for shallow crustal earthquakes in active tectonic regions[R]. Berkeley:U. S. Pacific Earthquake Engineering Research Center,2012.

[146] HATZIGEORGIOU G D. Damping modification factors for SDOF systems subjected to near-fault,far-fault and artificial earthquakes[J]. Earthquake engineering & structural dynamics,2010,39(11):1239-1258.

[147] REZAEIAN S,BOZORGNIA Y. Damping scaling factors for elastic response spectra for shallow crustal earthquakes in active tectonic regions:"average" horizontal component[J]. Earthquake spectra,2014,30(2):939-963.

[148] LI B, XIE W C, PANDEY M D. Newmark design spectra considering earthquake magnitudes and site categories[J]. Earthquake engineering and engineering vibration,2016,15(3):519-535.